虚拟现实中的

数字艺术表现技术

王 早 著

吉林文史出版社

图书在版编目（CIP）数据

虚拟现实中的数字艺术表现技术 / 王早著. -- 长春 : 吉林文史出版社, 2024. 7. -- ISBN 978-7-5752-0422-4

Ⅰ. TP391.98; J06-39

中国国家版本馆 CIP 数据核字第 2024X6Q731 号

虚拟现实中的数字艺术表现技术

XUNI XIANSHI ZHONG DE SHUZI YISHU BIAOXIAN JISHU

著　　者：王　早
责任编辑：刘姝君
出版发行：吉林文史出版社
电　　话：0431-81629359
地　　址：长春市福祉大路 5788 号
邮　　编：130117
网　　址：www.jlws.com.cn
印　　刷：河北万卷印刷有限公司
开　　本：710mm×1000mm 1/16
印　　张：17.25
字　　数：220 千字
版　　次：2024 年 7 月第 1 版
印　　次：2024 年 7 月第 1 次印刷
书　　号：ISBN 978-7-5752-0422-4
定　　价：98.00 元

前　言

在当今科技飞速发展的背景下，虚拟现实技术的研究已成为数字艺术和技术创新的热点与核心，在艺术创作和表现的应用中具有无限的潜力。本书旨在为研究者、艺术家及技术爱好者提供全面而深入的阐述，为虚拟现实在数字艺术中的应用奠定坚实基础。

第一章详细介绍了虚拟现实的基本概念和起源，详细探讨了虚拟现实的发展历程及其在多个领域中的应用，使读者对虚拟现实技术的广泛应用的有全面的理解，为后文的发展奠定了基调。

第二章详细介绍了数字艺术的基本概念，对虚拟现实技术在数字艺术中的应用可行性进行了深入分析，并在此基础上探讨了两者的融合方式，对理解虚拟现实在现代数字艺术中所扮演的角色至关重要。

第三章详细介绍了视觉艺术的基本概念和创作脉络，围绕视觉艺术基于虚拟现实技术如何表现其艺术特性、有哪些新的表现和发展进行了详细的阐述，展现了视觉艺术在虚拟现实中的新面貌。

第四章详细介绍了数字化场景的基本概念，讲述了这种数字艺术如何在虚拟现实技术中表现其艺术特性，以及如何在两者融合的基础上进行交互式设计，充分展现了数字化场景基于虚拟现实的新发展。

第五章详细介绍了动态图形的理论基础，阐述了这种数字艺术中如何在虚拟现实技术的支持下进行设计与创新表现，以及如何借助虚拟现实技术实现全新的故事讲述，为动态图形的发展提供了新出路。

第六章详细介绍了数字音频的基本概念，围绕这种数字艺术在虚拟现实中如何表现其艺术特性、如何进行数据处理进行了剖析，探讨了数字音频与虚拟现实技术的融合发展。

第七章深入探讨了虚拟现实中数字艺术的未来发展方向，详细分析了其发展面临的挑战与解决方案，对新兴技术在虚拟现实数字艺术中的应用前景进行了前瞻性展望，展现了虚拟现实技术和其他先进技术对数字艺术领域创新和发展的巨大驱动。

通过对本书的阅读，读者能够深入了解数字艺术在虚拟现实技术领域的多方面表现和未来发展趋势，获得进一步研究和实践的基础知识和灵感来源。

目　录

第一章　虚拟现实概述

第一节　虚拟现实初识

一、虚拟现实的内涵

自古以来，技术进步一直是推动人类社会发展的核心动力。无论是从农耕时代到工业时代的跨越，还是从信息时代到智能时代的突破，每一次都离不开技术革命，因为只有发生技术革命才能极大地提高生产力，推动社会向更高层次发展。在当前这个时代，互联网、云计算、大数据和人工智能等新兴技术的诞生和兴起，正在引领一场全方位的变革。这场变革不仅改变着我们的日常生活，更在深刻重塑整个社会结构和经济模式。其中，互联网技术的普及和发展极大地提高了信息的传播速度和范围，消除了地理上和时间上的障碍，使全球化的交流和合作变得前所未有的紧密；云计算的兴起使得企业和个人能够更高效地存储、处理和分析海量数据，大大降低了技术门槛，为个体的创新和创业提供了强大的动力；大数据的应用正在推动着从个性化医疗到智能交通系统的各种革新，使我们能够更准确地预测和解决问题；人工智能的发展不仅使机器在模仿人类和扩展智能方面取得了显著进展，还在自动驾驶、语言翻译、图像识别等领域展现出巨大的潜力，经过学习和优化的人工智能成为解决复杂问题和创造新价值的重要工具。与此同时，基于这些新技术的新兴行业如电子商务、在线教育、远程医疗等也在迅速发展，并逐步改变着人们的消费习惯、学习方式和生活方式。我们可以想象，未来社会的发展必定会越来越依赖于知识和智慧。虚拟现实技术就是伴随着这一系列先进技术的问世而问世，尝试改变我们与数字世界的互动方式，为各行各业提供了全新的展示方式、教育方式和娱乐方式，使得复杂的概念和远程的场景变得直观和亲近。

谈论虚拟现实时，很多人只会简单地认为这是一门先进的技术，但如果我们聊《黑客帝国》和《阿凡达》，人们总是会有说不完的话语，甚至可以简单地认为，《黑客帝国》和《阿凡达》是许多人对虚拟现实这一概念的初步了解，电影通过引人入胜的叙事和视觉效果，展示了虚拟世界的无限可能性。在《黑客帝国》中，所有角色都是通过身体上的接口进入一个由计算机生成的虚拟世界，这个世界如此真实，以致主人公们经常难以辨认自己是在现实世界还是虚拟世界中。而且他们在虚拟世界里拥有超乎寻常的能力，如意念控制，这些能力在现实世界中是不可能实现的。在《阿凡达》中，虚拟现实技术则以另一种形式出现，人类通过一种特殊的机器进入潘多拉星球的居民——纳威人的身体，从而能够以这种形式体验外星世界。这两部电影都展示了虚拟现实技术在电影领域的高级应用，无论是通过身体接口还是机器连接，都实现了现实世界与虚拟世界的接洽，这种接洽不仅仅是物理上的，更是心理和感官上的，身处虚拟现实中的人们，眼前的世界是立体的图像，所有运动都有迹可循。其实，其中的道理可以用简单的话阐述：虚拟现实技术利用计算机模拟真实世界生成三维虚拟世界，然后通过高级显示和传感技术模拟用户的五官感觉，使用户可以毫无限制地在三维空间中观察场景、事物，并自由交互。[①]

虚拟现实的英文全称是“Virtual Reality”，简称 VR。海姆（Heim）认为，从字面看，“虚拟”和“现实”是一组相对概念，虚拟意味着“非现实”，现实意味着“真实”，若将其组合在一起，则是“非现实”的“真实”。

因此，理解虚拟现实可以从字面意思着手，顾名思义，它就是“虚拟”和“现实”的融合，其中“虚拟”是指这个特殊的空间不是真实存在的，而是由计算机生成的存在于计算机内部的世界，“现实”是指计算机生成的世界与真实的世界或现实的环境有关联，所以“虚拟现实”也被称为“虚拟实在”“虚拟实镜”“灵镜”“临镜”“赛博空间”等。

起初，虚拟现实主要作为美国军方用于军事仿真的一种高端计算机技术，通过模拟真实世界的物理环境，为军事人员进行训练、战术模拟和技术演练等提供了一个安全而又逼真的环境，因为 VR 这种仿真技术不仅能够模拟真实的现场情景，还能够重现复杂的战场情况，大大提高了军事训练的有效性和安全性。随着计算机技术、图形学、多媒体技术、传感技术和显示技术的飞速发展，到 20 世纪 80 年代末期，虚拟现实技术开始引起了公众的广泛关注，并逐渐走出了军事领域，进入了商业和民用领域。在教育领域，VR 技术提供了一种新的学习和教学方式，学生可以通过沉浸式体验来学习复杂的科学概念或历史事件；在医疗领域，它被用于外科手术的模拟训练、病理学的视觉化以及治疗某些心理疾病；在建筑和工程领域，VR 技术使得设计师和工程师能够在建造之前“走进”他们的设计，进行更加直观和详细的检查；在娱乐领域，它可以通过 VR 游戏让使用者真实体验游戏的场景和真实的乐趣；在房地产方面，VR 技术可以让潜在买家远程进行房屋巡视；在远程工作中，VR 技术可以创建一个虚拟的办公环境，让团队成员虽然身处不同地点，却能够像在同一

① 胡亚男．虚拟现实技术的哲学思考 [J]. 大众文艺，2019（9）：263.

个办公室一样进行协作。

目前，虚拟现实并没有一个统一的定义标准，但无数的专家学者都对其进行了深入研究，并得出自己的见解。美国的杰伦·兰尼尔认为虚拟现实技术是通过计算机等技术模拟现实世界，使用户获得一种与真实世界近似的环境和体验的技术。[①] 伯迪（Burdea）等则认为虚拟现实技术是一种通过计算机生成的模拟环境，让用户可以感知自己身处其中的技术。拜卡尔（Biocca）等在《沉浸式虚拟现实技术》（*Immersive Virtual Reality Technology*）中阐述了虚拟现实技术的重要性和潜力，同时着重讨论了技术的局限性和解决方案，为虚拟现实技术的未来发展提供了有益的思路和指导。哈尔滨工业大学王妍教授认为虚拟现实中的生存体验活动不仅是一种科学认知的实践活动，更是情感意志的审美直观。[②] 南京师范大学哲学系教授张之沧认为，虚拟现实技术创造了区别于波普尔提出的"理论"的"第四世界"，并进行了充分的论述。[③] 华中科技大学哲学系殷正坤教授则提出了不同意见，认为世界可划分为现实世界、虚拟世界和精神世界。[④] 基于此，虚拟现实的定义可以概括为以计算机技术为核心的技术手段生成一种虚拟世界，可以全方位观看三维空间的技术。它依托计算机技术构建了一个能够全方位观看的三维空间虚拟世界，这个世界并不仅仅是简单的数字创造，而且是一种全新的现实体验方式，用户在这个世界中通过视觉、听觉和触觉等多种感官可以体验到与真实世界极为相似的感觉，透过视觉的沉浸以及听觉和触觉的全方位刺激，使得用户仿佛置身于另一个世界。

---

① ［美］杰伦·兰尼尔．虚拟现实：万象的开端．[M]．赛迪研究院专家组译，北京：中信出版社，2018.

② 王妍．虚拟现实技术系统的美学分析 [J]．自然辩证法研究，2003，23（10）：62-65.

③ 张之沧．从世界 1 到世界 4[J]．自然辩证法研究，2001，17（12）：66-70.

④ 殷正坤．波普尔的世界 3 和虚拟世界——兼与张之沧先生商榷 [J]．华中科技大学学报（社会科学版）2002，16（2）：20-24.

虚拟现实的定义也有狭义和广义之分：狭义的虚拟现实是一种综合利用计算机系统、显示和控制接口设备生成的、可交互的三维环境中提供沉浸感觉的技术；而广义的虚拟现实是对虚拟想象或真实三维世界的模拟。前者强调了虚拟现实技术在创造一个可以让用户产生身临其境感觉的三维环境方面的作用，用户通过各种传感器和交互设备，如头戴显示器（HMD）、数据手套等，能够在虚拟环境中进行视觉、听觉甚至是触觉上的交互。在这种定义下，虚拟现实成了一种基于自然的人机接口，用户可以与现实世界类似的方式来感受和操作计算机生成的虚拟世界。后者不仅包含了人机接口的概念，而且强调了计算机技术、传感与测量技术、仿真技术、微电子技术等现代技术手段在构建模拟虚拟世界中的重要作用。这种定义将虚拟现实视为一种全方位的体验，不仅包括视觉和听觉，还包括触觉甚至是嗅觉和味觉的模拟。

根据虚拟现实的定义，我们可以发现它主要包含三部分：第一，基于计算机图形学的三维环境。虚拟现实首先是一个由计算机图形学驱动的三维环境，这个环境是多视点的，能够实时动态变化，这个特性使得虚拟现实不仅能够真实再现现实世界中的场景，如历史遗迹、城市景观等，还能创造出超越现实的虚构世界，如科幻电影中的星际空间或魔幻游戏中的奇异领域。这种环境的多视点和动态特性为用户提供了极具沉浸感的体验，用户可以在这个环境中自由探索，每一次体验都是独一无二的。第二，多感官交互体验。用户在虚拟现实中的体验不仅包括视觉，还包括听觉、触觉，甚至是嗅觉和味觉。通过先进的头戴显示器（HMD）、立体声耳机、数据手套、触觉反馈设备等，用户可以以自然的技能和思维方式直接与虚拟环境中的元素进行交互。例如，用户在虚拟环境中“触摸”物体，感受到物体的质地，或者“听到”虚拟环境中的声音，如虚拟世界中的水流声或鸟鸣声等。这种多感官交互为用户提供了一种全方位的沉浸式体验。第三，实时数据源的沉浸式行为主体。在虚拟现实中，用户不仅仅是一个外部的观察者，更是一个活跃的、沉浸在其中的参与者，用户的每一个动作和决策都会实时影响虚拟环境中的状态，从而构建互动式体验。这种互动不仅增强了用户的参与感，也使得每一次虚拟现实体验都是独特的。这种实时互动的特性，使得虚拟现实成了一种独特的媒介，可以用于各种模拟训练、教育、娱乐和创造性活动。

随着技术的不断进步，如今的虚拟现实已经超越了最初的概念，成了一个涉及计算机科学、信息技术、图形学，还包括心理学、认知科学、工程学等多个学科的交叉领域，这种跨学科的融合使得虚拟现实技术更加成熟，应用领域也更加广泛。

二、虚拟现实的特征

传统的人机交互是将用户与计算机视为两个独立的实体，键盘、鼠标和图形用户界面（GUI），包括广泛使用的 Windows 操作系统，仅作为信息交换的媒介，用户通过界面向计算机输入指令，计算机则对这些信息或控制对象进行响应。而虚拟现实技术作为一种高度先进的计算机应用形式，将用户和计算机融为一个整体，通过各种直观的工具实现信息的可视化，创造一个逼真的环境，用户还可以在这种三维信息空间中自由地交互并控制计算机。由此可见，虚拟现实与传统的人机交互相比，无论是在技术上还是在理念上都实现了巨大飞跃。1993 年，格里高里布尔代亚（Grigore C.Burdea）等在一次国际会议上发表的《虚拟现实系统与应用》（“*Virtual Reality Systems and Applications*”）一文中，提出了虚拟现实技术具备三个核心特征，这三个特征在著作《虚拟现实技术》（*Virtual Reality Technology*）一书中有明确阐述，分别是沉浸性（Immersion）、交互性（Interaction）和构想性（Imagination），这三个特征也被称为“3I 特征”，如图 1-1 所示。

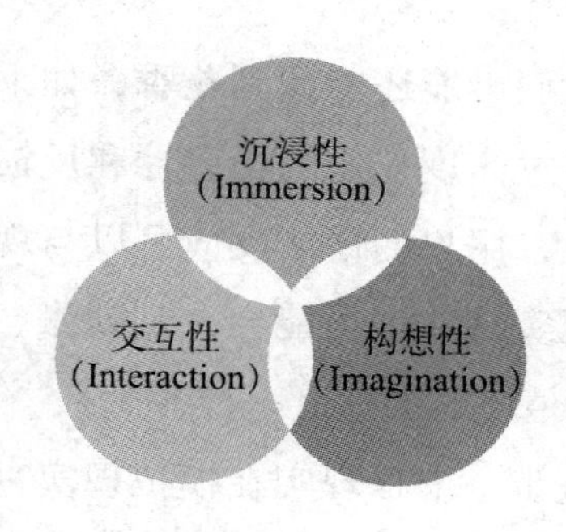

图 1-1　虚拟现实的"3I 特征"

（一）沉浸性

沉浸性又称为临场感，是指用户在虚拟环境中的存在感，即用户感到自己仿佛真的置身于那个环境之中，这不仅仅是一种视觉上的错觉，更是一种全方位的感官体验，涵盖了视觉、听觉、触觉，甚至是嗅觉和味觉。沉浸感体现了仿真学的技术优点，将虚拟的图像空间具象化、真实化，是受众感受沉浸感的主要来源，沉浸感能够使受众真正地与虚拟世界"融合"。①

在沉浸性实现的过程中，虚拟现实技术根据人类视觉和听觉的生理心理特征精心设计了各种模拟环境，这些环境是由计算机生成的，当用户戴上头盔显示器（如 VR 头盔）和数据手套等设备后，便能感受到自己似乎真的进入了一个不同的世界。理想的虚拟现实环境是如此精致和真实，以致用户难以区分虚拟与现实，这种体验的真实感来源于高度逼真的三维立体图像、环绕立体音效以及能与用户交互的虚拟对象，这种环境不仅是视觉上的模仿，更是多感官的全面刺激。例如，当用户在虚拟环境中行走时，不仅可以看到环境中的每一个细节，还可以听到脚步声、感受到地面的质感，甚至可以感受到周围空气的温度和湿度变化，

① 李小平，张琳，赵丰年，等．虚拟现实/增强现实下混合形态教学设计研究 [J]. 电化教育研究，2017，38（7）：20-25.

如果环境中有花朵，他们可能还能闻到花香，如果有食物，他们甚至能尝到味道，这些都是通过高度先进的传感器和反馈设备实现的。在一个设计精良的虚拟环境中，用户的情绪反应可以与现实世界中的反应非常相似，如用户在虚拟现实游戏中可能会感到紧张、兴奋甚至恐惧，就像在现实生活中面对同样情境时的感受一样。

随着技术的不断进步，虚拟现实在模拟现实世界方面的能力也在不断增强，现代的虚拟现实系统不仅能模拟视觉和听觉，还在不断探索如何更好地模拟触觉、嗅觉和味觉，这种多感官的沉浸体验为用户提供了一种全新的方式来探索、学习和体验，从而打开了虚拟现实在教育、训练、娱乐和其他多个领域的应用前景。也正得益于科技的加持，时代媒体的艺术视听化得到加强，当下多类媒体软件均有视听混合效果，这就减少了内容读取障碍的发生，图文结合音乐的形式更能够引起用户对内容信息的阅读兴趣。[①] 随着人工智能、传感器技术和图像渲染技术的发展，我们可以预见，在不久的将来，虚拟现实能够提供几乎无法与现实区分的体验，极大地扩展我们对世界的认知和感知能力。

（二）交互性

人机交互（Human-Computer Interaction，HCI）是信息技术领域的一个重要分支，专注于用户与计算机系统之间的通信和交互，涵盖了用户与计算机之间符号、动作的双向信息交换。这种交互不仅包括用户向计算机输入信息的行为，还包括计算机向用户提供反馈的过程。人机交互的实质是一种通信行为，涉及信息的双向交换，可以通过多种形式实现。传统的人机交互方式包括键盘敲击、鼠标移动、触摸屏操作等，这些交互方式主要依赖于图形用户界面（GUI），用户通过物理设备与计算机进行通信。随着技术的发展，人机交互的方式变得多样化，如通过语

① 吴素梅．卢宁．沉浸体验的研究综述与展望[J].心理学进展，2018（10）：1575−1584.

音识别、手势控制、眼球追踪等方式进行交互，这些新型交互方式使得人机交互更加直观、自然，大大提高了用户体验。

人机界面（Human-Machine Interface，HMI）是用户与计算机系统之间进行通信的媒介或手段，包括支持这种通信的软件和硬件设备，如图形用户界面（GUI）、触摸屏、语音识别系统等。良好的人机界面设计可以让用户更容易、更直观地理解和使用计算机系统，而不良的设计可能导致用户的困惑和效率低下。随着技术的发展，人机交互的领域也在不断扩展，在虚拟现实不断发展的背景下，人机交互已经迈入了一个全新的阶段，用户不再依赖传统的输入设备，而是通过自然的动作和语言与计算机进行交互。例如，在 VR 游戏中，用户可以通过身体动作来控制游戏角色的行动，这种交互方式更加直观和给人身临其境的感觉。

美国布朗大学的 Andries van Dam 教授对人机交互进行了深入的研究，将其历史划分为四个阶段，揭示了人机交互技术的演进过程，展现了从简单的机械操作到复杂的自然交互的转变，具体如图 1-2 所示。

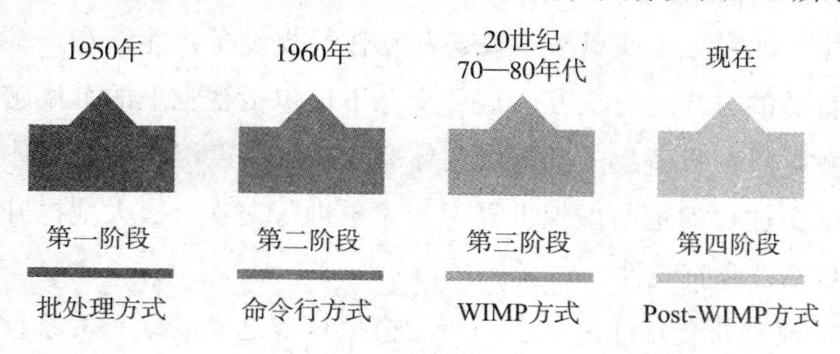

图 1-2 人机交互技术的演进过程

第一阶段（1950 年至 1960 年）标志着计算机技术的初步发展。在这个时期，计算机主要以批处理方式执行任务，操作设备包括打孔机和读卡机。这种操作方式对于普通用户而言较为复杂且不直观，主要被专业的计算机操作员所使用。

第二阶段（1960 年至 20 世纪 80 年代初），计算机开始采用分时操作系统，用户界面转向了命令行界面（CLI）。这一阶段的交互相对于批处理方式更为灵活，但仍然需要用户理解和输入特定的命令，这对非专业用户而言仍是一大障碍。

第三阶段（20 世纪 70 年代初至今）见证了图形用户界面（GUI）的兴起，它极大地简化了用户与计算机的交互方式。这一阶段以桌面隐喻为基础，用户界面提供了窗口、菜单、图标等直观的界面元素，用户通过鼠标等设备进行操作，这极大地提高了计算机的可用性和普及性。

第四阶段（Post-WIMP 界面时代）标志着交互技术的进一步发展，包括姿势识别、语音识别等先进的交互技术的广泛应用。这个阶段的交互方式不再依赖于传统的窗口、图标、菜单和指针（WIMP），而是采用更自然的交互方式，如通过手势、语音甚至眼球运动等，来控制计算机，或与计算机系统交互。这种交互方式更加符合人类的自然行为习惯，使得交互过程更加流畅和直观。

虚拟现实的交互性是对 Post-WIMP 界面的一种重要发展。在虚拟现实中，用户通过戴上头戴显示设备和动作捕捉设备，能够在三维虚拟空间中以自然的方式进行交互。这种交互不仅包括视觉上的沉浸感，还包括通过触觉反馈设备感受到的触觉体验。这种高度沉浸的交互体验使得用户能够更加自然地与虚拟世界中的对象进行交互，极大地提升了用户体验的自然性和直观性。

虚拟现实的交互性定义了用户与模拟环境之间的动态关系，不仅体现了用户对虚拟环境中物体的操作能力，还体现了环境对用户操作的实时反馈和虚拟场景中对象的物理真实性。交互性是实现人机和谐共存的关键，它使得虚拟环境不仅是可视的，而且是可以操作和感受的。用户进入虚拟环境后，可以通过各种传感器设备（数据手套、运动追踪设备和身体套装等）与这个多维化的信息环境进行互动，这些传感器设备能够捕捉用户的动作并实时地将这些信息传递给计算机系统，系统则根据这些输入生成相应的反馈，使用户的操作在虚拟环境中得到即时响应。

例如，用户在虚拟环境中伸手去抓一个物体时，数据手套会传递手的位置和运动信息，而系统会根据这些信息调整视觉输出和触觉反馈，使用户感觉到自己真的抓住了那个物体。当然，虚拟现实的交互不仅限于简单的动作捕捉和反馈，在更高级的虚拟现实系统中，用户的每一个动作，甚至是细微的表情和眼神变化，都可以被精确捕捉并在虚拟环境中得到响应。这种高度的交互性使得用户能够以非常自然的方式与虚拟环境进行交流，就像他们在现实世界中所做的那样。除了视觉和触觉反馈外，交互性还涉及更复杂的感官体验。例如，用户在虚拟环境中拾起一个物体时，不仅可以看到并感觉到物体的形状和质地，还能感受到物体的重量和温度。这一切都可以通过先进的触觉反馈技术和温度模拟设备实现。

在一个高度发达的虚拟现实系统中，交互性还可以使用户与虚拟环境中的对象发生物理行为，因为所有的虚拟对象都遵循真实世界的物理定律，所有的虚拟物体会以真实的方式移动、碰撞和反应，自然可以与用户发生触碰和反应，极大地增强整个虚拟体验的真实感。例如，用户在虚拟环境中推动一个球，球会根据推力的大小和方向以及球的质量和表面摩擦力等因素来确定其运动轨迹。随着技术的进步，未来的虚拟现实系统将提供更强的交互性，使用户能够以前所未有的方式与虚拟环境进行互动。通过这种深度交互，虚拟现实不仅仅成为一门技术，更成为一种全新的交流和体验方式。它将改变我们与数字世界的互动模式，开拓无限的可能性。

（三）构想性

虚拟现实的构想性强调了虚拟现实技术应具备的广泛的想象空间，以及这一技术拓宽人类认知范围的能力，这一特性也使得虚拟现实不仅能够再现真实存在的环境，还能够创造出客观不存在甚至不可能发生的环境，从而为用户提供了一个无限创造和探索的空间。在技术层面，虚拟现实通过先进的计算机图形技术、物理模拟、人工智能等技术手段，

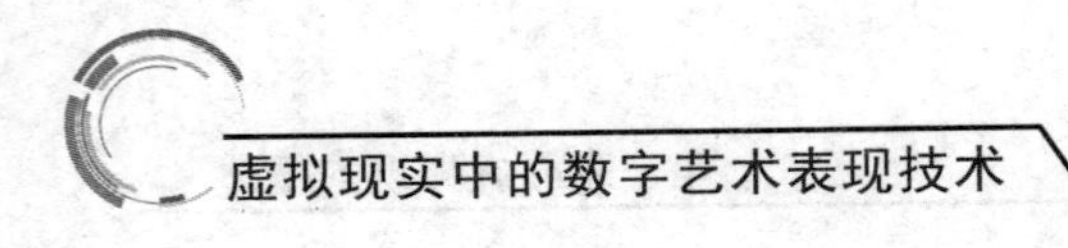

为用户提供了一个高度交互的、可定制的环境，用户可以根据自己的想象力去改变和定制这个环境，系统会根据用户的输入实时地调整环境，这种动态的交互过程增强了用户的沉浸感和创造性体验。简单理解，就是用户可以将虚拟现实构想成一个逼真或幻想的世界，可以与构想世界中的所有人或物进行各种交互，这种体验远远超越了传统的界面和媒体所能提供的一切服务。用户在这样的环境中不仅能够获得感性体验，如视觉和听觉的享受，还能够进行理性认识，甚至可以通过模拟复杂的物理现象或历史事件来深化理解，这种定性和综合集成的环境使用户得以在感性和理性的层面上都获得新的认识。当然，虚拟现实技术的构想性不仅仅限于再现和模拟，更在于它能激发用户的创造性思维，在这种技术的帮助下，用户可以构想和实现那些在现实世界中无法实现的想法。例如，用户可以在虚拟环境中设计和构建一个未来城市，或者体验在外太空中的生活。这些体验不仅增加了用户的知识和理解，也激发了他们的创造力和想象力。更重要的是，虚拟现实中的构想性体验还可以反馈真实世界，用户可以通过虚拟现实技术探索新的概念、测试不同的理论，并在安全的环境中进行实验，这些都是在现实世界中难以实现的，然后将自己在虚拟环境中获得的新知识和想法应用到现实世界中的各个领域，如教育、科学研究、艺术创作等。

虚拟现实的三大特性——沉浸性、交互性和构想性，不仅生动地体现了虚拟现实技术对现实世界的高度仿真，还展示了它在提供自然交互方式方面的独特能力，这些特性共同作用，构建出一个既能在物理层面吸引用户，又能在心理层面深度参与的全面体验。沉浸性是虚拟现实体验的基础，它使用户感觉自己真正进入了一个不同的世界，通过视觉、听觉甚至触觉的刺激，使得用户的感官被完全带入虚拟环境，从而实现身体上的全面沉浸。交互性使这种沉浸体验更加深入，用户不仅可以被动接收信息，还可以与虚拟环境中的对象和元素进行实时互动，这种交互可以是移动物体这种简单的物理操作，也可以是与虚拟人物对话这种更复杂的社会互动，特别是交互的自然性和实时性极大增强了用户的参与感，使他们精神上更加投入。构想性则为用户提供了无限的创造空间，用户可以在虚拟现实中体验现实世界中可能的场景，还能够探索那些在现实世界中不可能或未曾存在的环境，大大激发了用户的想象力和创造力，使他们能够在虚拟世界中实现自己的想法。一个具备这三个特性的完整虚拟现实系统可以为用户提供一个独特的、多维的体验，使用户感到身体上的沉浸以及精神上的完全投入，这种体验超越了传统的观看或听觉体验，它是一种全面的、互动的、身临其境的体验。

三、虚拟现实的关键技术

虚拟现实系统的实现不仅仅依赖于高端硬件设备，还涉及一系列复杂的软件和技术支持，特别是在当前的计算机运行速度尚未完全满足虚拟现实系统的高要求时，这些技术的重要性更加凸显。而且一个随用户视角变化而实时显示的三维场景的实现，需要的不仅仅是先进的设备，更需要强大的技术理论支撑。

虚拟现实系统的核心在于其能够生成和维护一个高度逼真的三维虚拟环境，这要求系统具备高效的图形渲染能力，能够快速并准确地处理大量的图形数据以及实现复杂的光影效果。而要达到这样的效果，就必须有高性能的图形处理单元（GPU）和高效的图形渲染算法。这些算法不仅要能处理常规的图形渲染任务，还要能够应对虚拟现实中特有的高要求，如大范围的视场角、高分辨率和高帧率的图像输出。除了视觉渲染之外，虚拟现实系统还需要提供全方位的感官体验，包括听觉、触觉，甚至是嗅觉和味觉，这意味着系统不仅要能够生成逼真的图像，还要能产生相应的声音、触感等其他感官刺激。例如，通过空间音频技术来模拟真实环境中的声音方向和距离，或者通过触觉反馈设备来模拟实际接触的感觉，同时能够准确地模拟和同步多种物理现象，确保这些不同感官体验的无缝整合。

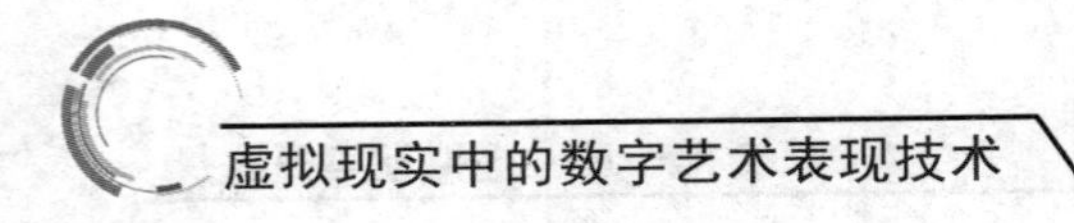

为了实现与虚拟世界的交互，虚拟现实系统还必须具备高效的实时响应能力，不仅要能够实时追踪用户的动作，还要能够在极短的时间内对这些动作做出反应，并在虚拟环境中实时呈现出相应变化。这需要系统具有高速的数据处理能力和低延迟的输入 / 输出处理机制。例如，头部追踪技术必须能够实时准确地捕捉用户的头部动作，并且系统要能够立即调整显示内容以匹配用户的视角。为了提供更加沉浸和真实的体验，虚拟现实系统还需要集成先进的人工智能技术改善用户交互，如通过语音识别和自然语言处理来实现更自然的交流方式，或者利用机器学习算法来优化和个性化用户体验。

（一）立体视觉显示技术

立体视觉显示技术是虚拟现实系统中的核心组成部分，对于创造沉浸式体验至关重要，因为人类对外部世界的感知在很大程度上依赖视觉，这就意味着在虚拟现实系统中，提供逼真、立体的视觉体验是实现高度沉浸感的关键。这种技术不仅需要模拟真实世界的视觉效果，还要能够在视觉上提供深度和空间感，使用户感觉自己真的置身于一个三维空间之中。

早在虚拟现实技术发展的初期，计算机图形学的先驱伊万·萨瑟兰（Ivan Sutherland）在其开创性的“达摩克利斯之剑（Sword of Damocles）”系统中，就实现了对三维立体显示的探索。这一系统通过悬挂式头戴显示器，使用户能够观察到虚拟空间中的三维对象，开启了虚拟现实在视觉显示技术上的新纪元，但在体积和灵活性上存在限制。随着技术的发展，现代的虚拟现实系统，如 WTK、DVISE 等，都采用了更先进的立体眼镜或头盔式显示器，这些设备通过分别向用户的左眼和右眼提供略有差异的图像，创造出立体视觉效果，从而模拟出真实世界的深度感和空间感，极大地提高了虚拟环境的真实感，使用户体验到了前所未有的沉浸感。

1. 立体视觉的形成机理

立体视觉是人类在观察世界时所经历的一种深刻的感知体验，它使我们能够感知物体的深度、距离以及相互之间的空间关系。这种视觉感知的形成是一种复杂的生理和心理过程，涉及人眼和大脑对视觉信息的处理。人眼获取景象的深度感知能力主要源自多种深度线索（Depth Cue），其中最重要的是双目视差（Binocular Parallax），这是由于我们的双眼位于头部的不同位置，观察同一个物体时，每只眼睛接收到的视觉信息略有差异，如图 1-3 所示。这种差异为大脑提供了关于物体距离和深度的重要线索。当我们的双眼同时注视同一个物体时，各自的视线在某一点交汇，形成所谓的注视点。由于双眼之间的物理距离，即眼间距大约为 65mm，因此每只眼睛从不同角度观察到的物体图像存在微妙的差异，这些差异在大脑的视觉中枢被合成一个完整的立体图像，这种处理不仅使我们能够清晰地看到物体，还能使我们辨识出物体与周围环境之间的距离、深度和凹凸关系。

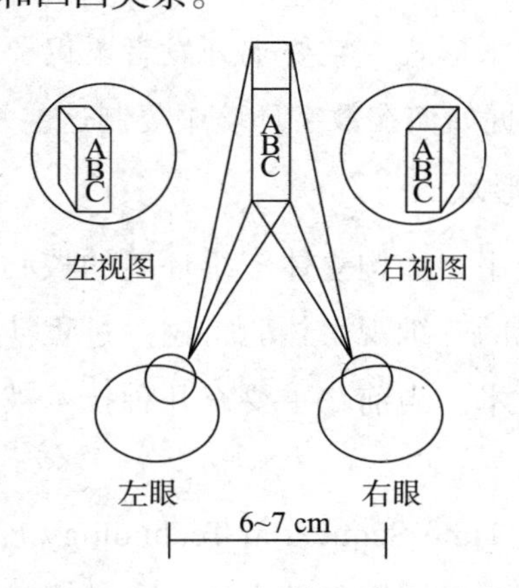

图 1-3　人眼双目视差示意图

与双目视差发挥同等作用的还有运动视差（Motion Parallax），它也是我们确定立体视觉深度的一种重要线索。当观察者的头部或身体移动时，不同距离的物体在视网膜上的相对位置变化速度不同，这种变化为我们提供了关于物体距离的线索。除此之外，眼睛的适应性调节（Accommodation）和双眼视线的融合（Convergence）也在立体视觉的形成中起着重要作用：前者指的是眼睛调整晶状体的形状以聚焦于不同距离的物体，后者指的是眼睛调整视线使其交汇于同一物体上。

人们对立体视觉的感知除了基础的生理机制外，还受到个人经验和认知的影响，不同人对相同颜色的认知可能不同，对同一物体产生的阴影的理解也可能有所差异，这些因素虽然在建立立体感上不如生理机制那样直接，但它们在我们理解和解释视觉信息时仍然扮演着重要的角色。

在虚拟现实系统中，系统必须能够产生足以欺骗人眼和大脑的图像，使之相信所看到的是一个真实的三维环境，这通常通过向每只眼睛提供略有不同的图像来实现，模拟双目视差所产生的效果。与此同时，虚拟现实系统必须考虑到运动视差、视觉适应和双眼融合等因素，以创造一个真实可信的三维体验。因此，立体视觉在虚拟现实领域不仅是一项技术挑战，更是一种艺术形式，它要求开发者不仅要理解人类视觉的生理和心理机制，还要掌握如何在数字环境中复制这些复杂的感知过程。

2. 立体图像的形成

在虚拟现实系统中，重构立体三维环境的核心在于利用显示设备模拟人眼在现实世界中的三维观察体验，这一过程涉及复杂的视觉生理学原理和先进的电子技术。当前，主要有几种技术被用于通过光学设备来实现这一目标。

（1）分时技术（Time-Sequential Technology）：一种通过控制时间来分别向每只眼睛呈现不同图像的方法，通常通过使用特制的眼镜来实现，这些眼镜同步于显示设备，并快速交替地遮挡左眼和右眼，显示屏在眼镜的每次遮挡期间显示为针对另一只眼睛的图像。这种快速交替产生的效果使大脑将两幅图像融合为一个立体图像，从而创造出三维效果。

（2）分光技术（Polarization Technology）：使用两种不同的偏振光向左眼和右眼分别投射不同的图像，即显示器通常会同时投射两幅图像，每幅图像通过特定的偏振方向发射，观众佩戴的偏振眼镜确保每只眼睛只看到对应的一幅图像。由于观众两眼看到的两幅图像在视觉上略有不同，因此在大脑中融合后产生立体视觉效果。

（3）分色技术（Anaglyph Technology）：一门较老的技术，通过使用不同颜色的滤镜（通常是红色和青色）来分隔向左眼和右眼显示的图像，即显示屏同时显示两幅用不同颜色编码的图像，而观众通过戴有对应颜色滤镜的眼镜观看，每只眼睛只能看到一种颜色的图像，大脑将这两幅图像融合成一个具有深度感的三维图像。

（二）环境建模技术

在虚拟现实系统中，虚拟环境的创建是一个多步骤、高度复杂的过程，涉及从三维建模到实时渲染和立体显示等多个环节，但核心在于创建一个既逼真又能够满足特定应用需求的三维虚拟环境。虚拟环境建模的首要任务是获取和处理实际三维环境的数据，这可以通过多种方式实现，如使用三维扫描技术来捕获现实世界对象的精确几何形状，或使用摄影测量技术从多个角度拍摄的照片中提取三维信息。获取数据后需要利用这些数据来构建虚拟环境的三维模型。这个过程不仅涉及几何形状的精确复制，还包括为这些模型添加纹理、材质和颜色，以提供逼真的视觉效果。创建的三维模型必须能够反映研究对象的真实性和有效性，如教育和培训领域的三维模型必须精确到足以传授正确的概念和技能。

1. 虚拟现实系统中虚拟环境的主要类型

（1）模仿真实世界的环境：旨在逼真地再现已经存在或未来可能建造的真实场景，如建筑物、武器系统或战场环境等。为了达到高度的逼真度，开发者不仅需要构建精确的几何模型，还需要对物理模型进行详细的模拟，以确保环境的动态变化符合物理规律。例如，在模拟建筑物时，除了外观的精确复制外，还需要考虑光照、阴影、材料质感等要素；在模拟战场环境时，还需考虑武器系统的物理特性和环境中的动态效应，如爆炸、烟雾等。这种类型的虚拟现实系统通常用于系统仿真，如军事训练、飞行模拟、建筑设计评估等，它们能够提供一个安全的模拟环境用于训练、测试或设计验证。

（2）人类主观构造的环境：主要出现在电影制作、电子游戏和虚拟艺术创作等领域，形成的虚拟环境完全是由人的想象力构建的，不受真实世界物理法则的限制，还可以根据创作者的意愿设计。这些虚构环境可能包括超现实的景观、异想天开的生物和物理现象等。在这些环境中，动画技术和创意表达成为关键点，其中动画通常通过绘制方法和关键帧动画来实现，允许创作者制造出流畅且富有表现力的动画效果。这种类型的虚拟环境更多地强调艺术性和娱乐性。

（3）模仿人类无法直接感知的环境：主要是基于虚拟现实技术的科学可视化应用，尤其是模拟人类无法直接感知的微观或抽象环境，如分子结构、空气动力学或天体物理学现象。在这些环境应用中，虚拟现实技术使复杂或微观的科学数据变得可视化和可交互，对于分子、细胞等微观结构，虚拟现实可以放大这些结构，使研究者能够直观地观察和分析其构造；对于不可见的物理量，如速度或温度分布，虚拟环境可以通过视觉元素（如颜色编码、流线图）来表示这些抽象概念。这不仅使得复杂的科学数据更易于理解，也为研究和教育提供了强大的工具。

2. 环境建模技术的特征

虚拟现实系统中的环境建模不仅要求精确地复制或创造出逼真的三维空间，还需要考虑物体的行为、物理属性和用户交互。与传统的图形建模技术相比，其特征更加突出，主要体现在以下几个方面。

（1）物体类型的多样性和复杂性：虚拟环境往往需要模拟现实世界的复杂性，这意味着必须创建大量不同类型的物体模型，从自然环境如山川、植被到人造物体如建筑、交通工具等。这些物体不仅在外观上各不相同，而且在材质、纹理等方面也需要精细处理。因此，虚拟环境建模要求高度的细节和多样化的建模技术。

（2）物体行为的动态模拟：虚拟环境中的物体建模与传统图形建模中更多关注静态物体或简单运动不同，不仅需要在视觉上逼真，还需要在行为上真实。因此，虚拟现实系统中的物体可能需要模拟复杂的动态行为，如物理碰撞、流体动力学、机械运作等。这些动态行为的模拟不仅增强了环境的真实感，也为用户交互提供了更多可能性。

（3）物体的交互操纵性：虚拟环境中的物体必须具备高度的交互性，这意味着当用户与这些物体交互时，物体能够以适当的方式做出反应，如改变形状、发出声音或触发某些事件。这种交互性是虚拟现实环境区别于传统三维建模的关键特征，它要求在建模过程中考虑到用户的操纵方式和物体的响应机制。

3. 环境建模技术的分类

目前，常见的虚拟现实系统中的环境建模是三维视觉建模和三维听觉建模，但理想的虚拟现实环境应该包括多种感官通道的模拟，如触觉、力觉甚至味觉，这种多感官集成的目的是创造一个更加真实、更具沉浸感的虚拟环境。常见的环境建模技术包含以下几种。

（1）几何建模：是环境建模的基础，涉及对物体形状、尺寸和空间位置的精确表示。在虚拟现实系统中，几何建模不仅要求高度的精确度和细节，还要求模型的优化，以保证实时渲染的性能。几何建模是计算机图形学的核心研究内容，其目标是创建既详细又高效的三维模型。

（2）物理建模：是指对物体的物理属性和在物理环境中的行为进行建模，包括物体的质量、弹性、摩擦力、温度响应等属性。在虚拟现实中，物理建模使得模拟环境更加逼真，如在模拟自然环境时考虑风的影响、水的流动等自然现象。物理建模是一个跨学科的研究领域，结合了物理学、工程学和计算机科学的知识。

（3）行为建模：关注的是模拟对象的内在工作机理和行为方式。在虚拟现实系统中，行为建模意味着创建能够响应用户输入和环境变化的智能对象，如虚拟人物的行为模拟、交通工具的动态响应等。这种建模不仅需要理解物体的物理属性，还要考虑其控制逻辑和交互规则。行为建模通常需要结合人工智能和机器学习技术，以创造出具有一定智能和自主性的虚拟实体。

当然，虚拟现实系统中的环境建模技术不仅限于几何、物理和行为建模，还涵盖听觉建模、触觉和力觉建模以及环境效应建模等多个重要领域，这些技术共同工作，创造出一个全面、多维度的虚拟环境，提供丰富和真实的用户体验。听觉建模不仅涉及声音的产生和传播，还包括环境中的声音反射和吸收，通过模拟不同材料和空间结构对声音的影响，可以极大地增强虚拟环境的真实感和沉浸感。例如，声音和回声的方向性可以帮助用户在虚拟环境中更好地定位和导航。触觉和力觉建模是虚拟现实技术中的新兴领域，目前的技术还不够成熟，但它们对于创造全方位的虚拟体验至关重要，通过模拟物理接触、压力和质感，触觉和力觉建模技术能够使用户在虚拟环境中感受到物理世界的特性，如物体的硬度、质地和重量，这种多感官交互为虚拟现实体验增添了新的维度。环境效应建模则包括模拟自然环境中的各种条件，如气候变化、光照效果和季节变化，这些效应不仅在视觉上提供了丰富的场景，而且会对物理和行为建模产生影响。例如，不同的光照条件会影响物体的视觉呈现，而气象条件如风和雨会影响物体的物理行为。这种多维度的建模方法不仅提升了虚拟环境的真实性，也拓展了虚拟现实技术的应用领域，从而为用户带来沉浸式体验。

（三）三维声音虚拟技术

在虚拟现实系统中，听觉信息与视觉信息共同构成了沉浸式体验的基础，逼真的听觉通道不仅能够提高用户在虚拟世界中的沉浸感，还有助于减轻对视觉信息的依赖，从而创造一个平衡、全面的感官体验。常用的声音模拟技术是立体声技术，它虽然能够通过左右声道创造出一定的空间感，但这种感觉通常局限于一个平面，即声音似乎来自听者的前方。而三维虚拟声音能够模拟出更加丰富和真实的声音环境，其中的声音可以来自听者周围的任何方向，包括头顶、后方、前方甚至是脚下。显然，三维虚拟声音在模拟真实世界声音环境方面的能力远远超越了传统的立体声技术。

为了创造更好的立体声场效果，虚拟现实系统需要利用复杂的声学模型和算法，如声音的定位、声音的移动以及声音在不同环境中的反射和吸收，同时需要考虑房间大小、墙面材料等环境的声学特性对声音的传播、感知的影响。这种声音的模拟不仅增强了用户的空间感知能力，还提供了更多关于环境和事件的信息。研究表明，当声音的混响和压力差被适当调整时，用户能够体验到更加真实和沉浸的声音环境。例如，在虚拟现实训练或游戏中，通过准确的声音定位，用户可以更快地做出反应和决策。除此之外，三维虚拟声音还能够提供丰富的情感和情景体验，在电影或故事叙述中，合适的声音设计可以极大地提升故事的吸引力和沉浸感；在教育和训练应用中，逼真的声音模拟有助于提供真实的模拟环境，使学习和训练过程更加有效。

1. 三维虚拟声音的主要特征

三维虚拟声音系统的核心技术是三维声音定位，它具备多个关键特性，包括全方位的三维定位能力、实时声源跟踪以及增强的沉浸感和交互性，这些特性共同作用为用户提供了一个真实且沉浸的听觉体验。

三维虚拟声音系统的全向三维定位特性模仿了人们在自然环境中的听觉感知，使用户能够从声音中辨识出声源的确切位置。这一功能不是仅限于用户直视的方向，而是覆盖了所有可能的位置，提供了一种有效的信息源监视和识别方式。在视觉受阻或混乱的情况下，这种听觉定位可以引导用户更快地找到目标，甚至在目标位于视野中心时也是如此。

三维声音系统的实时跟踪特性意味着它能够在三维空间中实时追踪虚拟声源的位置变化，即当用户的头部移动时，系统能够相应调整声音的位置，确保声源的相对位置保持不变。这种实时性确保了视觉和听觉之间的一致性，对于创造真实感和连贯性至关重要，如果声音的变化无法与视觉场景同步，那么听觉可能会削弱而非增强视觉的沉浸感。

三维虚拟声音系统的沉浸感和交互性特性强化了用户在虚拟环境中的体验，可以让用户感受到临场感，这有助于加深他们在虚拟环境中的沉浸程度。同时，三维声音的交互性保证了随着用户移动或环境变化，声音也能做出相应调整，从而增强了用户的参与感和交互体验。这种多维度的互动不仅提升了虚拟现实系统的现实感，还增强了用户的参与度和满意度。

2. 语音识别技术

语音识别技术的目标是将人类的语音信号转换成计算机可以理解的文字信息，使计算机能够识别和响应用户的语音指令，这个过程涉及多个复杂的步骤，包括从语音信号中提取特征参数、建立参考模式以及进行模式匹配和识别，虽然这听起来简单，但在实际操作中却充满挑战。每个人的语音都有其独有的特征，如音调、节奏和强度，甚至同一个人在不同情况下的语音也会有所不同。所以，语音识别的难点是处理用户语音的多样性和复杂性。环境噪声和语言的多样性也增加了识别的难度。例如，中文和其他非英语语言由于其丰富的音节和调性，使得语音识别变得复杂。

为了克服这些挑战，研究人员开发了多种技术和算法，其中常用的是傅里叶变换和倒频谱参数，前者是一种用于分析语音信号频率特征的技术，后者是一种广泛用于语音识别的特征提取方法，这些技术可以帮助改善系统对不同用户语音的适应性和识别准确性。

随着科技的不断发展，深度学习和机器学习的出现也在推动语音识别技术的发展，尤其是深度学习，它可以通过使用大量的语音数据进行训练，使其学习和模仿人类的语音识别过程，提高识别率。我们可以相信，未来语音识别系统的性能和可靠性会不断提升，不仅使得虚拟现实中的语音交互变得更加自然和流畅，也为虚拟现实应用的开发和普及提供了新的可能性。

3. 语音合成技术

语音合成技术可以使计算机以人工方式生成自然流畅的语音，不仅能传达文字信息的内容，还能在一定程度上表达情感和语调变化。这种能力在虚拟现实环境中尤其重要，因为它提供了一种有效的交互方式，特别是在视觉信息不足或者用户需要自由双手进行其他任务时。

语音合成通常有两种基本方法：录音 / 重放和文本到语音的转换。录音 / 重放方法涉及将模拟语音信号数字化、编码，并存储于存储设备中，在需要时再将这些数字信号解码以重建声音。这种方法的优点在于它能够提供高音质的声音输出，并且能够保留特定人的音色特征。这种方法的缺点是它需要大量的存储空间，且存储需求会随着发音时间的增长而线性增加。文本到语音的转换是一种基于声音合成技术的声音产生方法。在这种方法中，系统会先合成语音单元，然后按照语音学和语言学规则将它们连接成自然流畅的语流。这种方法的优势在于所需的参数库大小不会随发音时间增长而增大，但随着语音质量要求的提高，其规则库可能会变得更加复杂和庞大。

在虚拟现实系统中，语音合成技术能极大地提高用户的沉浸感，尤其是在那些视觉分辨率较低的系统中，语音合成可以有效地补充视觉信息的不足，使用户即使在视觉清晰度受限的情况下也能接收到必要的信息。例如，在一个虚拟训练环境中，如果头盔显示器的分辨率不足以清晰地显示文本信息，语音合成技术可以通过朗读文本来向用户提供指令和信息，从而使用户能够专注于虚拟环境中的任务。

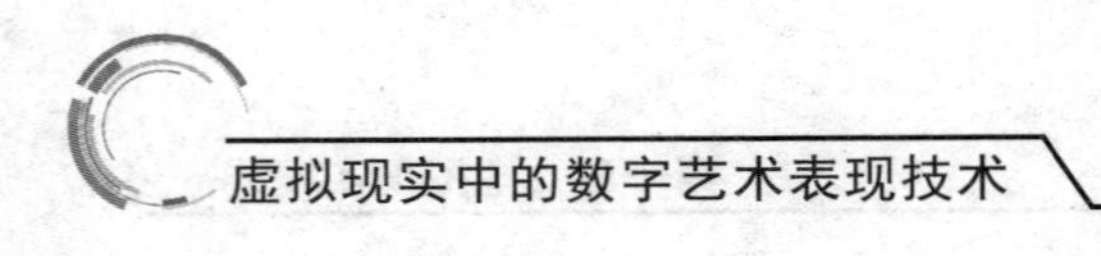

（四）人机自然交互技术

如今，虚拟现实系统中的人机交互技术正朝着更自然和直观的方向发展，虽然目前这些技术尚未完全成熟，但近年来的研究和开发已经取得了显著进展。为了实现更自然的交互体验，研究人员一方面致力于改进交互硬件设备，另一方面不断增强和优化交互方式。

1. 手势识别技术

手势作为一种自然且直观的交互方式，在虚拟现实系统中通过定义一系列手势作为指令集，能够使系统通过跟踪用户的手部位置和手指的夹角来解读用户的意图和指令。这种交互方式不仅简化了用户操作，还增强了交互的自然性和直观性。目前，手势识别技术主要分为两种类型：基于数据手套的手势识别系统和基于视觉（图像）的手势识别系统。

（1）基于数据手套的手势识别系统：数据手套是一种配备了多种传感器的手套，能够精确地捕捉手部和手指的运动。常见的传感器包括弯曲传感器（用于测量手指的弯曲程度）、陀螺仪（用于确定手部的方向和旋转）和加速度计（用于追踪手部的移动）。系统通过分析这些传感器数据，能够识别出用户的手势并将其转换为相应的指令。这种系统的优点在于精确度高，能够捕捉到复杂的手势和细微的手指运动。

（2）基于视觉的手势识别系统：基于视觉的手势识别系统使用摄像头或深度感应摄像头来捕捉用户的手势。这种系统的优势在于不需要用户穿戴任何特殊的设备，从而提供了更自由和自然的交互体验。但是，这种系统可能受到光照条件和背景干扰的影响，识别精度和响应速度也可能不如数据手套系统。

无论是基于数据手套还是基于视觉的手势识别系统，它们都极大地扩展了虚拟现实中的交互可能性，用户可以通过自然的手势来控制虚拟环境，执行各种操作，如在虚拟空间中导航、选取和操纵物体等。随着技术的不断进步，未来手势识别系统将更加精准和高效，进一步增强虚拟现实体验的自然性和直观性。

2. 面部表情识别

面部表情识别技术在人机交互领域中具有重要的应用价值，这种技术使计算机或虚拟角色能够识别和响应人类的情感表达，从而提供更加自然、富有吸引力的交互体验。但是，通过计算机准确地理解和识别人类的面部表情依然是一个挑战，目前的技术水平还未能完全达到人类的识别能力。

面部表情识别技术的主要步骤包括人脸图像的检测与定位、表情特征提取、模板匹配以及表情识别。

（1）人脸图像的检测与定位：这是面部表情识别的第一步，旨在从图像或视频中检测出人脸并确定其位置，通常涉及复杂的图像处理技术，如深度学习算法，用于区分人脸和非人脸区域。

（2）表情特征提取：关注于从人脸图像中提取出与表情相关的关键信息，如眉毛的位置、眼睛的形状、嘴巴的动作等，这些特征对于理解面部表情至关重要。

（3）模板匹配：涉及将提取的表情特征与预定义的表情模板进行比较，以确定用户当前的表情，包括比较不同的面部特征点，如眼角的弯曲程度、嘴角的位置变化等。

（4）表情识别：在完成特征提取和模板匹配后，系统将根据对应的特征和模板对表情进行识别。这一步骤是面部表情识别过程的最终目标，它使得系统能够理解用户的情感状态。

在虚拟现实中，面部表情识别不仅可以用于提升用户体验，还可以用于驱动虚拟角色的表情，更是情感分析、心理学研究、娱乐和游戏设计等多个领域的重要技术。例如，通过捕捉和分析用户的面部表情，虚拟角色可以相似的方式做出反应，从而创造出真实的互动体验。

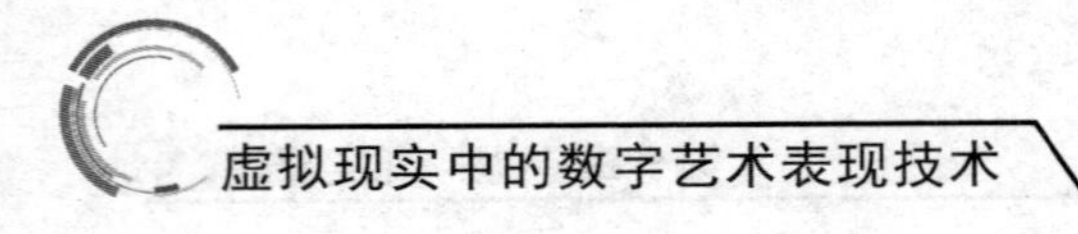

3. 眼动跟踪技术

在传统的虚拟现实系统中，视觉感知的生成主要依赖于头部跟踪技术，这意味着虚拟环境中的场景变化是基于用户头部的移动，这种方法并不能完全模拟现实世界中人类的视觉行为。在现实生活中，人们往往通过移动眼球而非转动头部来观察周围的环境，因此，眼动跟踪技术的应用极大地增强了用户的交互体验和视觉感知的真实性。因此，为了提供更加自然和真实的虚拟体验，眼动跟踪技术在 VR 系统中变得至关重要。

眼动跟踪技术能够精确地监测和分析用户的眼球运动，包括眼球的转动、凝视点、眨眼频率等，然后根据这些信息推断用户的注意力、兴趣点，甚至是情感状态。在虚拟现实系统中，这种技术的应用可以根据用户的眼动来调整和渲染场景，从而提供个性化和沉浸式的体验。例如，当用户凝视虚拟环境中的某个物体时，系统可以自动将该物体渲染得更加清晰，或者提供相关的信息和互动选项。眼动跟踪技术还可以改善虚拟现实系统的性能，因为系统可以通过识别用户的注视点采用“注视点渲染”技术，对用户当前正在注视的区域进行高分辨率渲染，而其余区域使用较低的分辨率，这种方法不仅可以节省计算资源，还可以提高系统的响应速度和画面质量。

在用户交互方面，眼动跟踪技术提供了一种无须手动输入的交互方式，用户可以通过眼睛的移动来控制界面或做出选择，这对于那些需要双手自由或者行动不便的用户来说尤其有价值。例如，在 VR 游戏或训练模拟中，眼动控制可以使用户更加自然地与虚拟环境进行交互。眼动跟踪技术在虚拟现实中的应用虽然很有效果，但仍面临一些技术挑战，如确保精确和可靠的眼动监测、处理不同用户间眼动特性的差异以及将眼动数据有效地融合到 VR 系统中。随着技术的进步和优化，预期眼动跟踪将在提供高度个性化和沉浸式的虚拟现实体验方面发挥重要作用。

4. 触觉感官反馈

触觉作为人类获取信息和与环境互动的关键感官之一，在虚拟现实环境中的应用越来越受到重视，在虚拟现实中实现触觉交互能够提供除视觉和听觉之外的感官体验，使用户能够以全面的方式体验和探索虚拟世界。尤其在需要精细操作的场景中，如虚拟手术训练，触觉反馈对于提高任务的执行质量和用户的沉浸感至关重要。触觉交互不仅限于视觉模拟，还包括力的感知，使得用户能够通过手和手臂的运动与虚拟环境中的对象进行物理交互，从而形成对虚拟对象更全面的认识。

触觉交互设备根据交互方式可以分为两类。①主动型力 / 触觉设备：这类设备在用户操作虚拟对象时，能够主动向用户提供力的感觉。例如，当用户在虚拟环境中抓取一个物体时，设备会模拟出抓取物体时的力感。这种设备通常包括各种机械结构和驱动器，以模拟不同的力反馈，如振动、抵抗力或其他形式的物理触觉。这类设备的优点在于能够提供直接和强烈的力反馈，增强交互的真实感。②被动型力 / 触觉设备：被动型设备则是在用户施加力的过程中，通过反馈系统给用户提供相应的力感。这种方式贴近于真实世界中的物理交互，因为在真实世界中，我们对物体施加力时，通常会感受到物体对这种力的反作用力。这类设备通过模拟这种反作用力，从而提供更加自然和逼真的触觉体验。

5. 嗅觉感官反馈

虚拟嗅觉作为虚拟现实系统的一个重要组成部分，其作用在于能提供一种全新的感官体验，增强虚拟环境的真实感和沉浸感，尤其在数字博物馆、科学馆、沉浸式互动游戏以及体验式教学等领域，虚拟嗅觉为用户提供了一种独特的互动方式，使得虚拟体验更加丰富和真实。虚拟嗅觉的实现是一项跨学科的综合技术，涉及计算机科学、机械工程、传感技术和人类感知学等多个领域，其核心在于如何模拟和再现真实世界中的气味，并将其准确地传递给用户。为了实现这一目标，需要考虑以下三个主要要素：

（1）人的嗅觉生理结构：这是虚拟嗅觉技术的生物学基础。人类通过鼻腔内的嗅觉受体感知气味，这些受体能够检测到空气中的挥发性化合物，并将其转换为神经信号，传递到大脑进行处理和识别。因此，在虚拟嗅觉技术中，必须理解这一过程，以便设计出能够刺激这些受体的系统。

（2）气味源：在虚拟嗅觉系统中，气味源的选择和控制至关重要。这些气味源包含各种不同的化学物质，以模拟各种自然和人造的气味，气味的生成和释放需要精确控制，以确保用户能够在适当的时刻感知到适当的气味。

（3）虚拟环境特性：在虚拟环境中，气味的呈现必须与视觉和听觉等其他感官体验协调一致，这种多感官整合对于创建一个真实可信的虚拟环境至关重要。例如，在一个虚拟森林场景中，用户不仅能看到树木和听到鸟鸣，还应该能闻到树木的气味和鲜花的香味。

第二节　虚拟现实的发展

一、虚拟现实的理论起源

虚拟现实虽然是近些年才开始兴起的先进技术，但其源头可追溯到公元前，当时的柏拉图在《理想国》中讲述了一个关于洞穴的寓言，这个洞穴寓言不仅是西方哲学的重要篇章，也在一定程度上揭示了现代虚拟现实概念的根本，是对现代虚拟现实概念的深远预示。这个寓言中，柏拉图描述了一个特殊的场景：一群人从出生起就被困在一个深深的洞穴内，他们的手脚被锁链束缚，只能面对洞穴的一面墙，这些人从未见过外界，他们的整个世界就是那面墙上映射的影子，这些影子来自洞穴外面的事物，但被困的人们并不知道这一点，他们观察影子，从中发展出自己的概念和理解，以为这就是全部的现实。偶然的机会，洞穴中的一个人最终挣脱了束缚，离开了洞穴，当这个人首次看到外面的世界时，他被强烈的光线刺痛了眼睛，一时间难以适应，但渐渐地，他开始看到真实的世界——树木、河流、山脉和天空。他认识到，洞穴中的影子不过是对这些真实事物的模糊映射，他返回洞穴试图向其他人解释外面世界的奇妙，却遭到了嘲笑和不信。柏拉图通过这个寓言阐述了他的理论——真实的世界是理念的世界，我们通过感官感知的世界只是一个阴影和映射。他指出，人们通常仅限于感官经验，而对更高的真理缺乏认识。这个寓言不仅探讨了真实与感知的关系，还反映了知识和无知的对比，以及人们认识事物的限制和可能。

在现代语境中，柏拉图的洞穴寓言经常被用来比喻虚拟现实技术，因为在虚拟现实中，人们可以通过戴上特殊的设备进入一个全新的数字世界，这个世界虽然看起来非常真实，却是计算机生成的幻觉，正如洞穴中的人将影子当作真实，使用 VR 技术的人们也可能将虚拟世界视为现实。这引发了关于何为真实、我们如何知道真实以及科技如何影响我们对现实的感知等哲学讨论。柏拉图的寓言也对教育和启蒙有着深远的影响，洞穴中的人被解放，看到了真正的世界，象征着通过教育和批判性思考，人们可以超越有限的经验和偏见，认识到真理。这一点在当今社会依然具有极大的意义，特别是在信息时代，人们需要辨别各种信息源的真实性，避免被假象和虚假信息所迷惑。

Giovani Fontana 在他的著作《战争器械之书》（*Bellicorum Instrumentorum Liber*）中详细描述了一种魔灯（或称为“幻灯”），这是一种革命性的发明，它标志着早期投影技术的诞生，并为后来的光学和视觉艺术创新铺平了道路。Fontana 的魔灯使用了一系列镜子和透镜来投射图像，这在当时是一种前所未有的技术，它能够将手绘图像或雕刻图案映射到远处的表面上，创造出一种幻觉效果。这种装置在中世纪和文艺复兴时期的神秘表演中尤为流行，表演者通过使用魔灯创造出惊人的视觉效果，吸引观众的注意。Fontana 的魔灯被视为早期虚拟现实技术的一个原型，虽然与今天的虚拟现实技术相比，它在技术上更为原始，但它所创造的视觉幻觉与虚拟现实的根本目标是一致的——创造一个超越物理现实的视觉体验。

维多利亚时代的早期立体镜是一种利用人类双眼视差原理来创造立体视觉效果的装置，通过为左眼和右眼展示略有差异的两幅图像，模拟人眼在现实世界中看到的自然景象，创造出一种似乎可以触及的三维效果，这也被视作虚拟现实的原型。当人的两只眼睛观察同一物体时，因为眼睛之间存在一定的距离，会从略微不同的角度看到物体，从而在大脑中形成立体的视觉效果，立体镜就是通过为每只眼睛提供从不同角度拍摄的图像，模拟这种自然的视觉体验，使观看者感受到物体的深度和立体感。在维多利亚时代，立体镜是一种流行的娱乐工具，人们使用它观看风景、名胜古迹、历史事件或者戏剧性场景中的立体图像。这些立体图像通常是通过专门的立体相机拍摄的，该相机配备有两个镜头，模拟人类的双眼，为人们提供了一种全新的视觉体验，让他们能够以一种全新的视角看待世界。立体镜的普及预示了人类对于三维视觉和虚拟现实技术的早期兴趣。随着时间的推移，立体镜技术逐渐演化和完善，为后来的电影立体化和现代 VR 技术奠定了基础。20 世纪中期，随着电影技术的进步，立体电影开始流行，这些电影使用了类似于立体镜的技术来为观众创造立体视觉效果。

从柏拉图的洞穴寓言到 Fontana 的魔灯，再到立体镜乃至现代的沉浸式虚拟现实系统，这些都体现了人类对现实与感知、真实与幻觉之间关系的长期探索，这种探索不仅促进了哲学和科技的发展，也为我们今天所享有的高度发达的虚拟现实技术奠定了基础。

二、虚拟现实的发展历程

（一）虚拟现实的探索阶段

虚拟现实最早是一种有效地模拟生物在自然环境中的视、听、动等行为的交互技术，其发展与仿真技术的发展密切相关，甚至可以将后者视为虚拟现实技术的前身和基础。虚拟现实的探索阶段主要集中在20世纪初到60年代。

1929年，一位拥有27项专利的发明家，Edwin A. Link发明了简单的机械飞行模拟器，这一发明在飞行训练领域产生了革命性的影响，因为在此之前，飞行训练主要依赖于实际的飞机和空中飞行，不仅成本高昂，而且具有很大的风险，特别是对于初学者而言。Link发明的飞行模拟器被称为“Link Trainer”或“蓝盒子”，是一个封闭的装置，外观类似小型飞机的驾驶舱，内部装有控制杆、踏板和仪表板。该装置能够通过一系列复杂的气动和机械系统模拟真实飞机的飞行体验，而乘坐者只需坐在模拟器内通过控制杆和踏板模拟操控飞机，仪表板则提供飞行数据，如高度、速度和姿态等信息。这种模拟器能模拟飞行中的各种情况，包括起飞、飞行、降落，甚至是不良天气条件下的飞行，为飞行员提供了一种安全、经济且有效的训练方法。更重要的是，通过在地面上进行模拟飞行训练，飞行学员能够在没有真实飞行风险的情况下学习飞行操作，不仅极大降低了训练成本，也显著提高了飞行安全性。而且，模拟器使得飞行训练不再受天气和时间的限制，可以让飞行员在任何时候进行训练，大大提高了训练的效率和灵活性。

1935年，Stanley G. Weinbaum发表了一部开创性的科幻小说《皮格马利翁的眼镜》，这部小说不仅预见了虚拟现实技术的出现，而且详细描绘了一种高度先进的VR设备——一副可以模拟多种感官体验的神奇眼镜，对后来的虚拟现实技术产生了深远的影响。在小说中，这副眼镜不仅能够创造视觉和听觉的幻象，还能模拟嗅觉、触觉，甚至可以与未来世界的场景进行交互，这一描述超越了当时人们对科技的想象，为虚拟现实技术提供了一个全方位的概念框架，为后来的 VR 研究者和开发者提供了灵感和方向。在小说中，虚拟现实设备不仅是娱乐的工具，更是一种全新的交流和体验方式，为人们打开了探索未知世界的大门，而这种多感官的交互体验恰恰是现代虚拟现实技术追求的目标。

1956 年，作为视觉艺术家和电影制作人的 Morton Heilig 基于对多感官体验的极大兴趣研制出了 Sensorama，这是一台前瞻性的仿真模拟器，被广泛认为是世界上第一台虚拟现实设备，如图 1-4 所示。Sensorama 在 1962 年申请了专利，成为模拟电子技术在娱乐领域应用的里程碑。Sensorama 的设计不仅包含视觉和听觉的模拟，还是一种多感官的沉浸式体验，为使用者提供了一种全面的感官体验。具体来讲，这台设备能够生成立体的图像和声音效果，为用户提供一种非常逼真的视听体验，还具备产生不同气味的能力，极大增强了观众的沉浸感。例如，如果场景是在花园中，用户不仅能看到花园的景象、听到鸟鸣声，还能闻到花香。另外，Sensorama 还能产生振动和模拟风的效果，模拟摩托车骑行场景中的道路颠簸和风吹过脸颊的感觉。虽然 Sensorama 在提供沉浸式体验方面取得了突破，但它也有局限性，最显著的限制是它不支持交互操作，这意味着观众只能被动地观看和体验预设的场景，不能与虚拟世界进行交互或改变所看到和所感受到的内容，这在后来的 VR 设备中被视为一个关键功能。Sensorama 的出现代表了虚拟现实概念的早期实践，虽然它的商业应用受到了限制，但它为后来的 VR 技术提供了重要的技术和概念基础，更是预示了未来多感官沉浸式体验的潜力，启发了后续在 VR 领域的创新和发展。

图 1-4 世界上第一台虚拟现实设备 Sensorama

（二）虚拟现实的萌芽阶段

20 世纪 60 年代到 70 年代初，虚拟现实技术的思想开始萌芽并逐渐发展，在这一时期，科学家、工程师和设计师深入地探索 VR 技术的可能性，包括更高质量的图像呈现、更准确的运动追踪技术以及更高级的交互系统，这些早期的尝试和探索为后来更为复杂和高级的虚拟现实系统奠定了基础，开启了一段激动人心的技术革新之旅。

1961 年，世界上第一款头戴显示器 Headsight 问世，标志着虚拟现实技术正式步入实验阶段。Headsight 是一个结合了闭路电视（CCTV）监视系统和头部追踪功能的设备，最初的设计目的主要是查看隐秘或不便直接观察的信息。Headsight 包含了一个头盔式的装置，装备有小型显示屏，可以直接呈现给佩戴者的眼睛，这种设计允许用户通过头盔内的屏幕观看视频信号，而不是直接观看外部环境。更为重要的是，Headsight 引入了头部追踪技术，这意味着显示器上的图像可以随着用户头部的移动而改变方向，为用户提供了一种初步的沉浸式体验。虽然Headsight的技术和设计与现代虚拟现实设备相比较为原始，但它在虚拟现实技术的发展历程中占有重要地位，它展示了通过头戴式设备实现视觉沉浸的可能性，并为后来头戴式显示器（HMD）的设计提供了基础。而且，Headsight的头部追踪功能是现代VR系统中不可或缺的一个组成部分，这种功能使得虚拟环境能够根据用户的视角移动而实时变化，极大地增强了沉浸感和真实感。

1965年，作为计算机图形学的奠基者和“虚拟现实技术之父”的Ivan Sutherland在他具有里程碑意义的博士论文《终极显示》（*The Ultimate Display*）中对虚拟现实技术进行了详细的交互，为虚拟现实技术的发展奠定了基础。在这篇论文中，Sutherland不仅阐述了计算机图形交互系统的理念，而且提出了一种全新的人机协作理论，即通过高度的交互性和真实感，使用户能够直接沉浸在计算机生成的虚拟世界中。Sutherland的这一理论超越了当时对计算机图形和交互技术的理解，他设想了一个能够创造出极其逼真感觉的虚拟环境，其中用户可以通过头部转动、身体移动来观察和体验不同的视角和环境。更重要的是，这种虚拟环境允许用户通过身体的各个部位进行交互，如用手触摸虚拟物体或用脚步走动，虚拟世界会根据这些交互做出相应的反应。Sutherland的理论预见了一种不受物理世界限制的全新交互方式，为后来的虚拟现实技术提供了理论支撑和灵感来源，他的思想中强调的虚拟现实的高度的沉浸感和交互性两个关键要素仍然是今天衡量虚拟现实体验质量的核心指标。

1966年，世界已知最早的3D头戴设备之一的GAF View-Master问世，在当时引起了人们的广泛关注，这个设备的设计简单却独特，它使用了内置的两块镜片来观看幻灯片，从而产生了一定的3D效果。GAF View-Master的原理是基于立体视觉的基础理念，是立体镜的升级版，通过为左眼和右眼展示略有差异的两幅图像来模拟人眼在现实世界中看到的立体图像，从而在用户的大脑中形成立体的视觉效果，为用户提供了一种相对逼真的三维视觉体验。GAF View-Master 最初并不是被设计为一种专业的影音设备，而是作为一种娱乐和教育工具，主要用于观看风景、漫画、电影和电视节目的静态 3D 图像。随着时间的推移，人们对 GAF View-Master 进行了改进，增加了音频功能，使得 GAF View-Master 从一个简单的视觉展示工具转变为一个具有简单多媒体功能的设备，音频的加入增强了用户的沉浸感，使得观看体验更加生动和真实。虽然 GAF View-Master 在技术上不能与后来的高级 VR 设备相比，但它在虚拟现实技术的发展史上占有一席之地，展示了多媒体体验的可能性，预示了后续多媒体和虚拟现实设备的发展方向。更重要的是，它的出现激发了人们对于立体视觉和虚拟体验的兴趣。

1968 年，Ivan Sutherland 和他的学生 Bob Sproull 一起开发了世界上第一台头戴式显示器，这是其理论实现的重要一步，标志着头戴式虚拟现实设备的诞生。这个装置是虚拟现实技术发展史上的一次重大创新，它不仅展示了虚拟现实技术的巨大潜力，也为后来的虚拟现实设备设计提供了重要的参考。Sutherland 的 HMD 设备配备了显示器和视角定位设备，这些都是现代 VR 头盔的重要组成部分，这种设计使得当用户的头部位置发生改变时，吊臂的关节移动就会传输到计算机中，随后计算机会根据这些数据更新显示的信息。这种头部追踪技术是实现沉浸式虚拟现实体验的关键要素之一，它允许用户在虚拟环境中自然地观察和探索。但是，Sutherland 的这款头盔式立体显示器在当时的技术条件下存在显著的局限性，最大的问题是它的重量，设备过于沉重，无法直接由用户佩戴，因此必须将其悬挂吊装在天花板上。这个独特的安装方式使得这款设备被戏称为“Sword of Damocles”（达摩克利斯之剑），象征着技术创新的潜在风险和挑战。虽然有这些局限，但 Sutherland 的头盔式立体显示器在技术上的创新意义重大，它是第一次将计算机图形与头戴式显示器结合起来，为创建沉浸式虚拟现实体验提供了一个实际的模型，这

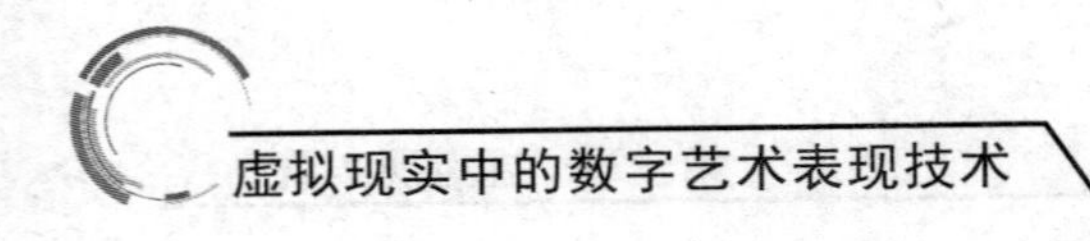

种设备的设计思想和技术原理对后来的虚拟现实技术产生了深远的影响。

（三）虚拟现实理论形成阶段

20世纪70年代至90年代初是虚拟现实技术发展的第三阶段，这一时期虚拟现实技术经历了从理论探索到初步实践的转变，为后来虚拟现实技术的成熟奠定了坚实的基础，同时也为公众对于虚拟现实的理解和接受提供了重要的推动力，更见证了VR术语和理念的形成和演化，以及对该领域的认识逐渐深入。1973年，Myron krieger提出了“Artificial Reality”（人工现实）概念，虽然更多地强调了通过计算机技术创造交互式环境，但从字面看与“虚拟现实”有相似之处，是早期虚拟现实相关术语的一种表达。

目前，学术界关于“虚拟现实”这一术语的首次出现存在一定的争议，一些作者认为“虚拟现实”是由Jaron Lanier在1985年的一次新闻发布会上首次提出的，另一些人认为“虚拟现实”一词最早由法国剧作家Antonin Artaud在1938年发表的文章*Le Théâtre et son Double*（《剧场及其幻象》）中使用，两种说法都获得了一定的支持。Artaud在文章中详细探讨了剧场作为一种超越现实的空间，他的理念在某种程度上预示了后来虚拟现实的概念。虽然Artaud的使用并非指代今天理解的虚拟现实技术，但他的思想为理解虚拟空间与现实世界之间的关系提供了早期的哲学基础。而Lanier是虚拟现实技术的先驱之一，他在20世纪80年代对虚拟现实技术的发展做出了重要贡献，特别是在提升VR技术的公众认知方面，其公司VPL Research在1985年开始开发和销售一系列的VR设备，包括头盔式显示器（HMD）和数据手套。这些产品是最早的商业化虚拟现实设备，标志着虚拟现实技术从实验室走向市场的重要转折点。

20世纪80年代初期，随着计算机技术的迅速发展，出现了可以连接计算机的摄像头，其中最具代表性的是EyeTap。EyeTap是一种早期的增强现实设备，能够将数字图像或信息叠加到用户的视野中，这种设备的出现对虚拟现实技术的发展具有重要意义，它预示着未来这两个领域的融合和相互影响。EyeTap 通过在用户的视线中直接投射图像，创建了一种混合了现实世界和数字信息的视觉体验，不仅增强了用户的感知能力，还开辟了新的交互方式，使得用户能够以更直观的方式与周围环境和数字信息互动。

20 世纪 80 年代初，美国国家航空航天局（NASA）和美国国防部开始重点研究虚拟现实技术，并将其应用于外层空间环境的模拟和研究中，尤其是在高精度模拟和远程操作领域的研究对虚拟现实技术的发展产生了重要影响。1984 年，NASA Ames 研究中心的虚拟行星探测实验室，在 M.McGreevy 和 J.Humphries 博士的领导下开发了一种虚拟环境视觉显示器，这个系统能将从火星探测器发回的数据输入计算机中，构造出火星表面的三维虚拟环境。这项技术使得科学家能够在地球上通过虚拟现实系统对火星表面进行详细的观察和分析，这对于火星探测和研究具有重要的意义。通过这种虚拟环境，科学家和工程师能够更加直观地理解火星的地形和地貌特征，为火星探测任务的规划和执行提供了支持。更重要的是，这种技术还为远程操作探测器提供了可能，允许操作者在地球上通过虚拟现实系统来控制火星上的探测器。继这项创新之后，NASA 继续投入资金对虚拟现实技术进行了更深入的研究和开发，其中包括开发非接触式的跟踪器等产品，允许用户在虚拟环境中进行更自然的移动和交互，增强了虚拟现实体验的沉浸感和实用性，提高了虚拟现实系统的精度和用户体验。

1984 年，第一款商业虚拟现实设备 RB2 面世，代表着虚拟现实技术从实验室走向商业应用的重要一步。这款设备在设计上已经与现代的主流虚拟现实产品有诸多相似之处，特别是在实现用户交互方面，它通过配备的体感追踪手套使用户能够在虚拟环境中进行操作，这种交互方式为后来的虚拟现实设备设定了标准。虽然 RB2 在技术上具有创新性，但其高昂的售价——高达 50,000 美元——限制了其在更广泛市场的推广，该设备主要局限于研究机构、大型企业或特定的专业领域。

1985 年，虚拟现实领域的发展得到了新的推动，特别是在 Scott Fisher 加盟 Jaron Lanier 团队后，为虚拟现实技术带来了新的活力，他们在 Lanier 的接口程序基础上进行了进一步的研究，更是于不长的时间里在虚拟交互环境工作站（VIEW）项目中取得了重要进展，开发出通用多传感个人仿真器等设备，这些设备能够提供丰富和真实的虚拟现实体验，通用多传感个人仿真器不仅提高了图像和声音的质量，还引入了新的感觉反馈技术，如触觉和力反馈，这些技术使得用户能够在虚拟环境中得到逼真的感觉体验。

1986 年，Warren Robinett 与同事 Scott Fisher、Scott S. James Humphries、Michael McGreevy 在 NASA 工作成果的基础上，发表了重要的虚拟现实系统相关论文"*The Virtual Environment Display System*（《虚拟环境显示系统》）。这篇论文是早期虚拟现实系统研究的标志性成果之一，它不仅阐述了虚拟环境显示系统的概念和技术，还展示了这项技术在模拟和训练等应用中的潜力。这份工作是 NASA 在虚拟现实领域研究的重要里程碑，对后来的虚拟现实技术发展产生了深远影响。

1987 年，Jaron Lanier 被广泛认为是"虚拟现实之父"，他组装并推出了一款虚拟现实头盔，这款设备是第一款真正投放市场的虚拟现实商业产品，其售价高达 10 万美元。虽然价格昂贵，但这款头盔在技术上的突破展示了虚拟现实技术的商业潜力，为后来广泛的市场应用奠定了基础。到了 1989 年，Jaron Lanier 进一步推动了虚拟现实技术的普及和应用，他提出使用"Virtual Reality"来统一表示虚拟现实，并将这项技术作为商品推向市场。Lanier 的这一举措不仅加强了公众对虚拟现实技术的认识，也推动了这一技术的商业化，促进了虚拟现实技术从科研实验室走向大众市场的转变，为后续的技术创新和应用开辟了道路。

（四）虚拟现实技术飞速发展

从 1990 年开始，虚拟现实技术进入了它的第四阶段，这一阶段的特点是技术的进一步成熟和更广泛的商业应用。

1992 年，美国公司 Sensics 开发了“WTK”（World ToolKit）开发包，WTK 开发包提供了一套工具和接口，使得开发者能够更容易地创建和管理复杂的虚拟环境，这标志着虚拟现实技术在高层次应用上的一个重要步骤。这一开发包的推出，大大简化了虚拟现实内容的开发过程，使得更多的开发者和公司能够探索和利用虚拟现实技术。

1993 年，著名游戏公司世嘉（Sega）计划发布一款基于 Mega Drive（MD）游戏机的虚拟现实头盔，这款设备在外观设计上相当前卫，预示着虚拟现实技术在游戏领域的潜力。但是，由于在早期的非公开试玩测试中反响平淡，加上担忧体验过于真实可能导致用户受伤，世嘉最终决定取消这个项目。这一事件反映了虚拟现实技术在商业化过程中的一些挑战，特别是在用户体验和安全性方面。

1994 年是虚拟现实技术历史上的一个重要节点，特别是在 3 月举行的第一届国际万维网会议（WWW 大会）上提出的 VRML（虚拟现实建模语言），标志着虚拟现实技术与互联网的结合，开启了在线虚拟现实体验的新纪元，为创建和发布可浏览的三维虚拟世界确立了网络标准。VRML 的目标是使网络上的虚拟世界变得易于访问，并通过标准化的方式支持复杂的交互和三维建模。随后，诸如 X3D、Java3D 等其他虚拟现实建模语言也相继出现，这些技术的发展不仅加强了虚拟现实内容的创建和分发，还为丰富和互动的虚拟体验打下了基础。通过这些技术，开发者能够创建复杂和逼真的虚拟环境，并为用户提供深入和互动的虚拟体验。1994 年，Burdea 和 Coiffet 合著的《虚拟现实技术》一书出版，对虚拟现实技术和理论的发展起到重要的推动作用。在这本书中，他们描述了虚拟现实的三个基本特征：“imagination”（想象）、“interaction”

（互动）和“immersion”（沉浸）。这一定义准确地概括了虚拟现实体验的核心要素，即创造一个能够激发用户想象、提供丰富交互并产生深度沉浸感的环境，为虚拟现实技术的研究和发展提供了理论基础，还对后来的虚拟现实应用和商业化产生了深远的影响。

1995 年，拜卡尔在《沉浸式虚拟现实技术》（*Immersive Virtual RealityTechnology*）中阐述了虚拟现实技术的重要性和潜力，同时着重讨论了技术的局限性和解决方案，为虚拟现实技术的未来发展提供了有益的思路和指导。这一年出现了两个显著的发展案例，分别是 CAVE（洞穴自动虚拟环境）虚拟现实系统的诞生和任天堂 Virtual Boy 的发布。CAVE 虚拟现实系统是由伊利诺伊大学的研究团队开发的。这是一种沉浸式虚拟现实系统，它通过在一个房间的三面墙上投影三维图像来创造虚拟环境，用户佩戴立体液晶快门眼镜就可以在这个投影空间中体验到沉浸式的三维环境。CAVE 虚拟现实系统最关键的特点是它允许多个用户同时在虚拟环境中互动，这在当时是一个重大的技术突破，这使得它在科研、教育、工业设计等多个领域得到广泛应用，对现代虚拟现实技术的发展起到了推动作用。而任天堂在 1995 年发布的 32 位游戏机 Virtual Boy 是一个头戴式显示器，但由于技术和用户体验的限制，游戏主要是以 2D 效果呈现，分辨率和刷新率较低，而且它的显示器只能显示红色和黑色图像，这些因素导致用户容易出现眩晕和不适感。最终由于市场反应不佳，任天堂的这一虚拟现实游戏计划在不到一年内宣告失败，Virtual Boy 的失败在某种程度上反映了当时虚拟现实技术的局限性，以及在用户体验和技术成熟度方面的挑战。

对于虚拟现实技术而言，1996 年是一个里程碑式的年份，特别是在其对大众普及方面，这一年发生了两个重要的事件，分别是第一场虚拟现实技术博览会的举办，以及世界上第一个虚拟现实环球网的运行。1996 年 10 月 31 日，世界上第一场虚拟现实技术博览会在伦敦开幕，这个博览会是由英国的虚拟现实技术公司与《每日电讯》电子版联合举办的，它标志着虚拟现实技术进入公众视野的一个重要时刻。这个展览没有实际的场地、工作人员或真实展品，全部内容都是在虚拟环境中呈现的，与会者通过互联网访问博览会网站，就能够进入一个完全虚拟的展览空间。这种新颖的展览形式不仅减少了物理空间和资源的限制，还为参观者提供了一种全新的、沉浸式的体验方式。同年12月，世界上第一个虚拟现实环球网在英国投入运行，由英国“超景”公司开发，这个虚拟现实网络允许用户通过互联网访问并在一个立体的虚拟世界中进行探索。用户可以从“市中心”出发，前往虚拟的超市、游艺室、图书馆和大学等地进行参观。这个项目的运行展示了虚拟现实技术在提供新型互联网体验方面的巨大潜力，它为用户提供了一种全新的互联网导航和探索方式。

2012年8月，刚成立两个月的Oculus团队在众筹网站Kickstarter上展示了他们对未来虚拟现实头戴式设备的愿景，他们推出的原型机不仅在技术上取得了突破，成功展示了公众对于高质量、可负担的虚拟现实体验的巨大兴趣，还为其后续的消费者版设备奠定了坚实的基础。2014年，社交媒体巨头Facebook以20亿美元的价格收购了Oculus，Facebook的这一举动不仅为Oculus提供了更多的资源进行技术开发和市场推广，也显示了主流科技公司对虚拟现实市场的重视，标志着虚拟现实技术在商业领域的重要性和潜力。2016年1月，Oculus正式开放了其消费者版头戴设备的预购，并从3月份开始在全球20多个国家和地区发货。这款消费者版设备的发布，代表着高品质虚拟现实体验走向普通消费者的重要一步。Oculus Rift的推出，不仅在技术上进行了多项创新，还在设计和用户体验上做出了重大改进。同年，Google发布了Google Cardboard，这款设备的设计理念是通过使用普通的纸板和智能手机，让用户以极低的成本体验到虚拟现实世界。Google Cardboard的推出，极大地降低了体验虚拟现实的门槛，使得更多人能够轻松接触和体验虚拟现实技术，虽然提供的体验不如高端设备如Oculus Rift那样深入和丰富，

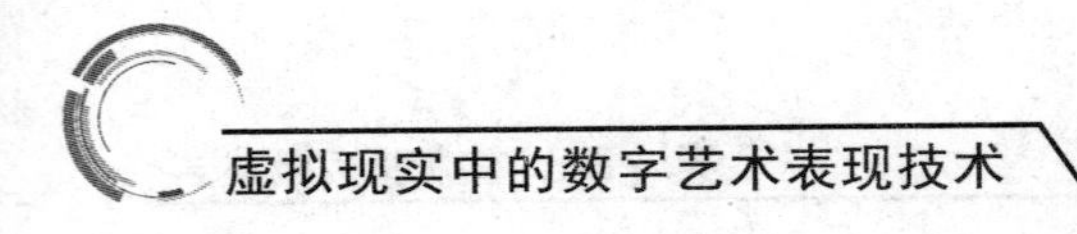

但它在普及虚拟现实技术方面发挥了重要作用。

2016年作为“虚拟现实”的元年，标志着虚拟现实技术正式进入大众的视野，成为科技和文化发展的一个重要里程碑。此后，随着科学技术的迅猛发展，尤其是在计算机科学、网络技术和人工智能领域的突破，概念如“元宇宙”和“赛博格”开始频繁出现在公共讨论和学术研究中，预示着一个全新的文化和技术时代到来。“元宇宙”这一概念指的是一个由虚拟现实技术构建的、持续存在的、并行于现实世界的数字宇宙，在元宇宙中，人们可以通过虚拟化的身份进行社交、游戏、商业活动甚至是各种文化体验。元宇宙的构想不仅为未来的社交和娱乐方式带来了革命性的变化，还预示着数字经济和文化形态的重大转型。而“赛博格”一词最初源于科幻文学，现在被用来描述一种融合了生物和机械元素的存在，在当今的技术语境中，它象征着人类和技术的深度融合，不仅仅是身体层面的增强，更是认知和感知方式的扩展。随着可穿戴设备、生物技术以及人工智能的发展，我们正在逐渐步入一个“赛博格”般的生存状态，人类的体验和能力被极大地拓展和增强。这些关键词不仅描绘了一个充满可能性的未来场景，也引发了人们对于身份、现实和虚拟关系的深入思考。在“后人类社会”，人们的身份和角色不再局限于传统的物理世界，而是在虚拟与现实交织的多元宇宙中不断重塑和发展，这一转变不仅影响着我们的生活方式，更深刻地触及我们对于自我、社会乃至宇宙的认知和理解。[①] 至此，虚拟现实技术开始正式地作用于人类活动，扩展其活动领域，使之脱离现实场域的束缚，步入更广阔的“虚拟现实”场域。在这个场域里，人类对于“现实”的依赖和需求被不断转移和改变，面对这样的情形我们不得不重新审视关于“人”与“现实”的定义问题，这一表象也对以往传统美学判断和立论的前提造成了

① 简圣宇．“赛博格”与“元宇宙”：虚拟现实语境下的“身体存在”问题 [J]. 广州大学学报（社会科学版），2002（3）：91.

冲击。[①]

在当代社会，人们的生活越来越多地涉足虚拟现实世界，这种现象在带来便利和新奇体验的同时，也可能对人的生活产生深远影响。现实世界和虚拟世界的平衡已成为一个值得深思的议题。首先，现实世界与虚拟世界的并存可能导致时间管理上的困难。随着虚拟世界提供的内容和体验越来越丰富，人们可能会发现自己在两个世界中分配时间和精力变得越来越困难，过度沉迷于虚拟世界可能会使人忽视现实生活中的责任和人际关系，从而导致现实生活中的问题。例如，过度使用 VR 可能会减少与家人和朋友的面对面交流，影响社交技能的发展，甚至可能导致孤立和社交焦虑。其次，过度沉溺于虚拟现实世界还可能对个人的精神健康产生负面影响。长时间的虚拟现实体验可能导致现实逃避倾向，使个体在现实生活中的问题得不到妥善解决，反而积累更多的压力和焦虑。而且，虚拟世界可能为个体提供了一种逃避现实问题的手段，从而忽视了现实生活中的解决方案和成长机会。但是，虚拟现实技术的发展本质上是为了服务于人类，促进社会的发展。因此，关键在于如何合理地利用这一技术，使其成为现实世界的补充而非替代，从而实现两个世界的良性互动。[②]这就需要我们在享受虚拟世界带来的便利和乐趣的同时，保持对现实世界的承诺和责任。我们也需要开发和强化个人的自我管理能力，确保在现实世界和虚拟世界之间保持健康的平衡。

正如王建疆所指出的那样，“思想和理论的第一根据来自现实社会生活”[③]，我们的生活、文化和价值观仍然深深植根于现实世界中。因此，

---

① 张弓在《数字时代“人是世界的美”的理论意蕴》一文中提出：“以往美是人创造的，现在美是人和机器一起创造的，将来美有可能是由具有超越人的意识的机器创造的。”

② 窦志伟. 论元宇宙电影中的虚拟世界 [J]. 电影文学，2022（11）：59.

③ 王建疆. 国际思想市场与理论创新竞争——讨论中的别现代主义理论 [J]. 江西社会科学，2020，40（10）：88-97，255.

我们探索和体验虚拟世界时，不应忘记我们作为人的根本存在。我们需要认识到，无论技术如何发展，人类的本质需求、社会互动和现实世界的挑战仍然是我们生活的核心。

第三节　虚拟现实技术的应用

一、在医疗健康领域的应用

虚拟现实技术在医学领域的应用已成为近年来的一大创新趋势，这种技术通过创造逼真的虚拟环境和模拟场景，为医学教育和临床实践提供了全新的工具和方法，使医学专业人员和学生能够以前所未有的方式进行学习和训练。

传统的解剖学习需要使用真实的尸体或模型，而虚拟现实为学生提供了一个灵活和可持续的替代方案，学生们可以通过虚拟现实头盔和手套进入一个完全模拟的人体解剖环境，通过交互式的方式学习各种解剖结构。对于外科医生来说，手术的操作练习同样重要，虚拟现实为其提供了一种在不涉及真人的情况下进行手术操作的练习方式，可以练习基本的手术操作，也可以练习复杂的手术程序，这不仅有助于提高手术技能，还能降低初入职医生进行实际手术时的风险。

通过创建患者特定的虚拟模型，医生可以在实际手术之前详细规划手术步骤，这有助于医生更好地理解患者的独特情况，制定精确的手术方案，从而提高手术的成功率和安全性。医生还能通过虚拟现实技术向病人展示即将进行的手术过程或解释复杂的医疗条件，这有助于提高病人的理解和信任，同时减少误解或沟通不足导致的焦虑。

在心理治疗和康复训练中，虚拟现实技术也显示出其潜力。例如，它被用于治疗创伤后应激障碍（PTSD）或进行恐惧症的暴露治疗。此外，对于那些进行身体康复的病人，虚拟现实可以提供一个安全且可控的环境进行各种运动和活动练习。

二、在房地产领域的应用

在房地产领域，虚拟现实技术通过创建逼真的三维虚拟环境，使潜在买家能够在真实建成之前，以一种沉浸式的方式体验房产项目。这不仅为客户提供了前所未有的便利，也为房地产开发商带来了创新的营销工具。

传统的房产展示方法，如平面图、效果图、样板间等，虽然能提供基本的视觉信息，但缺乏沉浸感和互动性。与之相比，虚拟现实技术允许用户戴上VR头盔，进入一个完全模拟的房产环境，在这个虚拟世界中，用户可以自由地走动，从不同的角度和位置观察房产的每一个细节，包括室内布局、装修风格甚至是光线和视野，这种体验方式让用户能够更加直观地理解和感受未来的居住环境。

对于房地产开发商而言，虚拟现实技术提供了一个展示未建成项目的强大工具，他们可以在项目开工前向投资者和买家展示完整的项目概念和规划，这不仅有助于吸引投资和提前销售，还可以根据客户的反馈进行及时的设计调整。虚拟现实技术还使得房产展示不再受地理位置的限制，客户无须亲自到访现场，就可以在任何地方体验房产项目，大大提高了房产的可及性。

传统的房产营销通常需要耗费大量的时间和资源来准备展示材料，而且很难对所有潜在买家产生影响。相反，虚拟现实技术能够为大量客户提供统一且高质量的体验，同时节省了制作成本和时间。而且，通过分析用户在虚拟环境中的行为和偏好，开发商可以收集宝贵的市场数据，为未来的项目开发和营销策略提供支持，极大地提高了营销的效率和效果。

虚拟现实技术还在房地产领域的其他方面显示出潜力。例如，在规划和设计阶段，开发商和设计师可以使用虚拟现实来预览和评估建筑设计，进行精确的空间规划；在物业管理方面，虚拟现实可以用于模拟维修和翻新工程，预测维护成本，甚至用于培训物业管理人员。

三、在军事领域的应用

虚拟现实技术在军事领域的应用具有长远的历史，在军事指挥决策、训练和演习以及武器研发等多个方面都发挥着重要的作用，其在军事领域的应用不仅提高了作战能力和指挥效率，而且实现了成本的大幅度削减，这对于军费开支和资源的合理利用具有重要意义。

在军事指挥和决策方面，虚拟现实技术能够提供逼真的战场环境模拟，包括地形地貌和精确的地理坐标，不仅能够帮助指挥官更好地理解战场环境，还能够与计算机辅助决策系统相结合，提供多种战略方案和建议。通过这些高级模拟，军事指挥官能够在虚拟环境中测试和评估不同的战术和战略，从而做出明智和有效的决策。

在军事训练和演习方面，虚拟现实技术提供了一种安全、经济且高效的训练方法，部队成员可以在没有实际装备的情况下进行逼真的战斗模拟。这种训练方法不仅能够模拟各种战斗环境和条件，还可以进行多次重复训练，帮助部队成员迅速积累经验，提高作战技能。例如，SIMNET 系统就是一个出色的虚拟战场训练系统，能够连接多达 200 台模拟器，进行坦克协同训练。

在军事武器研发领域，虚拟现实技术同样展现出其巨大的潜力，最显著的就是在武器设计和研制中的应用，传统的武器设计和研制成本高昂，而虚拟现实技术能够提供具有先进设计思想的方案，并且可以在计算机仿真环境中对武器性能进行评估，不仅缩短了武器研发的周期，还大大降低了成本，并提高了武器的性能和成本效益比。

四、在教育领域的应用

随着虚拟现实技术的发展和普及，虚拟校园作为虚拟现实技术在教育培训领域的重要应用之一，已经得到了教育部门的关注和重视，甚至在现代教育体系中的地位和作用日益凸显。虚拟校园的应用可以分为三个层面，各有其独特的功能和优势，满足了不同程度的教育需求。

最基础层面的虚拟校园应用可以为游客提供一个简单的虚拟环境，用于展示校园的环境和设施，如建筑物、图书馆、体育场等，让他们能够在虚拟空间中浏览校园。这种应用主题虽然功能较为简单，但它为潜在的学生和访客提供了一种直观且便捷的方式来了解学校的物理环境。

更进一步的虚拟校园应用是基于教学、教务和校园生活的三维可视化虚拟校园，这种虚拟校园不仅仅局限于环境的展示，还提供了与学生学习和日常生活紧密相关的功能，如虚拟课堂、图书馆查询系统和虚拟社交空间。这种虚拟校园以学生为中心，增加了许多人性化的功能，使学生能够在虚拟环境中进行丰富和互动的学习体验。

最高级别的虚拟校园应用是将虚拟现实技术作为远程教育的基础平台，从这个角度讲，虚拟校园不仅提供了虚拟的教学场所，还通过互动式远程教学、课程目录和网站等工具，为远程教育提供了强大的支持。这种应用特别适合高校设置的分校和远程教学点，它不仅能够提供持续的教育服务，还能够为社会提供新技术和高等职业培训的机会，大大提高了教育的可及性和灵活性，创造了更大的经济效益和社会效益。

五、在娱乐领域的应用

虚拟现实技术在娱乐领域的应用已成为近年来的一大热点，不同于传统的娱乐方式，虚拟现实技术使用户能够进入一个由计算机生成的三维世界，在这个世界里，用户可以与环境和对象进行交互，体验前所未有的游戏和娱乐活动。

在游戏领域，虚拟现实技术提供了一种全新的游戏方式，让玩家能够身临其境地进入游戏世界，玩家不再是外部观察者，而是直接参与到游戏的环境中，与游戏角色和场景进行直接交互。这种沉浸式的游戏体验极大地提高了游戏的吸引力和参与度。而且虚拟现实技术不断拓宽游戏的界限，从简单的探险游戏到复杂的角色扮演游戏，为玩家带来了丰富和多样的游戏体验。除了游戏外，虚拟现实技术在电影和音乐领域也开始显现其潜力。在电影中，虚拟现实技术允许观众进入电影的世界，成为电影故事的一部分，这种新的观影方式大大提高了电影的沉浸感，为观众带来了全新的观影体验；而在音乐领域，虚拟现实可以用来创造虚拟的音乐会场景，使观众能够在虚拟环境中体验现场音乐会的感觉，甚至与虚拟音乐家互动。

虚拟现实技术还被应用于主题公园和博物馆的体验设计中，可以用来创造主题公园中各种刺激的游乐设施和体验，如虚拟过山车、虚拟探险等；在博物馆中，它可以用来复原历史场景和文化遗产，让游客能够通过虚拟环境来体验历史和文化。

六、在城市规划领域的应用

在当今的规划建筑设计领域，传统的展示方法如建筑沙盘模型、三维效果图和动画虽然各有优势，但同时存在明显的局限性，如建筑沙盘模型由于尺度的限制虽然能提供直观的空间感受，但无法展现细节和全方位视角；三维效果图提供了静态的视觉体验，但缺乏动态互动性，无法完全满足设计师和客户对建筑空间的全面了解；三维动画虽然能展示生动的空间变化，但同样缺乏与用户的实时互动能力，限制了观察者的自主探索。在这一背景下，虚拟现实技术的应用为规划建筑设计领域带来了全新的展示和交互手段，虚拟现实系统提供了沉浸感和互动性，能够给用户带来身临其境的感官体验，用户可以自由地在三维空间中移动和探索，从不同的角度、距离和高度观察建筑，甚至可以模拟行走或飞行等不同的运动方式。这种动态的交互方式允许用户深入地了解未来的建筑或城区，为规划设计提供全方位的视角。而且用户在虚拟环境中可以观察建筑的外观和内部结构、实时切换不同的设计方案和环境效果，并进行直观的比较。这种灵活性对于方案的选择和优化至关重要。更重要的是，虚拟现实系统的数据接口还能实时提供项目的相关数据资料，便于大型复杂工程项目的规划、设计、投标、报批和管理，辅助设计和方案评审，提高设计方案的质量和决策的准确性。

虚拟现实基于真实数据所创建的三维场景严格遵循工程项目设计的标准和要求，这种高度逼真的再现使得项目的评估更为准确，很多潜在的设计问题和缺陷能够在早期被发现，从而减少了规划不周所造成的损失。而且使用虚拟现实系统进行建筑设计时，修改和调整变得异常简便，无论是改变建筑的高度、外立面的材质和颜色，还是调整绿化密度，都只需在系统中修改参数即可，这极大地提高了设计的灵活性，加快了设计方案的制定和修改过程，节省了大量的时间和成本。

第二章　基于虚拟现实的数字艺术

第一节　数字艺术概述

一、数字艺术的定义

（一）艺术的定义

当提及艺术，我们会自然地想到那些著名的画作、雕塑以及背后的艺术家们，它们和他们以其独特的魅力和影响力，构成了我们对艺术的基本认知。但是，当我们深入探索这个领域，试图理解什么让这些作品和创作者成为“艺术”和“艺术家”时，会发现自己被卷入了一场更加深入和复杂的思考中。因此，在尝试回答“艺术是什么”这个问题之前，我们需要先问自己一个基本的问题：“艺术在哪里开始？”这需要我们从艺术的整个生态系统——包括艺术创作、艺术家、艺术的接受与评价——来理解艺术的本质。

艺术作品是艺术活动最直观的表现，每一件作品都是艺术家内心世界的体现，同时也是他们与外界互动的结果，这些作品可能是视觉艺术、音乐、文学或表演艺术的形式，但都以独特的方式传达情感和思想。仅作品本身并不能完全定义艺术，艺术的意义在于它是如何被创造的，以及它在创造时所承载的情感和思想，艺术活动不仅仅是创造艺术作品的过程，还包括了人们对艺术的感知、理解和欣赏。这意味着艺术不仅仅存在于画布上的油彩、雕塑中的石头或是乐曲中的音符，还存在于观众的心中，通过他们的感受和解读而生动地呈现出来。换言之，艺术作品是艺术活动的核心，每一件艺术作品都是其创作者情感、思想和技艺的集中体现，是艺术家内心世界和外在世界交流的桥梁。例如，凡·高的《星夜》不仅仅展示了夜空的美丽，更传达了他对生命、宇宙和美的独特感受。

对艺术家的理解不仅仅要认可他们是创作作品的人，更要认可他们是将个人视角、情感和技巧融入作品的人，艺术家的背景、经历和世界观极大地影响着他们的创作。艺术家是艺术创造的主体，通过他们的作品与观众进行沟通，这种互动使得艺术活动变得生动而有意义，通过艺术家的眼睛，我们可以看到不同的世界观和感知方式。从这个角度讲，艺术家不仅仅是技艺的拥有者，更是情感和思想的传播者，他们通过包含个人经历、文化背景和时代精神的作品与观众对话，引发观众的共鸣，这种互动使艺术充满生命力。

艺术接受与评价指的是观众如何理解、欣赏和评价艺术，由于每个人的背景、经验和价值观都不同，因此对同一件艺术作品的感受和解读也各不相同，这种主观性是艺术的一个重要特征。因此，艺术作品的意义并不是固定不变的，而是在不同观众的心中有着不同的解读和感受，换言之，艺术作品的价值和意义不仅仅存在于创作本身，还在于观众如何理解和感受它，正因为每个观众都对艺术作品有自己的解读，使得艺术具有多样性和开放性。

当前，随着艺术形式和表现手法的多样化，艺术的定义确实成了一个值得深思的问题，而且艺术往往不是单独出现的，终身伴随着一系列与艺术相关的概念，如艺术作品、艺术行为、艺术史等，但如果不清楚什么是艺术，也就无从谈论艺术史。德国艺术史家汉斯·贝尔廷曾明确指出："必须解释那个'艺术'的概念……而且只有当这个概念充分发展到有关这个概念（艺术）所涉及的内容足以有一个'历史'能够被撰写时，才会出现一部'艺术的历史'。"[①] 艺术是一种极具特殊性和多样性的现象，它的界定通常受到时代背景、文化差异和个人观点的影响。20世纪英国美学家罗宾·乔治·科林伍德曾经指出："对艺术哲学怀有兴趣的人大致可以分为两类，具有哲学家素养的艺术家和具有艺术素养的哲学家。"[②] 基于此我们可以将探讨艺术定义的前人成说大致分为两大类：一是"具有艺术趣味的哲学家"所持的观点，二是"具有哲学素养的艺术家"所提出的见解，这两种观点各自反映了不同学科背景和研究方法对艺术理解的影响。

那些被称为"具有艺术趣味的哲学家"，他们通常从哲学的角度出发，探讨艺术的本质、功能和价值，这类观点往往强调理论分析和概念清晰度。例如，康德在他的《判断力批判》中，探讨了美的本质和审美经验的条件，强调审美体验中具有主观性和普遍性；黑格尔在其美学讲演中，将艺术视为展现绝对精神的一种方式，强调历史进程中艺术的发展和变化；现代分析哲学家如维特根斯坦和韦兹注重理解艺术中的语言和逻辑分析的作用；科林伍德和苏珊·朗格等人的研究更倾向于理解艺术的表达和沟通功能。

"具有哲学素养的艺术家"通常是实践艺术领域的理论家和学者，这些人通常拥有深厚的艺术实践经验，他们的研究不那么依赖于抽象的哲学概念，而是更多地基于艺术创作和审美体验本身，他们可能会探讨艺

---

① [德]汉斯·贝尔廷.艺术史的终结？[M].常宁生编译.北京：中国人民大学出版社，2004：64.

② [英]R.G.科林伍德.艺术原理[M].北京：中国社会科学出版社，1985：3.

术创作的技巧、艺术表达的多样性以及艺术与社会、文化之间的关系。因此，这类观点注重艺术的感性、直观和实践层面。

这两种不同的观点反映了艺术定义的复杂性和多维度。一方面，艺术可以被理解为一种哲学问题，涉及美学、意义、价值等抽象概念的探讨；另一方面，艺术可以被看作一种具体的实践活动，与人类的情感、直觉和生活经验紧密相关。这些不同的理论视角提供了对艺术多样性和丰富性的不同解释。

事实上，艺术与非艺术之间的边界是模糊不清的，往往随着流行趋势、社会文化和意识形态的变化而变化，这使得艺术的定义变得复杂和多元。关于艺术，至少存在两种可行的定义方法，这两种方法在不同文化和历史时期中都有其适用性，虽然它们都不是绝对普遍适用的。第一种定义方法是从美学角度定义艺术，强调艺术作品本身的审美价值和表现形式。这种定义方法关注作品的美学特质，如形式、色彩、质感、构图等，以及作品如何激发观众的审美感受。这种观点认为，艺术应该提供一种超越日常生活的审美体验，让人在美的体验中获得精神上的愉悦和启发，如古典音乐、绘画和雕塑等往往被看作高度具有审美价值的艺术形式。第二种定义艺术的方式是将艺术视为一种交流手段，强调艺术作品作为信息传递和情感表达的媒介。这种视角看重艺术作品在传达思想、情感、社会观点方面的功能，即艺术家通过作品与观众进行沟通，传达自己的观点和情感，而观众通过作品理解艺术家的意图和表达。在这种定义下，艺术的范畴宽泛，不仅包括传统的视觉艺术和表演艺术，还可能包括电影、摄影、街头艺术等现代艺术形式。

这两种定义方法虽然不同，但都揭示了艺术的一个核心特性：艺术是一种超越语言和文化的表达方式，能够跨越时空，连接不同的人和思想。在中国古代，“艺术”被称为“埶术”，泛指包括六艺（礼、乐、射、御、书、数）在内的各种技术和技能，这反映了古代中国对艺术的理解，不仅包括我们今天所指的美术、音乐等，还涵盖了更广泛的技艺和知识。

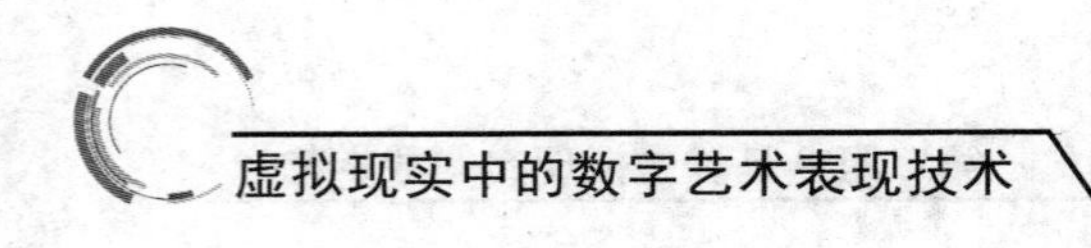

全国科学技术名词审定委员会对“艺术”的定义强调了它作为一种反映社会生活、满足人们精神需求的意识形态的角色。《不列颠百科全书》将艺术定义表述为“用技巧和想象创造可与他人共享的审美对象、环境或经验”①。艺术的根本在于创造新兴之美，通过艺术形式来宣泄内心的欲望与情绪，是一种浓缩化和夸张化的生活表现，而艺术作品无论是通过美的形式还是通过交流的内容，都能够触动人的情感，引发思考，甚至促成社会变革。总而言之，艺术的定义是一个开放的问题。

（二）数字艺术的定义

艺术作为时代的反映和表现，始终与社会发展和科技进步紧密相连，其形式也随着现代计算机技术和各种高新科技的普及发生了改变。数字化已经成为现代社会的一个显著特征，它不仅引领着人类社会进入一个全新的“数字化”时代，还在艺术领域内引发了一股创新的浪潮。20 世纪 90 年代，随着计算机技术的普及和互联网技术的快速发展，数字化开始成为艺术创作的一个重要工具，电脑和相关技术的应用，不仅提供了新的艺术创作手段，也为艺术家们开辟了前所未有的表现空间。这一时期，艺术家们开始使用计算机软件来进行绘画、雕塑、音乐创作等，这些作品不仅在技术上呈现出新颖性，还在艺术表达上展现出独特的视角和深度。而数字化的推广也导致了艺术传播方式的变革，特别是互联网的出现使得艺术作品可以迅速传播至世界各地，观众不再受限于地理位置而可以在线上欣赏来自世界各地的艺术作品，这种全球性的艺术交流和互动，极大地丰富了人们的文化生活，也为艺术家们提供了广阔的舞台。

“数字艺术”，英文直译为“Digital Arts”，其中的“Digital”指的是基于二进制数位（0 和 1）组合的信息表示方法，它是现代计算技术的

① 不列颠百科全书：第 1 卷 [M]. 北京：中国大百科全书出版社，1999：507.

基础，将这种数字技术应用于艺术创作，便产生了所谓的数字艺术。因此，数字艺术体现了艺术形式在技术革新和数字化时代的重大转变。在这样的背景下，数字艺术成为一种新兴的利用数字技术作为创作工具、开辟艺术表达新领域的艺术形式。数字艺术家利用计算机、软件程序、数字媒介甚至人工智能等工具，创造出前所未有的艺术作品，这些作品可以是数字绘画、数字雕塑、互动艺术装置，甚至是虚拟现实和增强现实作品。数字艺术的特点在于其创作过程和表现形式的多样性以及对传统艺术形式的挑战和扩展，它不仅仅是技术的展示，还是艺术家探索新的表达方式、新的审美和新的艺术理念的数字工具，更打破了传统艺术与观众之间的界限，使艺术创作和体验变得互动和动态。随着数字技术的不断进步，数字艺术也在不断地发展和演变，它不仅体现了当代社会的科技发展水平，还反映了当代艺术家对于社会、文化和技术之间关系的思考，作为一种新兴的艺术形式不断地推动着我们对“艺术”这一概念的理解和定义的拓展。

数字艺术的定义随着时间和技术的发展不断演变，从早期的“计算机艺术”到现今的“数字艺术”，其内涵和外延都有了显著的变化和扩展。约翰·兰道尔（John Rendal）在1999年对“计算机艺术”的定义是数字艺术的早期探索之一，他的定义强调了计算机作为创作工具的重要性。他提出了四个条件：只能用计算机制作、只能以计算机来构思、必须以算法写成、程序的书写必须漂亮，反映了当时对计算机艺术严格技术导向的理解。拉萨尔新航艺术学院（Lasalle-Sia College of the Arts）视觉艺术系教授古纳南（Gunalan Nadarajan）对数字艺术的定义则更为广泛，将数字艺术看作利用电脑科技在资讯、传播、图像、生物科学等领域的新发展来进行创作的艺术形式和过程。这种定义不仅包括了传统意义上的计算机生成艺术，还包括了更多利用数字技术进行创新的艺术实践。美国奥斯汀数字艺术博物馆对数字艺术的定义更加综合和多元，提出数字艺术包括三种途径：数字艺术作品本身、数字技术的实现过程和数字技术本身，强调了数字技术在艺术创作中的多重角色，既是创作工具，也是艺术作品的一部分，甚至是艺术探索的对象。这些不同的定义反映了数字艺术领域的丰富性和多样性。在技术迅猛发展的当代，数字艺术已经不仅仅局限于利用计算机制作图像或动画，还包括交互艺术、网络艺术、虚拟现实艺术、增强现实艺术等多种形式，这些艺术形式利用数字技术创造新的视觉和感官体验，挑战和扩展了传统艺术的边界。数字艺术最关键的特点是其高度的互动性和参与性，许多数字艺术作品邀请观众参与和互动，通过观众的行为影响艺术作品的展现，打破了传统的艺术创作和欣赏方式，使艺术体验变得更加动态和个性化。此外，数字艺术与当代社会和文化紧密相连，许多数字艺术家利用他们的作品来探讨和评论社会问题、科技发展的伦理和影响以及数字时代的人类生活方式。这些作品不仅是审美的对象，也是思考和讨论的媒介。

在综合了不同学者的观点以及个人的创作经验之后，我们可以对数字艺术给出一个综合定义：数字艺术是一个边缘学科，但不仅仅是艺术学（一种社会科学）与信息技术（一种自然科学）的简单结合，而是这两种截然不同学科属性的高度融合与相互作用的结果，具有独立审美价值的艺术形式和过程，是介于艺术与科学、艺术设计与计算机图形学之间的边缘学科。[①] 这一定义强调了数字艺术的多元性和跨学科特征，涵盖了从视觉艺术到计算机图像、从数字媒体到文化传播等多个领域。数字艺术的本质在于计算机技术与各种艺术形式的融合，但不局限于利用计算机进行视觉艺术创作，还包括音乐、舞蹈、剧场等多种表现形式的数字化转型。这种艺术形式充分利用了数字技术在处理、编辑和呈现艺术作品方面的优势，同时体现了人类理性思维与艺术感觉的结合。

在数字艺术的创作和实现过程中，数字技术不仅是一个工具，更是一个创作媒介，艺术家利用数字技术来实现他们的创意，创造出无法通

---

① 林华．计算机图形艺术设计学 [M]. 北京：清华大学出版社，2005.

过传统艺术手段实现的作品，如绘画、雕塑、动画制作，以及利用数字技术创造互动式艺术和虚拟现实体验等。艺术家通过数字技术突破传统艺术的限制，探索新的创作空间和表现手法。而且许多数字艺术作品不仅是被动的观赏对象，还能与观众互动，根据观众的反应和参与改变艺术作品的展现，这种互动性增加了艺术作品的参与感和体验感，使艺术成为一个动态变化的过程。随着数字技术的发展，数字艺术不仅仅是艺术创作的领域，也是文化交流和社会思想交换的平台，通过网络和社交媒体等数字渠道，能够跨越地理和文化的界限，将艺术作品传播到世界各地。

（三）对数字艺术定义的理解

1. 狭义的数字艺术

狭义的数字艺术，即那些完全依赖于计算机技术和数字媒介进行创作和展示的艺术形式，代表着当代艺术领域中技术与创造力的融合，这类艺术作品不仅在创作过程中使用数字工具，而且其展示和欣赏也通常需要电子设备。随着技术的不断进步，这些艺术形式也在不断发展和变化，为艺术家提供了前所未有的创作自由和表现手段，不仅扩展了艺术的界限，也对艺术家的技能要求提出了新的挑战，促使他们学习和掌握新的工具和技术。狭义的数字艺术主要包括以下几种形式：

（1）数字绘画和插画：指的是利用数字平板或软件如 Adobe Photoshop、Procreate、Corel Painter 等进行创作得到的艺术作品。艺术家可以使用各种电子画笔、颜料和纹理效果，创造出无法通过传统手段达到的视觉效果，艺术家可以轻易地修改作品的颜色和形式。

（2）3D 建模和动画：指的是使用 3D 软件如 Blender、Maya、3ds Max 等创作的三维艺术作品，可以是静态的 3D 模型，也可以是动态的 3D 动画。艺术家在这一领域内可以创造出极其复杂和细致的场景和角色，这些作品常被用于电影、视频游戏和虚拟现实等领域。

（3）数字摄影和视频：指的是通过电子设备捕捉的图像和视频，并使用数字工具进行编辑和处理。其中数字摄影不仅限于传统摄影的技术和方法，它还包括后期处理，如色彩校正、合成和特效添加，数字视频艺术也在这个范畴之内，它是融合了电影制作技术和数字特效创造出的新颖的视觉叙事形式。

（4）计算机生成艺术：指的是使用算法和编程技术创作的艺术作品，如使用人工智能（AI）算法生成的图像、使用代码创造视觉效果的互动装置以及通过算法创作音乐或诗歌等。计算机生成艺术常常探索随机性、复杂性以及人类与机器之间的互动关系。

2. 广义的数字艺术

广义的数字艺术涵盖了所有利用数字技术或与数字媒介相关的艺术形式，不仅包括完全依赖于数字技术的艺术作品，还包括那些在创作、展示或分发过程中部分依赖于数字技术的艺术作品。这类艺术的广泛性体现了数字技术对当代艺术实践的深刻影响。广义的数字艺术展示了数字技术如何深刻地改变我们创造和体验艺术的方式，不仅扩展了艺术的可能性，也提出了新的关于艺术、技术和观众参与的问题和挑战。以下是广义数字艺术的几个主要类别：

（1）传统艺术与数字技术的结合：指的是使用数字工具辅助创作的传统艺术形式，如绘画、雕塑等。艺术家们可能利用数字工具进行草图设计、颜色测试或是形状模拟，然后再将这些概念应用到实际的物理媒介中，这种结合允许艺术家在传统艺术表达和现代数字技术之间进行创意探索。

（2）互动艺术和装置艺术：指的是结合了传感器、屏幕和其他数字设备的艺术作品。这些作品通常要求观众的参与，其艺术效果依赖于观众的互动。例如，观众的运动或声音可能会影响装置的视觉效果或声音输出，从而创造出独特的、动态的艺术体验。

（3）数字音乐和声音艺术：指的是使用数字技术创作和编辑的音乐和声音作品，包括电子音乐、计算机音乐以及利用数字软件和硬件进行的声音编辑和合成。声音艺术家经常探索数字化处理对声音的影响，创造出传统乐器难以实现的声音效果。

（4）网络艺术和虚拟艺术：指的是在网络空间或虚拟环境中创作和展示的艺术作品，包括在网站、社交媒体平台或虚拟世界中创作的艺术作品。这类艺术通常具有高度的互动性和参与性，它们可能是动态的、多媒体的，甚至是多用户协作创作的。

（5）扩增现实和虚拟现实艺术：指的是利用 AR 或 VR 技术创作的沉浸式艺术体验，通常涉及创造一个全新的、虚拟的环境，或在现实世界中添加虚拟元素。观众通过特殊的设备，如 VR 头盔或智能手机，体验这些艺术作品，它们通常提供了一种全新的、身临其境的艺术体验。

二、数字艺术的特征

（一）技术性

数字艺术作为一种基于计算机和其他数字技术的艺术形式，其产生和发展与数字技术的进步紧密相连，展现出了显著的技术性特征。这种艺术形式正如中国数字艺术家顾群业所指出的："数字艺术是技术发展的产物，技术达到一定层次，本身就是艺术。"传统艺术使用画笔和颜料等物理工具，而数字艺术依赖计算机、数字画板、软件程序等数字化工具，这些工具为艺术家提供了广泛的创作自由度，使他们能够轻松地进行编辑、修改和处理，甚至创造出超越现实世界限制的效果。随着技术的发展，数字艺术作为技术与创新思维的融合，促使艺术的形式和表现手法不断创新。

数字技术还为艺术家提供了多样化的表达手段，他们不仅可以在二维平面上创作，还可以创造三维作品、动态图像甚至是交互式装置，这

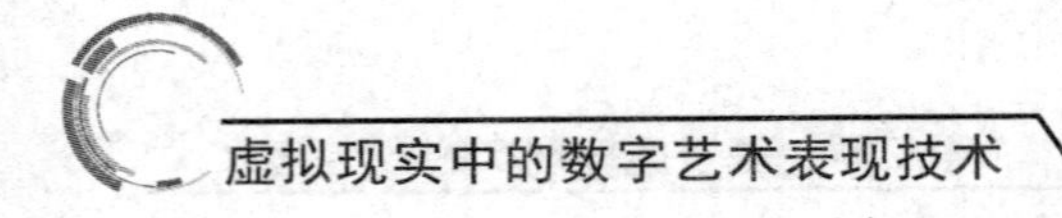

种多样性和表达的无限可能性使得数字艺术成为一个不断发展和变化的领域。更重要的是，数字技术的出现使得艺术作品可以根据观众的互动或环境变化而发生变化，提供丰富和个性化的体验，观众不再是被动的欣赏者，而成为艺术体验的一部分。随着数字技术的快速发展，数字艺术也在不断地更新和变化。新的软件、硬件和技术手段的出现使艺术家能够探索前所未有的艺术表现形式，也促使艺术界不断适应和接纳新技术。

（二）虚拟性

传统艺术作品，如绘画、雕塑或音乐，通常存在于物理形态，而数字艺术作品则基于数字形式，无论是数字绘画、数码影像、数字动画、电影特效还是网络游戏，其本质都是虚拟的数字形象和内容，这种虚拟性不仅仅是形式上的不同，还代表了一种全新的艺术表达和体验方式。

数字艺术的创作完全在计算机的虚拟环境下完成，这为艺术家提供了前所未有的自由度，艺术家可以随意打破物理世界的限制，创造出能在数字世界中存在的作品。而且这种强有力的虚拟性能引领观众进入一个全新的空间，让他们从多个不同的视角重新审视作品，体验现实生活中无法感受到的“生动”姿态和氛围。随着技术的发展，数字艺术的虚拟性不仅限于视觉体验，还扩展到听觉、触觉甚至力反馈等多个感官领域，这种多感官的体验使得数字艺术不仅成为艺术表达的新方式，也成为人们获取真实体验的新手段。例如，在虚拟现实技术的帮助下，观众可以“置身”于一个完全虚拟的世界中，体验与现实世界截然不同的环境和情境。数字艺术家甚至可以通过数字技术创造虚拟的“数字人”，将人类的思想、情感投射在这些虚拟人物上，并赋予他们独特的面孔和特征，这不仅是一种新的艺术表达方式，也是对人类情感和认知的一种探索。

数字艺术的虚拟性使得其可以应用在工业设计、航天和地理信息系统中，能帮助人们以更直观的方式理解复杂的数据和设计，应用在教育和城市规划中能提供一个模拟和展示的平台，方便人们理解概念和计划，应用在建筑设计和游戏娱乐领域，能创造全新的视觉和互动体验。

（三）互动性

数字艺术的互动性是其显著的特质之一，正如数字艺术的先驱罗伊·阿斯科特（Roy Scott）所指出的，数字艺术的互动性表现在人与计算机之间，以及作品的创作者与接受者之间，这种互动性不仅改变了艺术作品的观看方式，而且改变了艺术创作和接受的过程。

在人与计算机的交互方面，计算机提供了一个有效的图形交互界面，使设计师能够更好地表达创意。这种"所见即所得"的互动方式极大地提高了艺术创作的效率和准确性，设计师可以实时看到他们的创意如何在数字空间中被转化和呈现，并根据需要进行调整。这种与计算机的互动不仅限于视觉艺术，还包括音乐、动画和其他形式的数字艺术，这使得计算机成了艺术家的一个不可或缺的合作伙伴。

在作者和接受者之间的互动方面，数字艺术通过网络和其他数字平台，将艺术传播的方式从传统的单向传播转变为双向或多向的交流，而且互联网的出现使得艺术作品不再是静态的，而是变成了一个动态的、可以互动的实体，观众也不再是被动的接受者，而是可以通过评论、分享甚至参与作品的创作过程来成为作品的一部分。这种互动性加强了观众的参与感，使他们能够在艺术创作过程中发挥作用。

数字艺术的互动性还体现在观众与观众之间的互动方面，特别是在一些互动艺术作品中，观众的行为会影响到作品的展现，甚至是其他观众的体验。例如，在一个互动装置艺术作品中，一个观众的动作可能会改变光线或声音，从而影响到整个展览空间的氛围，这种观众之间的互动使得艺术作品不仅仅是艺术家和观众之间的对话，也是观众之间的互动和交流。

（四）可编辑性

数字艺术的可编辑性是其独有的特征之一，如美国学者尼葛洛庞帝（Nicholas Negroponte）所指出的，数字化高速公路已经使“已经完成、不可更改的艺术作品”的观念成为过去。在数字艺术领域，艺术作品不再是一成不变的，而是可以不断发展和变化的实体。

数字技术的核心在于它能够将文字、声音、图像、视频、音频等元素转化为二进制的“0”和“1”，这种转化不仅使得艺术作品可以在数字形式中存储和传输，更重要的是它使得艺术家可以通过软件进行复制、粘贴、剪切、导入、导出等操作，随时修改作品的参数，并实时看到修改结果。这种可编辑性使得艺术创作过程变得更加灵活，艺术家可以随时撤销不满意的创作，甚至重新开始，直至获得令人满意的结果。在传统艺术中，一旦作品完成，对作品的修改往往是困难或不可能的，但在数字艺术中，艺术家可以轻松地对作品进行调整和完善，甚至在作品发布后仍可以继续修改和更新，这种灵活性不仅激发了艺术家的创作灵感，还增添了新的艺术语言和表现形式。在互联网上，数字艺术的可编辑性被进一步放大，观众甚至可以参与作品的编辑和创作过程。例如，一些数字艺术平台允许用户上传自己的作品，其他用户可以对这些作品进行编辑和再创作，这种互动和协作不仅丰富了艺术作品的内容，也使艺术创作成了一个开放和协作的过程。

（五）集成性

在传统艺术中，每种艺术形式都有其特定的创作素材和工具，如绘画用颜料和画布，音乐用乐器和声音，但是在数字艺术中，不同类型的素材和媒介——无论是文字、声音、图像、视频还是音频——都可以被转换为统一的数字比特数据形式，即“0”和“1”的数据序列，这种转换不仅简化了艺术创作过程，也打破了不同艺术形式之间的隔阂。因此，数字艺术具有集成性，在创作和传播过程中显著不同于传统艺术形式。

数字艺术的集成性使得艺术家可以在一个单一的数字平台上工作，将不同媒介和素材融合在一起，创造出全新的艺术作品，大大丰富了数字艺术的表达语言，并提高了作品的感染力和表现力。例如，一个数字艺术作品可以同时包含文本、声音、图像和视频元素，这些元素可以在同一个文件中被编辑和处理。在传统艺术中，作品的展示和欣赏通常受限于物理空间和时间，但在数字艺术中，作品可以在互联网世界和计算机平台上被创建、存储、展示和传播，使得艺术作品可以被全球观众在任何时间和地点访问和欣赏，这种全球性的访问不仅拓展了艺术作品的受众群体，也为艺术家提供了更大的创作和展示空间。更重要的是，数字艺术的集成性还促进了艺术创作的多样性和创新性，使得艺术家可以轻松地将来自不同领域的素材和技术结合在一起，创造出独特的艺术作品，而这种跨媒介和跨领域的融合激发了艺术家的创造力，使得数字艺术不断涌现出新的形式和风格。

三、数字艺术的分类

（一）根据数字与艺术的关系分类

1. 数字化艺术

数字“化”艺术，或者说数字化的艺术，是指利用数字技术手段将传统艺术形式转化为数字形态的艺术作品，这种艺术形式涵盖了广泛的范围，不仅包括使用数字工具直接创作的作品，还包括那些先以传统方式创作，然后经过数字化处理的艺术作品。这些数字化的艺术形式之所以能够被称为数字艺术，是因为它们以数字化的形态呈现、以数字技术为工具，不仅仅是传统艺术的简单复制或转换，而且是在数字化过程中赋予了作品新的审美价值和表达方式。以下是数字“化”艺术的几个主要方面。

（1）数字绘画：是一种使用数字工具（如平板电脑、电脑软件）进

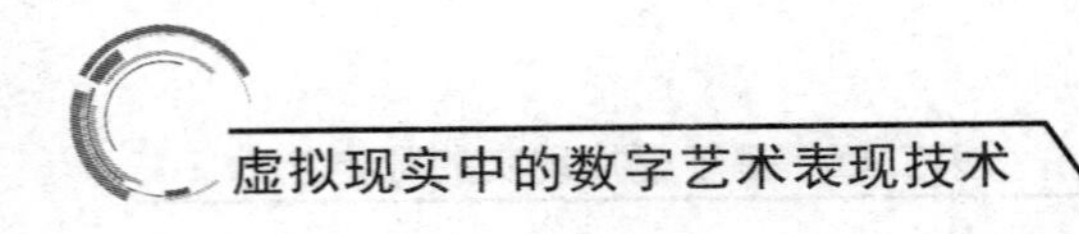

行创作的艺术形式，与传统绘画相比具有更大的灵活性和可修改性，艺术家可以利用各种软件功能，如图层、滤镜、特效等，来增强作品的视觉效果。

（2）数码摄影：在数码摄影中，传统的胶片被数字传感器取代，使得影像捕捉和处理过程完全数字化，这不仅使得拍摄过程更加便捷，还大幅拓宽了后期处理的可能性，如颜色校正、图像合成等。

（3）数字动画：包括用计算机生成的动画（CGI）和二维数字动画，这种形式的艺术作品利用专业软件来创造流畅、细致的动画效果，广泛应用于电影、电视和网络媒体中。

（4）数字雕塑：是利用三维建模软件来创建的艺术作品，这种技术允许艺术家在虚拟环境中创造出难以用传统手段制作的复杂形状和结构，然后通过三维打印技术转化为物理雕塑。

2. 数字的艺术

数字“的”艺术，指的是完全依赖于数字技术和数字平台产生的艺术形式，这些艺术作品没有传统艺术形式的物理实体，而是完全存在于数字空间中，其创作、展示、传播和消费都密切依赖于计算机图形技术、软硬件设备以及互联网平台。数字“的”艺术是对传统艺术概念的一种挑战和扩展，不仅展示了数字技术在艺术创作中的广泛应用，也反映了数字时代的文化和审美趋势。这类艺术作品通常具有高度的实验性和创新性，它们探索了数字技术如何改变我们对艺术的理解和体验。以下是这类数字艺术的几个主要方面。

（1）只读光盘艺术（CD-ROM 艺术）：它是利用 CD-ROM 作为载体，创作包含音频、视频、图像和文本互动体验的艺术，具有强烈的互动性和多媒体特点，观众可以通过电脑上的 CD-ROM 驱动器来访问和体验这些作品。

（2）多媒体艺术：它是融合了文字、声音、图像、动画和视频等多种媒介形成的艺术，经常以网站、电子画廊、动画和互动安装的形式出现。它们通过融合不同类型的媒介内容，创造出了丰富多维的艺术体验。

（3）虚拟现实艺术：它是利用 VR 技术创造一个完全由计算机生成的三维环境，观众可以通过 VR 头盔和其他感应设备在这个环境中进行探索和互动的艺术。这种艺术形式提供了一种全新的、沉浸式的艺术体验，它允许艺术家创造出超越物理世界限制的作品。

（4）网络艺术：它是专门为互联网环境创作的艺术作品，这些作品通常需要通过特定的网站或网络平台来访问。网络艺术作品可以是互动的、动态的，也可以是参与性的，它们往往反映了网络文化和数字时代的社会现象。

（5）数字装置艺术：它是结合了物理空间和数字技术，创造出的一种新的观看和体验方式，包括屏幕、传感器、投影和其他电子设备，它们通常在特定的展览空间中展出，为观众提供与数字技术直接互动的机会。

3. 数字和艺术

数字“和”艺术是数字技术与传统艺术相结合所衍生的全新艺术形式，代表了 21 世纪数字艺术的一个重要趋势。这类艺术作品不仅利用数字技术的计算处理能力来扩展和增强传统艺术，而且融合多媒体数据处理和传统艺术创作，继承并发展了传统艺术形态的创作理念和设计思维。以下是这一艺术形式的几个主要方面。

（1）互动装置：它是结合了物理装置和数字技术，创造出的一种新的观众参与体验。这些装置通常包括传感器、屏幕、投影和其他电子元件，可以响应观众的动作或声音，创造出动态变化的视觉或声音效果，强调了观众的参与和体验，打破了传统艺术与观众之间的界限。

（2）电子游戏：它是作为一种数字“和”艺术形式，结合了故事叙述、视觉艺术、音乐和互动游戏玩法，不仅仅是娱乐产品，也被越来越多地视为一种艺术形式，它们能够提供沉浸式的故事体验和视觉冲击，同时还能让玩家在游戏世界中进行探索和创造。

（3）电影特效：数字技术在电影特效中的应用极大地扩展了电影艺术的表现力，通过使用计算机生成图像（CGI）和其他视觉特效技术，电影制作人能够创造出令人难以置信的视觉场景和角色，这些在传统电影技术下是无法实现的。

（4）全息摄影：它是一种利用激光技术和数字处理技术来捕捉和再现图像的技术，可以创造出三维的、立体的图像效果，为艺术家提供了一种全新的表现手段，这些作品可以在特定的展示设备上呈现惊人的视觉效果。

（二）按照数字艺术作品的接受方式分类

在艺术的数字化转型中，一个显著的特点是观众参与的不同程度，这可以从单向度体验和互动性体验两个方面来理解，其中互动性体验又可以分为双向度和多向度体验。

1. 单向度

单向度体验在数字艺术领域非常常见，其中观众的角色主要是接受者，而不是参与者。这种体验模式包括以下几种。

（1）数字电影：它提供了一种单向的观赏体验，观众被动观看由导演和制作团队精心制作的视觉和听觉内容，观看的内容是固定的，不会因观众的反应而改变。虽然数字技术提供了更高的图像质量和特效，但在观看体验上，观众并没有直接参与或影响内容的机会。

（2）数字绘画：它是艺术家使用数字工具（如图形平板、专业软件等）创作的艺术作品，这种艺术形式允许艺术家通过数字化手段表达创意，但对于观众而言，体验仍然是单向的，观众可以欣赏到作品的细节和艺术家的技巧，但他们不能直接影响作品的最终形态。

在单向度的数字艺术体验中，艺术作品通常被设计为完成的、不可更改的形式，观众与艺术作品之间的互动主要局限于观赏和解读，而不包括直接的参与或互动。这种体验方式强调了艺术作品自身的表达和艺术家的创意。

2. 双向度

在数字艺术领域，双向度体验提供了一种不同于传统艺术的互动性，不仅允许观众接收艺术作品的信息，还使他们能够通过自己的行动直接影响作品的展现形式或内容。以下是几个典型的双向度数字艺术形式的例子：

（1）数字游戏：在数字游戏中，玩家不仅是观众，还是参与者和创造者，他们通过与游戏互动，可以影响游戏的进程、故事走向甚至是结局。这种互动性使得每个玩家的体验都是独一无二的。

（2）互动装置艺术：它通常是结合了物理空间元素和数字技术创造出的可以与观众直接互动的艺术作品，观众可能通过运动、声音或触摸来激活某些装置，从而改变艺术作品的视觉或听觉效果。这种艺术形式的核心在于观众参与，每个观众的体验都是独特的。

双向度的数字艺术体验突破了传统艺术中观众与作品之间的被动关系，使观众成为艺术创作过程的一部分，不仅增加了艺术作品的参与感和沉浸感，也为艺术表达提供了更多元和动态的可能性。

3. 多向度

在数字艺术的发展中，多向度体验代表了最高水平的互动性和参与性，这种艺术形式不仅允许观众与作品互动，还鼓励他们在多个维度上参与艺术创作过程。以下是几个典型的多向度数字艺术形式的例子：

（1）网络艺术：利用互联网的特性，创建了一个多元互动的艺术环境，观众可以在多个层面上与作品互动，包括视觉、声音、文本甚至是社交互动，甚至在一些网络艺术项目中可以直接参与艺术创作。这种艺术形式强调了观众参与的重要性，使得每个人都有可能成为艺术创作的一部分。

（2）参与性装置艺术：通常在物理空间中创造出参与性装置，包括

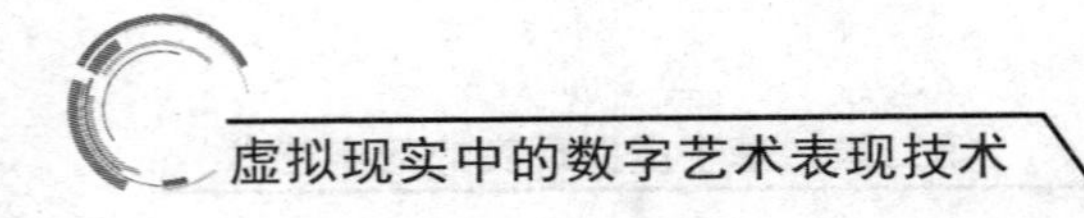

触摸屏、动作捕捉技术、声音传感器等，观众可以在多个维度上与之互动，通过多种方式与艺术作品进行交流和互动。

（3）扩增现实和虚拟现实艺术：创造了一个沉浸式的艺术体验，观众可以在一个虚拟的环境中自由探索和互动。在这样的艺术作品中，观众的动作和选择直接影响他们的体验，甚至有时可以改变作品的内容或结构。

（4）社交媒体艺术：在社交媒体平台上，艺术家们创造了能够与广大观众进行互动的艺术作品，观众可以通过点赞、评论或分享来参与艺术作品的传播和讨论，甚至在某些情况下会被邀请参与创作过程。

（5）互动表演艺术：结合了表演艺术和数字技术，观众可以在表演中扮演不同的角色，通过实时反馈和互动改变表演的发展和最终的呈现形式。

多向度的数字艺术体验不仅为观众提供了参与和互动的机会，还增强了艺术作品的动态性和多元性，在这样的艺术作品中，观众不再是被动的接受者，而是活跃的参与者，他们的行为和选择成为艺术创作和体验的重要组成部分。

（三）按照数字艺术的基本物质媒介分类

1. 物质载体

在数字艺术领域，物质载体是指那些以物理媒介为主要表现形式的艺术作品，这类艺术作品虽然利用了数字技术，但它们的展示和体验往往依赖于实体的媒介。以下是物质载体在数字艺术中的几个重要形式：

（1）网络艺术：是通过互联网这一数字平台展示的艺术作品，虽然其核心内容是数字化的，但它强调了互联网作为物质载体的互动性和可达性。网络艺术的特点在于它突破了传统艺术展示的地理和物理限制，使得艺术作品能够到达全球观众。而且，网络艺术经常利用网络的互动特性，邀请观众参与艺术创作或对作品进行在线互动。

（2）多媒体艺术：结合了视频、声音、图像等多种媒介，但通常在实体展览中展出，通常利用投影、屏幕和声音系统来创造一个沉浸式的环境，使观众能够全方位地体验艺术。这种艺术形式强调多感官体验，观众不仅可以看到视觉图像，还可以听到声音，有时甚至可以触摸和互动。

（3）数字打印艺术：是一种将数字艺术作品通过打印设备转化为物理媒介的形式，艺术家需要先在数字环境中创作作品，然后利用高质量的打印技术将这些作品转印到纸张、画布或其他材料上。这种形式结合了数字创作的灵活性和物质艺术作品的触感和实体性。

物质载体在数字艺术中的运用，展示了数字技术和传统艺术媒介之间的创新结合，这种结合不仅拓宽了艺术表达的边界，也为观众提供了更加多元和丰富的艺术体验。通过物质载体，数字艺术得以跨越虚拟和现实的界限，直观和实体地呈现在观众面前。

2. 符号载体

符号载体在数字艺术中代表着那些主要以数字形式存在和表现的艺术作品，这类艺术作品从本质上依赖于数字技术，不仅在创作过程中使用数字工具和平台，而且在展示和体验上也通常采用数字形式。以下是符号载体在数字艺术中的一些典型应用：

（1）数字绘画：是使用数字工具（如平板电脑、专业软件如 Adobe Photoshop 或 Procreate）创作的画作。这种艺术形式允许艺术家利用数字笔刷、颜色和纹理等工具，创造出传统绘画技术难以实现的效果。

（2）数字影像：通过数字方式拍摄和编辑的影视作品，包括数字摄影和数字电影制作。数字影像技术使得影视制作更加灵活和高效，同时允许创作者在后期制作中加入特效、调整色彩，以及进行其他视觉上的创新。

（3）计算机生成图像（CGI）：是在电脑上通过特殊软件生成的图像，

广泛应用于电影、电视、视频游戏和虚拟现实等领域。CGI 技术使得艺术家能够创造出逼真的三维图像，模拟复杂的环境和角色，为观众提供震撼的视觉体验。

（4）数字音乐：它是使用电子设备和软件创作的音乐作品，包括使用数字音频工作站（DAW）、合成器和其他电子音乐设备创作音乐。数字音乐的特点在于它允许音乐家进行广泛的声音编辑和处理，创造出传统乐器无法实现的音效。

符号载体的数字艺术作品通常以文件形式存在，可以通过电子设备如电脑、智能手机或平板电脑进行欣赏和分享。这种艺术形式的优点在于其高度的传播性和可访问性，使得艺术作品能够迅速在全球范围内传播。同时，符号载体的数字艺术作品也展示了数字技术在艺术创作中的无限可能性，它们不仅仅是传统艺术的延伸，更是一种全新的艺术表达方式。

第二节　数字艺术应用虚拟现实技术的可行性

一、虚拟现实与数字艺术之间的共通点

（一）技术驱动

虚拟现实和数字艺术在当今的艺术界和科技领域中占据了显著的位置，但它们均是由先进技术所驱动，这种技术依赖性不仅仅体现在使用上，更深入地影响了这两个领域的发展、表现形式和受众体验。其中计算机硬件的发展是虚拟现实和数字艺术的根本因素，因为 VR 体验需要高性能的处理器、高分辨率的显示屏和响应迅速的传感器来创建逼真的

三维环境，而数字艺术家依赖于高端的图形处理单元（GPU）、专业级的绘图板和先进的软件工具来创作和编辑他们的作品，硬件设备越强大、高效，越能为艺术家和开发者提供更多的创造可能性。除硬件之外，软件的发展对于虚拟现实和数字艺术同样重要。VR 软件需要能够处理复杂的图形和物理模拟以及管理、跟踪用户动作和交互的软件才能提供沉浸式的体验，而数字艺术依赖于从基本的图像处理程序到复杂的三维建模和动画软件等各种软件扩展艺术家的创作工具箱，使他们能够探索前所未有的艺术形式和表达方式。因此，虚拟现实和数字艺术领域的发展紧密依赖于先进技术的推动，尤其是计算机图形技术的飞速进步。随着图形处理单元（GPU）和 3D 渲染技术的提升，艺术家和开发者能够创造出前所未有的细致和复杂的视觉效果，能够保证用户与虚拟环境或数字艺术品的互动变得更为自然和流畅，大幅提升交互性，使艺术体验由单向的体验变为双向的、参与式的体验。

（二）互动性

虚拟现实和数字艺术都强调观众与艺术作品的关系，传统的被动观赏方式不足以满足观众的沉浸式观赏需求，而虚拟现实和数字艺术的诞生可以将被动参与和体验转变为主动参与和体验感，不仅增强了观众的体验，也为艺术表达提供了新的维度。

在虚拟现实中，观众通过使用头戴显示器、手持控制器等设备可以在一个三维的虚拟环境中自由移动和探索。这种沉浸式体验让观众成了作品的一部分，他们的动作和选择直接影响着他们的体验。例如，一个虚拟现实艺术展览可能允许观众通过移动和互动来探索和解锁新的艺术作品，或者在一个虚拟的环境中与艺术作品进行直接交流。而在数字艺术中也经常包含互动元素，如邀请观众参与和影响艺术作品，观众可以通过触摸屏、声音识别、运动捕捉等技术与艺术作品交互。例如，一个数字艺术装置可能会根据观众的位置、动作或声音来改变颜色、形状或声音，使每个观众的体验都是独一无二的，这种互动性不仅增加了艺术作品的吸引力，也促使观众深入地思考作品背后的主题和概念。

（三）沉浸式体验

沉浸式体验的核心在于创造一个环境，使观众能够全面地融入，从而实现对艺术作品深层次的感知和理解。而虚拟现实和数字艺术在沉浸式体验方面具有显著的共通性，这一特点深刻地改变了观众体验艺术的方式。

在虚拟现实中，通过头戴式显示器和其他感应设备可以创造一个360度的三维环境，使观众仿佛置身于另一个世界，观众可以在其中自由移动和探索，这种体验远远超越了传统视觉艺术的平面限制。而且，艺术家可以利用VR技术创造出更复杂、更科幻的虚拟世界，这些世界可能基于现实，或者是完全源于想象，观众在这些环境中的每一个动作和选择都可以影响他们的体验，从而让他们以一种全新的方式与艺术作品互动。数字艺术也追求沉浸式体验，但其方式可能与虚拟现实不同，数字艺术家是利用各种技术手段，如投影、交互式安装和增强现实，来创造包围观众的艺术环境，以促使作品对观众的位置和动作做出反应，通过视觉、听觉甚至触觉元素来增强沉浸感。例如，一个互动式的数字装置可能会随着观众的移动而改变，或者一个增强现实应用可以在现实世界中叠加虚构元素，创造一种混合现实体验。

（四）无限的创作空间

在虚拟现实和数字艺术的世界中，艺术家都享有无限的创作空间，这是传统艺术媒介所无法提供的，这不仅为艺术家提供了无尽的可能性，也为观众带来了全新的艺术体验。

在虚拟现实中，艺术家可以创造出一个完全脱离现实物理限制的世界，世界的重力、空间和时间等概念都可以被重新定义，这种自由度意味着艺术家可以在 VR 中构建宏大的景观，设计不受物理规则束缚的交互体验，甚至创造出完全新颖的感官体验。例如，艺术家可以设计一个虚拟的宇宙，在那里观众可以体验到在太空中飘浮的感觉，或是创造一个只有在虚拟世界中才可能存在的超现实生物。而在数字艺术中，艺术家也享有类似自由，他们可以利用数字工具和软件，如图像编辑软件、3D 建模工具和动画软件，来创造出传统媒介无法实现的视觉效果，不受物理材料的限制，自由选择和组合颜色、形状和纹理，创造出独一无二的艺术作品。这种无界限的创作空间也使得艺术家能够深入地探索和表达复杂的主题和概念。

（五）全球可达性

虚拟现实和数字艺术的全球可达性是这两种艺术形式的一大特点，它们可以通过互联网的力量实现艺术作品的广泛传播和共享。对数字艺术作品来讲，这种全球可达性可以使其轻松地通过互联网分享到世界各地，无论是数字绘画、3D 渲染作品还是数字音乐，都可以在数秒内上传到网上，供全球观众欣赏。这种无缝的共享方式极大地提高了艺术作品的可见度，并为艺术家提供了一个无国界的展示平台。而在虚拟现实中，VR 作品的体验虽然需要特定的硬件设备，但随着技术的发展和普及，越来越多的人能够访问这些沉浸式的艺术体验。如将 VR 艺术作品通过云平台共享，允许用户在家中或公共 VR 体验中心体验，这不仅为观众带来了新的艺术体验，也为艺术家带来了更大的观众群体。虚拟现实和数字艺术的全球可达性还促进了文化的交流和共享，艺术家可以通过数字平台展示各自文化的独特之处，同时吸收其他文化的灵感，这不仅极大增强了全球各地观众的文化理解和尊重，也为艺术家们提供了丰富的创意源泉。

（六）个性化体验

虚拟现实和数字艺术都能提供高度个性化的体验，不仅能让观众感到参与其中，还使艺术作品能够以深刻和有意义的方式与观众产生互动。在虚拟现实中，用户通过头戴式显示器和其他输入设备，如手柄或运动传感器，可以在一个三维的虚拟世界中自由地探索和互动，根据自己的兴趣和偏好选择自己的路径和探索方式。这种个性化的体验使得每个用户都能获得独特的感受和理解，这是传统艺术形式难以实现的。例如，在一个虚拟现实艺术展览中，每个观众可以选择关注自己最感兴趣的作品，甚至可能影响这些作品的展示方式或故事发展。而数字艺术提供的个性化体验与虚拟现实类似，因为许多数字艺术作品设计有互动元素，可以根据观众的行为、选择或情感反应进行调整。这种个性化的互动不仅使艺术体验更加吸引人，也让每个观众感到自己是作品的一部分，而不仅仅是旁观者。例如，一个交互式的数字装置可能会根据观众的位置、运动或声音来改变其视觉或音频输出。

二、虚拟现实技术在数字艺术中应用的优势

（一）虚拟现实技术在数字艺术设计中应用的优势

虚拟现实技术在数字艺术设计中的应用带来了革命性变化，打破了传统艺术设计中的二维限制，引入了三维视角，为艺术家们提供了全新的设计环境和体验。在 VR 环境中，艺术家能够在一个直观和立体的空间里工作，这使得设计过程不仅接近真实世界的体验，而且为创造出空前的立体艺术作品提供了可能。在这样的三维空间中，艺术家可以从不同的角度和视角观察和设计他们的作品，这种全方位的视角让艺术家能够精确地捕捉和调整作品的每一个细节，创造出精致和生动的艺术作品。更重要的是，艺术家可以在虚拟空间中自由地实验和探索不同的设计元素、风格和技术，这种自由度极大地激发了创造性思维和创新，使得艺

术家可以轻易地尝试各种大胆的想法，而不必担心实物材料的成本或无法撤销的改动。无论是复杂的几何结构、异想天开的色彩组合还是前所未有的视觉效果，VR 技术都能让艺术家在虚拟世界中自如地实现和测试，帮助艺术家探索未知的领域，为艺术作品带来了新的视觉和感官体验。

此外，在 VR 环境中，任何设计的更改都可以立即呈现效果，这种实时反馈对于艺术家来说是极其宝贵的，不仅提高了设计效率，还确保了设计过程的连续性和流畅性，也方便艺术家可以快速看到他们的想法如何在虚拟空间中转化为现实，并根据需要进行微调或重大改变。这种快速迭代的过程极大地提升了艺术设计的质量和创新性，使得最终的艺术作品能更好地反映艺术家的初衷和创意。

（二）虚拟现实技术在数字艺术创作中应用的优势

虚拟现实技术在数字艺术创作中的应用带来了前所未有的优势，最为显著的是它为艺术家提供了一个几乎无限的创作空间，极大地扩展了艺术创作的范围和深度。在 VR 虚拟环境中，艺术家不必再受到物理世界的空间限制，能够创造出任何尺寸和形式的艺术作品，不论是巨大的雕塑作品还是细腻的微观艺术，都可以在虚拟世界中得以呈现，这种自由度使艺术家能够实现他们最大胆的创意和构想，增强了艺术家创新的可能性，还能使艺术作品超越物理世界的限制，呈现出独特的艺术效果。同时，VR 技术提供了多样化的表现工具和技术，进一步丰富了数字艺术创作的方式。艺术家可以利用 VR 技术进行虚拟绘画、雕塑，甚至是创建动态的、互动的艺术装置，这些工具不仅模拟了现实世界中的艺术创作工具，还提供了传统工具无法实现的新功能和效果。例如，在 VR 中，艺术家可以使用光线、颜色和质感创作出栩栩如生的三维图像，或是设计出只有在虚拟世界中才能实现的动态效果，这种多样化的创作手段使得艺术家可以自由地表达自己的艺术理念，创作出风格多变、形式多样的艺术作品。更重要的是，VR 技术在数字艺术创作中引入了互动性的概

念，艺术家可以创作出让观众参与的互动式艺术作品，在这种艺术作品中，观众的行动和反应可以直接影响艺术作品的展现和演变，不仅增加了艺术作品的趣味性和参与感，也使得艺术作品成了一个动态变化的实体，每一次的观看和体验都是独一无二的。

（三）虚拟现实技术在数字艺术展览中应用的优势

虚拟现实技术在数字艺术展览中的应用正逐渐改变着人们对艺术展览的传统认知，显著的优势之一就是创造了全新的展览形式，为艺术界带来了革命性的变化。通过 VR，艺术展览不再受限于物理空间的束缚，艺术家和策展人可以设计独特的虚拟展览空间，这些空间可以是完全出自想象的世界，或是现实世界中无法实现的场景。在虚拟展览中，观众可以穿梭于不同的艺术空间，体验由各种视觉和听觉元素构成的沉浸式艺术环境，这种体验远远超越了传统展览的感官体验。

在传统的艺术展览中，观众往往需要亲临现场才能观看艺术作品。但是，VR 技术打破了地理位置的限制，使得观众无论身处何地，都能通过 VR 设备欣赏到远在千里之外的艺术展览。这种全球化的观展方式不仅使得更多的人能够接触到艺术，也为艺术作品的传播和普及提供了全新的途径，也使得艺术展览因此能够触及广泛的观众群体，不论是居住在偏远地区的人，还是出于各种原因无法亲临现场的人，都能享受到同等的艺术体验。在虚拟展览中，观众不再是被动的接受者，而是成为互动的参与者，可以在虚拟空间中自由探索，与艺术作品进行互动，甚至影响作品的展现方式。这种互动性使得艺术体验个性化，观众可以根据自己的兴趣和节奏来体验艺术，从而建立起紧密联系。

（四）虚拟现实技术在数字艺术体验中应用的优势

虚拟现实技术在数字艺术体验中的应用不仅是一种技术上的革新，更是对艺术体验方式的一次深刻变革。通过 VR 技术，数字艺术不再是简单变化的对象，而变成了可以亲身体验和探索的空间，为观众带来了前所未有的沉浸式体验。在虚拟现实的环境中，观众仿佛被置身于艺术作品之内，可以近距离地观察艺术细节，甚至与作品发生直接互动，这种沉浸式的体验使得艺术作品的感知不再局限于外在观看，而变成了一种全身心体验。观众可以在三维空间中自由移动，从不同角度和视角去感受和解读艺术作品，这种深度的沉浸和参与感是传统艺术体验方式难以提供的。

传统的艺术体验大多依赖视觉和听觉，而 VR 技术可以模拟触觉、嗅觉乃至味觉，为观众提供一个全方位的感官体验。这种多感官的融合不仅增强了艺术作品的吸引力，也极大地提升了艺术体验的真实感和丰富性。例如，观众在体验一个虚拟的自然景观艺术作品时，不仅可以看到美丽的景色，还能感受到微风的触觉和花草的香气，甚至是环境中的温度变化，这些都使得艺术体验更加生动和真实。

（五）虚拟现实技术在数字艺术教育中应用的优势

虚拟现实技术在数字艺术教育中的应用正变得越来越普遍，通过创建沉浸式的学习环境，VR 技术使学生能够置身于虚拟的艺术世界中，这种沉浸感帮助学生更专注地体验和理解艺术作品的细节，极大地丰富了艺术教育的可能性。在这样的学习环境中，艺术作品和概念可以以三维形式呈现，使得复杂的艺术理念和技巧直观易懂，且学生能够从不同角度全面观察和分析艺术作品，加深对艺术的理解。VR 技术还能重现历史艺术场景或名作，让学生在几乎真实的环境中学习艺术史，这种互动式的历史重现，使学生可以更加深入地了解艺术作品的背景和历史意义。VR 技术还为学生提供了实践和创作的机会，让学生在虚拟空间中尝试不同的艺术技法和材料，这对于培养学生的创造力和实验精神至关重要。学生可以在 VR 中无限制地进行艺术创作，而不用担心实际的材料成本或空间限制。此外，VR 还提供了一个安全可控、突破时空限制的学习环

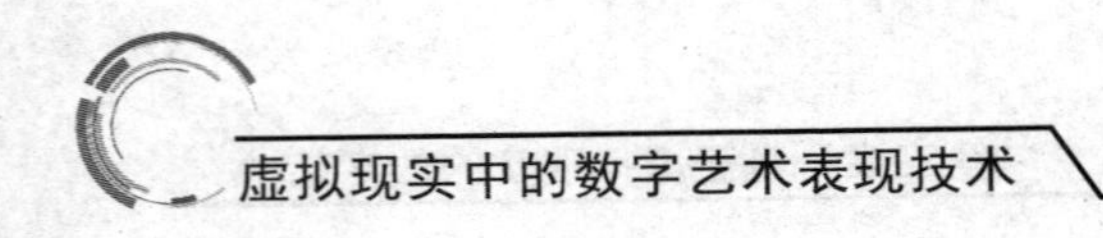

境，学生可以在这个环境中自由探索和实验，无须担心现实世界中的安全问题，无论身处何地，都可以访问高质量的艺术教育资源，对于那些地理位置偏远或缺乏资源的地区的学生来说，这是一种极大的教育平等化。同时，VR 技术的新颖性和互动性，能够激发学生的兴趣，使学习过程变得更加吸引人，促使学生表现出更高的参与度和学习动机。

第三节　数字艺术与虚拟现实的融合

一、　数字艺术与虚拟技术融合发展

（一）技术进步推动创新

随着 VR 技术的不断进步和普及，我们正在进入一个新时代，其中数字艺术和技术的结合正在重新定义艺术的表现和体验方式，换言之，VR 技术的发展正在开启数字艺术的新篇章，不仅改变了艺术品的创作和展示方式，也改变了人们欣赏和体验艺术的方式。

VR 技术的关键进展不仅在于其硬件的提升，如更高的分辨率、更快的响应时间和更轻便的头显设备，而且在于软件层面的革新，包括更加先进的渲染技术、更真实的物理模拟和更深入的用户界面设计。这些技术的进步为艺术家们提供了前所未有的创作工具，使他们能够创造出更加丰富、更加互动的作品。在这样的 VR 环境中，艺术脱离了仅仅供人观赏的表面意义，变成了一种可以沉浸其中的体验，观众可以通过 VR 技术进入由艺术家创造的虚拟世界中，与艺术品进行互动，甚至在某些情况下成为创作过程的一部分。在未来，随着技术的进步和成本的降低，VR 技术在数字艺术领域的应用将会更加广泛和深入。我们可以预见到，

将会有更多创新的艺术形式诞生，如利用VR技术结合现实世界的增强现实艺术，以及使用VR来创造全新的、多感官的艺术体验。这些新兴的艺术形式不仅会给观众带来前所未有的视觉和感官享受，同时将推动艺术的边界不断扩展，为艺术家和观众之间的互动提供新的平台。

（二）跨界融合的趋势

在当今这个日益数字化的时代，跨界融合已成为一种不可逆转的趋势，数字艺术与虚拟现实的融合也不例外，但是，二者的融合不仅仅是艺术与科技的结合，更是艺术与教育、娱乐等多个领域相互渗透、共同进步的体现。通过VR技术，数字艺术正在打破传统的界限，探索全新的表现形式和体验方式，为艺术创作和展示提供了前所未有的多元化平台和可能性。

在科技领域，VR技术的不断发展为数字艺术家提供了强大和灵活的创作工具，艺术家们可以利用VR创造出完全虚构的环境，或者对现实世界进行重塑和再想象，这使得艺术作品能够以一种全新的、沉浸式的方式呈现给观众。再加上人工智能、机器学习等技术的融入，数字艺术作品能够实现更高程度的个性化和互动性，为观众提供独一无二的体验。在教育领域，VR和数字艺术的融合可以让学生进行沉浸式学习，不论是历史艺术的再现，还是抽象概念的可视化，都能够通过这种新的方式得到深刻理解和体验，学生可以通过VR设备“走进”历史名画，亲身体验艺术家的创作环境，或者通过互动式的虚拟艺术工作坊来学习艺术技巧和理论。在娱乐领域，数字艺术与VR的结合为故事讲述和沉浸式体验新平台的创造奠定了坚实基础，艺术家和开发者利用VR技术可以创造出富有创意和互动性的娱乐体验，这些体验不仅仅是视觉上的享受，更是情感和认知上的全新探索。未来，随着技术的持续进步和普及，我们可以预见VR技术和数字艺术将在更多领域实现深度融合，创造出丰富的数字艺术形式。

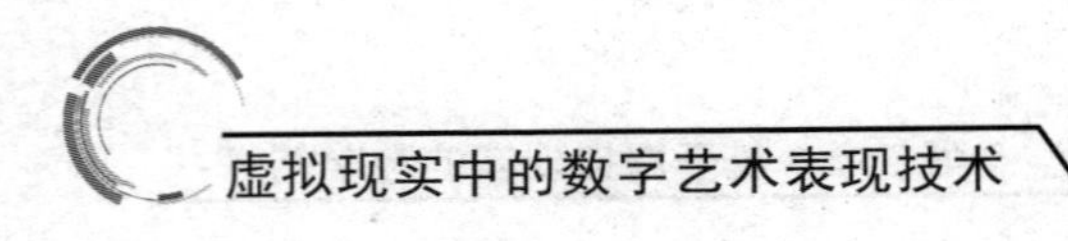

（三）全球化艺术共享

随着虚拟现实技术的日益普及和发展，我们逐渐步入一个全新的艺术共享时代，这个时代的艺术不再受限于物理空间和地理位置，全球范围内的艺术作品可以通过数字化的方式被广泛共享和体验。这种趋势不仅促进了全球艺术文化的交流与共融，也为艺术的传播和欣赏开辟了新的途径。

VR 技术的核心优势在于其能够提供沉浸式的体验，使人们仿佛置身于另一个世界，这一点结合艺术共享的背景意味着人们可以不受地理限制而“访问”世界各地的博物馆、画廊和艺术展览。想象一下，无论身处何地，人们都可以佩戴 VR 头显，就像亲临现场一样观赏卢浮宫的名画，或是参观纽约现代艺术博物馆的最新展览。这种体验的无界限性不仅使艺术作品更加容易被全球观众接触和欣赏，而且为不同文化背景的艺术爱好者提供了一个交流和互相学习的平台。VR 技术也为艺术家提供了全新的创作空间，他们可以利用 VR 创造出无法在现实世界中实现的艺术作品，或者创造全新的艺术表现形式，不仅拓展了艺术的边界，还促进了全球艺术风格和思想的融合。例如，一位来自亚洲的艺术家可以创作一个虚拟现实艺术作品，展示他们的文化遗产和艺术视角，然后这个作品可以被全球观众在虚拟空间中体验和欣赏。进一步地讲，全球化艺术共享还有助于促进全球文化的多样性和相互理解，因为不同国家和地区的艺术作品通过 VR 技术可以呈现给不同的观众群体，有助于人们消除文化隔阂，增进对不同文化艺术形式的理解和欣赏。在这个过程中，艺术成为连接不同文化、不同民族的桥梁，促进了全球文化的交流和融合。随着 VR 技术的进一步发展，我们可以预见，未来全球化艺术共享将更加便捷和普及，随着越来越多的艺术机构和艺术家开始采用这项技术，我们有望见证一个更加开放、互联的艺术世界，其中各种文化和艺术形式在全球范围内得到共享和赞赏。

（四）定制化艺术体验

数字艺术和虚拟现实技术的融合有望为观众带来定制化的艺术体验，即艺术作品能够根据观众的反应和互动实时调整其内容和展示方式，这不仅是技术发展的一个重要方向，也是艺术领域对观众体验深度个性化的一种探索。

随着VR技术的发展以及人工智能、机器学习和数据分析技术的融入，数字艺术作品可以全方位地收集和分析观众的反应，如观看时的眼动轨迹、停留时间甚至情绪反应等，从而实时调整艺术内容。例如，一个VR艺术展览可能会根据观众的兴趣点和偏好动态改变展示艺术品的形状、色彩和声音，或者调整作品的叙事方式、角度等，实现体验定制化，确保每一位观众都能在虚拟空间中享受到独一无二、定制化的艺术之旅。而且，数字艺术并不仅仅包含视觉艺术，音乐、舞蹈、戏剧等表演艺术也囊括其中，它们也可以通过VR技术和交互式元素的融入提供定制化体验。在这种体验环境中，艺术不再是单向传递，而是成了艺术家和观众之间双向互动的过程。例如，一个虚拟的音乐会可以根据观众的情绪和反应调整音乐的风格、节奏甚至演出的视觉效果。

展望未来，随着技术的不断进步，定制化艺术体验的可能性将变得越来越大，艺术将不再是一种静态的存在，而是变得动态且能够与观众产生深度互动，这将为艺术创作和欣赏带来新的维度。

二、数字艺术与虚拟现实融合应用

虚拟现实技术与数字艺术的融合是近年来艺术与科技发展的显著趋势，这种融合的发展开始于VR技术在艺术界的初步探索，艺术家们利用VR创造出独特的视觉和感官体验，超越了数字艺术的物理和空间限制，代表了对艺术表现形式和体验方式的深刻变革。随着技术的不断进步，VR不仅使艺术作品变得互动，而且也扩展了艺术创作的可能性，使艺术家能够在虚拟空间中自由地表达创意。在这个融合过程中，一方面，艺术家开始探索 VR 作为一种新媒介的潜力，创造出既能够模拟现实世界又能够打破现实界限的作品。这些作品使观众能够以全新的方式体验艺术，不仅是视觉上的，还包括听觉、触觉甚至嗅觉等多感官的体验。另一方面，VR 技术的发展也促进了艺术表达形式的多样化，艺术家不再受限于简单的画布和雕塑材料，而是可以在虚拟环境中创作三维作品，甚至是动态和互动的艺术体验。

（一）VR 艺术作品展

HTC VIVE 旗下的 VIVE Arts 与奥赛美术馆合作，在 2023 年 10 月至 2024 年 2 月围绕奥塞美术馆重要展览《凡·高在瓦兹河畔奥维尔：最后的日子》推出荷兰画家凡·高作品的 VR 沉浸式体验特展“凡·高的调色盘”（La Palette de Van Gogh）。众所周知，凡·高在生命的最后几个月一直待在巴黎北部瓦兹河畔奥维尔，这段时间虽然短暂，却是他艺术生涯中极为关键的时期，也正是在这个宁静的乡村小镇，凡·高的艺术创作达到了一个新的高峰，展现出了深刻的情感强度和独特的风格。凡·高在这段时间里创作了大量作品，其中包括一些世人熟知的杰作，如《麦田与乌鸦》和《奥维尔教堂》等，这些作品都是瓦兹河畔奥维尔的自然风光和乡村生活给予的灵感，不仅展现了他对色彩的大胆运用，也反映了他在艺术表现上的创新和实验精神，更充满了对生活的热爱和对自然之美的赞颂。与凡·高原本的画作相比，其在这一时期的画作用色更加大胆和富有表现力，笔触也更加自由和生动，在表达上更加直接和感性，能够深刻地传达他的情感和思想。但这段时期也是凡·高个人生活中充满挑战的时刻，因为他在心理上承受了巨大的压力，并将这种压力体现在他的作品中，他画作中流露出的孤独感、焦虑和对生命的沉思，让他的作品充满了深刻的人文关怀和哲思。也正因为生活充满艰辛，使得凡·高在艺术上达到了新的高度，对此后的艺术史产生了深远的影响。奥赛美术馆对凡·高在瓦兹河畔奥维尔时期的作品进行的专题展览，不仅是对这位伟大艺术家的致敬，也是对他艺术生涯中这一关键时期的深入探究。

“凡·高的调色盘”特展的一个亮点是对凡·高最后所使用的调色盘的展示，这个调色盘如今被永久收藏在奥赛美术馆中，展览制作团队等通过高分辨率扫描和深入解析共同还原了凡·高使用的色彩。观众在VR环境中不仅可以近距离观察这些色彩，还能通过互动体验了解这些色彩在凡·高作品中的应用和意义，还可以通过这个虚拟景观沉浸在凡·高的世界里，体验他的艺术创作过程，从他的视角看世界，感受他的情感和创作灵感。这种互动和感官体验使得观众能够以一种全新的方式欣赏凡·高的作品，不仅是视觉上的享受，更是情感和心灵上的共鸣。“凡·高的调色盘”特展不仅是一次对凡·高作品的创新展示，也是虚拟现实技术在艺术领域应用的一个重要里程碑，它展示了VR技术如何拓宽艺术展览的界限，为观众提供丰富、深入和互动的艺术体验。

（二）VR虚拟展览

VR虚拟展览作为一种新兴的艺术展示方式，正逐渐改变着人们接触、欣赏和体验艺术的方式，特别适合在当前数字化、网络化的社会背景下发展，因为它通过将艺术品展示在虚拟空间中，允许观众通过互联网等数字途径进行参观，从而实现了艺术欣赏的时间和空间上的自由，打破了传统展览需要大量物质资源和人力物力投入的限制，使得艺术品展示变得灵活和广泛。在虚拟展览中，无论是博物馆、画廊还是艺术家个人的作品，都可以通过数字化手段呈现给观众，这意味着艺术作品不再受限于物理空间和地理位置，观众无须亲自前往展览地点，就可以在网络上享受到丰富的艺术体验。例如，艺术家斯沃霍普斯基可以在其个人网站上展示作品，观众通过电脑、智能手机等设备即可访问并欣赏这些艺术作品，这不仅为观众提供了更多的便利和选择，也为艺术家提供了广阔的展示平台。而且，虚拟展览搭配3D渲染、动画和其他数字技

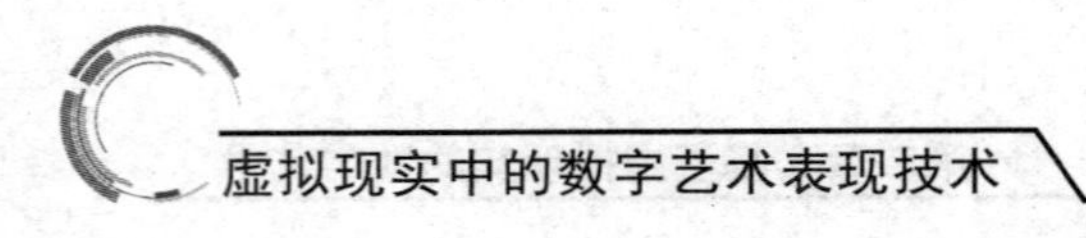

术，可以使艺术作品在虚拟环境中以立体和动态的方式展示，不仅使艺术作品生动和具有吸引力，也让观众能够获得深入的艺术体验。一些虚拟展览还支持互动功能，如点击某个艺术品可以获得详细的信息，或者通过虚拟现实技术实现沉浸式的艺术体验，观众可以自由地选择浏览路径，对感兴趣的作品进行深入了解。这种互动性使得艺术欣赏不再是单向的，而成了一种互动和探索的过程，使得艺术作品不再是被动的观赏对象，而变成了可以探索和体验的空间。同时，艺术家可以通过虚拟展览与观众进行直接互动和交流，如通过网络平台收集观众的评论和反馈，从而使艺术创作与观众之间的联系变得更加紧密。

对艺术家和博物馆来说，VR 虚拟展览是一种成本效益较高的展示方式，其搭建和维护相对经济，且可以持续长时间的在线展示，也不再需要为实物展览的场地租赁、展品运输和安全保障等投入大量成本。对于观众而言，虚拟展览提供了一种全新的艺术欣赏方式，突破了物理距离的限制，让世界各地的人们都可以轻松访问和欣赏到来自不同地区和文化背景的艺术作品，与不同文化背景的艺术家和观众进行交流和互动。观众也可以在网络平台上一起讨论艺术作品，分享自己的感受和看法，这不仅增加了艺术作品的影响力，也提高了观众的艺术鉴赏能力。对于生活在偏远地区的观众来说，VR 虚拟展览提供了接触艺术的机会，使得更多的人能够了解和欣赏艺术。

（三）VR 文化探索

2023 年 5 月，博新元宇宙与 Excurio 推出的“消失的法老——胡夫金字塔沉浸式探索体验展”是一项引人入胜的文化旅游体验项目，它标志着虚拟现实技术在文化旅游和考古领域的创新应用，这一项目的推出不仅是技术上的突破，更是对历史文化探索方式的一次重大革新。该体验展的独特之处在于它结合了虚拟现实技术和考古学的最新成果，Excurio 与美国哈佛大学吉萨项目团队共同耗时三年，对埃及胡夫金字塔的内部结构和周边环境进行了详细的扫描勘测和数字化建模，然后将这种高精度的数字化还原以 VR 展的形式呈现出来，不仅让观众能够近距离了解金字塔的内部构造和历史脉络，还能够探索那些从未向公众开放的神秘区域。通过这种沉浸式的探索体验，观众仿佛穿越时空，回到了4500 年前的古埃及，亲身感受到了那个时代的文明与神秘。此体验展还提供了一系列独特的互动体验，观众不仅可以在 VR 环境中登上大金字塔顶部，俯瞰吉萨高原的壮丽全景，还可以回到第四王朝时期，在尼罗河上乘坐太阳船航行，这种全方位的互动体验使得观众能够以前所未有的方式领略古埃及的无限美景，感受古代文明的魅力。

“消失的法老——胡夫金字塔沉浸式探索体验展”是虚拟现实技术在文化旅游领域的一次成功应用，不仅展示了虚拟现实技术在文化传播和教育中的巨大潜力，也为我们提供了一种新的视角，让我们能够以生动和互动的方式体验和学习人类的历史文化遗产。更重要的是这种沉浸式的探索体验展为观众提供了一种新颖的旅游体验方式，也为历史和考古的普及教育开辟了新的路径，使得历史和文化的学习变得生动和有趣，同时提高了公众对文化遗产保护的意识和兴趣。随着技术的不断发展，我们可以期待未来出现更多类似的文化旅游体验项目，为公众带来丰富和多元的文化体验。

（四）VR 艺术表演

胡增鸣和费俊作为视觉总监，他们领导的视觉团队在 2023 年中央广播电视总台春晚舞台的视觉设计和制作中展现了数字艺术与科技融合的卓越创新。该团队巧妙地运用了一系列前沿视觉技术，如虚拟现实、增强现实、扩展现实、360 度自由视角拍摄、人工智能图像生成、大数据、程控灯光装置、动态机械装置等，将数字艺术的魅力融合性地呈现在观众眼前，这不仅增强了舞台的视觉冲击力，也为观众带来了沉浸式的观赏体验，使得春晚舞台成了一场视觉和技术的盛宴。

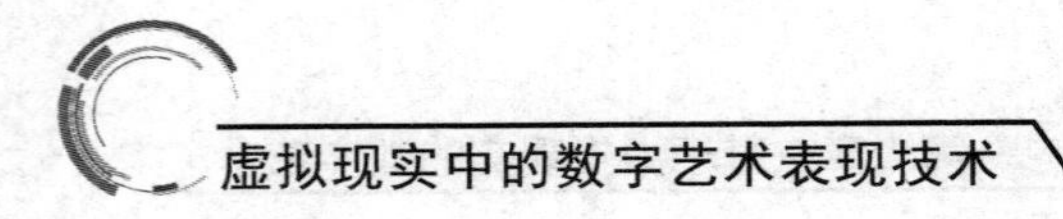

作为一名杰出的数字艺术创作者，费俊深刻地指出了科技在推动艺术发展中的重要作用，认为艺术与科技的融合是一种全球性趋势，创造将虚拟与现实不断交叠形成的混合现实，这种做法必将成为未来艺术家实践的主要方向。这种思考在他的数字艺术创作中得到了充分体现，特别是在交互装置作品《水曰》中。《水曰》作为一个创新的交互装置，展示了数字艺术与 VR 技术、人工智能技术等先进技术的完美结合，通过算法识别观众对湖水的倾诉，将人类情感转化为视觉形态的反馈，特别是湖水的涟漪变化，不仅是对声音的回应，更是对情感的诠释。这样的交互不仅创造了一种新型的艺术表现形式，也提供了一种深度的情感交流方式，为观众带来了一次独特的沟通体验。这种艺术与科技的结合不仅展现了数字艺术的美学可能性，也开拓了艺术表达的新领域，观众不再是被动的接受者，而变成了参与者和创作者，他们的互动直接影响着艺术作品的表现形态。这种参与性和互动性使艺术作品更加生动和有趣，同时让观众能够更加深入地理解和体验艺术。通过这种创新的艺术形式，艺术家可以探索更多的创作可能，观众也可以体验到前所未有的艺术互动和沟通。随着科技的不断进步和发展，我们可以预见，数字艺术将继续在艺术领域扮演越来越重要的角色，为人们带来更加丰富和多元的艺术体验。

第三章　虚拟现实中的视觉艺术创作

第一节　视觉艺术概述

一、视觉艺术的内涵

当我们谈论视觉艺术时，我们其实是在探讨一个历史悠久且多元化的领域，这个领域根植于人类创造性技能和想象力的深层表达。牛津词典对艺术的定义突显了其核心：艺术是情感力量的传递媒介，是对“美”的独特解读。这种定义不仅适用于视觉艺术，也适用于所有艺术形式。视觉艺术以其直接、强烈的视觉冲击力，成为最直观的艺术表达方式之一。视觉艺术的范畴广泛，包括绘画、雕塑、摄影、版画、影像艺术等，这些形式虽然各异，但共同承载着艺术家的内在情感、社会观察和个人经验。每一幅画作、每一个雕塑，都是艺术家与世界互动的结果，是他们对生活、自然、社会和哲学的独特见解的体现。在这些作品中，观众可以感受到艺术家的喜怒哀乐，也能窥见不同文化和时代对美的理解。

自古至今，视觉艺术一直是人类历史和文化传承的重要载体，从史前洞穴壁画到文艺复兴时期的杰作，从东方古典画作到现代抽象艺术，每一时代的视觉艺术都反映了当时的社会背景、文化价值观和技术水平。这些艺术作品不仅是审美对象，更是历史的见证者，为后人提供了了解过去的窗口。视觉艺术的发展历程同样见证了技术革新和材料使用的演变，如油画的出现为艺术家提供了丰富的色彩和灵活的表达方式，摄影的发明则开辟了捕捉现实瞬间的全新途径。视觉艺术对人的精神生活也有深远的影响，能够激发观众的想象力，引发情感共鸣，甚至启发人们对生活、宇宙和存在的深层思考。在现代社会，随着生活节奏的加快和信息量的增大，视觉艺术成为人们在忙碌生活中寻找美感、获得精神慰藉的重要途径。

近年来，随着信息技术的飞速发展和全球化的深入，视觉传达成了文化交流中最受关注的领域，现代社会中，人们越来越多地依赖图像而不是文字来获取新信息和掌握新技术，这种趋势在社交媒体、网络新闻和数字广告中尤为明显。图像之所以具有强大的魅力和影响力，源于它们能以最直观和普遍易懂的形式传达信息，影响人们的思想和情感，最关键的是，图像能够跨越语言和文化的障碍，实现跨民族、跨时代的交流，这在全球化日益加深的当代社会显得尤为重要，这也导致了社会和文化中出现所谓的“读图时代”，在这个时代，视觉文化成为主导，图像的解读和创造成为重要的技能。而视觉艺术的崛起和普及正是基于这种跨文化的交流能力，它不仅被应用于艺术领域，还广泛渗透到教育、广告、公共标识等多个领域，成为信息传递和表达思想的重要手段。在艺术领域，视觉艺术通过跨越语言和文化界限的视觉元素，使艺术作品能够被不同文化背景的观众所理解和欣赏；在教育领域，图像和视觉元素被用来辅助教学，帮助学生更好地理解和记忆信息；在广告和公共标识领域，视觉艺术的应用则使信息传达变得更加直接和有效。无论是古代的洞穴壁画，还是现代的数字艺术，视觉艺术始终是人类文化和情感表达的核心，不仅反映了人类社会的发展和变迁，也展示了人类对美、情感和思想的不断探索和表达。在这样的大历史背景下，视觉艺术作为一门交叉学科兴起，不仅代表了一种艺术形式的演变，更是对人类社会和文化交流方式的一种反思和创新。因此，视觉艺术不仅仅是一种艺术形式，更是一种文化交流和社会理解的重要渠道，影响着现代社会的各个方面。

英格兰艺术理事会（Arts Council England）对“视觉艺术”的定义是包括当代艺术实践、艺术家的移动影像、建筑、工艺、现场艺术（Live Art）、新媒体、摄影以及视觉艺术学习与教育的艺术形式。英格兰艺术理事会对“视觉艺术”的定义提供了一个全面且包容的视角，强调了视觉艺术作为一个多元和综合性的领域，这种包容性是视觉艺术不断发展和演变的反映，同时突出了艺术在当代社会和文化中的多样性和重要性。在当代艺术实践中，视觉艺术早已不再局限于传统的画布和画架，而是涵盖了各种新的形式和媒介，如数字艺术、视频艺术和装置艺术，这些新形式挑战了传统艺术的边界，允许艺术家以更加自由和创新的方式表达自己的观点和想法。基于以上研究，笔者将视觉艺术定义为一种通过视觉感知来表达和传达创意、情感和观点的艺术形式，涵盖了一系列不同的媒介和表现方式，如传统的绘画、雕塑和版画以及更现代的摄影、电影、数字艺术和装置艺术等。绘画是视觉艺术中为人所熟知的形式之一，是使用各种涂料（如油画、水彩、粉彩）在平面上创作图像；雕塑是另一种古老的视觉艺术形式，通过切割、塑形或组合材料（如石头、金属、木材或塑料）来创造三维形态；版画是一种通过刻画或蚀刻在平面上创作图像，然后将图像从这个平面转印到另一平面（通常是纸张）的艺术形式，包括木刻、蚀刻、丝网印刷等多种技术；摄影是一种较新的视觉艺术形式，通过捕捉光线和影像来记录现实世界。随着技术的发展，新的视觉艺术形式不断涌现：数字艺术使用数字技术作为创作和展示的主要工具，允许艺术家探索虚拟现实、互动媒介和算法生成的图像；装置艺术则通过在特定空间内布置物件和材料，创造出一种沉浸式的观看体验。这些现代视觉艺术形式扩展了视觉艺术的界限，提供了新的方式来探索和表达艺术创意。

视觉艺术不仅是艺术家个人表达的工具，也不仅仅是美的创造和欣赏，还是人类文化和历史的重要记录和反映，是一种文化和社会对话的媒介。因此，在深入探讨视觉艺术的本质之前，重要的是要理解它是如何与人类的视觉感知相联系的。视觉艺术作品通常旨在与观众的视觉感知产生互动，激发观者的想象力、情感和思考，而艺术作品中的视觉元素，如色彩、形状、线条和纹理，共同创造了一种视觉语言。艺术家正是通过这种语言与观众沟通，通过他们的作品评论社会、政治和环境问题，提出问题并激发公众对重要议题的关注。当然，这种沟通可能是直接和明确的，也可能是抽象和隐晦的，留给观众空间去解读和体验。

广义的视觉艺术的范畴广泛，包括了传统美术，如素描、绘画、版画和雕塑，这些艺术形式源远流长，是人类较早的艺术表达方式。它们不仅仅是审美的象征，更是历史、文化和社会变迁的记录者。时至今日，传统美术的这些形式仍然是艺术教育和创作的重要组成部分。但随着技术的发展和社会的变迁，视觉艺术的领域也在不断扩展，电影、电视、图形制作和产品设计等都成了现代社会中不可或缺的艺术形式，它们不仅传承了传统艺术的审美理念，还融合了现代技术和媒介，创造了全新的视觉体验和表达方式。例如，电影艺术通过影像和声音的结合，提供了一种全新的叙事和情感表达方式，极大地丰富了人类的艺术体验。同时，城市设计、室内设计和园林设计不仅仅是功能性的构建，它们同样承载着审美和艺术的价值，通过空间规划和美学营造，这些艺术形式影响着人们的生活方式和社会环境。此外，民间艺术以及制陶、纤维编织、珠宝等手工艺术品也是视觉艺术的重要组成部分，这些艺术形式往往蕴含着丰富的地域特色和文化传统，是人类文化多样性的重要体现。

狭义的视觉艺术在近年来特别指向了影视、动画和网络电脑美术等现代形式，这些艺术形式与传统视觉艺术相比，更多地利用了数字技术和网络媒介。例如，动画艺术通过计算机生成的图像创造了一个完全由艺术家想象力构建的世界，这在传统艺术中是难以实现的；网络电脑美术则利用互联网作为展示平台，打破了地域和空间的限制，使艺术作品能够以前所未有的速度和规模传播。这些现代形式的视觉艺术不仅扩展了艺术表达的可能性，也反映了当代社会和技术的发展趋势。

二、视觉艺术的法则

（一）视觉艺术的逻辑

1. 感知与表达的逻辑

感知与表达的逻辑是视觉艺术的核心组成部分，它基于人类对世界的视觉感知和内心情感的表达，具体来讲就是艺术家通过对现实世界的观察和内心世界的探索，使用色彩、形状、线条和空间等视觉元素来创造艺术作品，这不仅仅是对外部世界的模仿，更是对艺术家内心世界的反映和探讨。

在感知与表达的逻辑中，色彩是最直接和强烈的表达工具，不同的色彩能够激发不同的情感和联想，如红色常常与热情和活力相关联，而蓝色给人以宁静和深邃的感觉。艺术家通过色彩的选择和搭配，可以有效地传达特定的情感和氛围。同时，通过色彩对比和色彩和谐创造视觉冲击力和视觉舒适度，可以强调作品中的关键元素，也可以创造一种平和统一的视觉效果。形状和线条也是视觉艺术中重要的表达元素，不同的形状和线条有着不同的象征意义和视觉效果。例如，圆形往往给人以和谐和完整的感觉，而尖锐的角形可能传达紧张和动态的感觉。艺术家通过对形状和线条的巧妙运用，可以构建出复杂多变的视觉结构和丰富的情感层次。

空间的处理是视觉艺术中的另一个关键要素，艺术家通过对空间的操控，创造出深度、透视和层次感，这不仅使作品更具立体感和真实感，

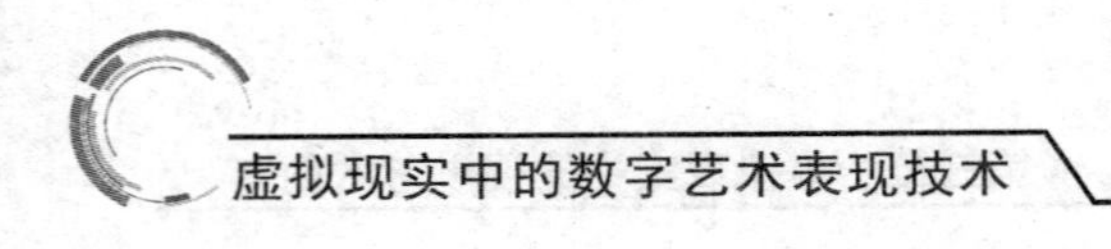

也是传达作品主题和构建情感氛围的重要手段。例如，在一幅风景画中，艺术家可能通过透视技巧创造出深远的空间感，引导观众的目光深入画面，体验画中世界。

2. 象征与隐喻的逻辑

象征与隐喻的逻辑在视觉艺术中扮演着重要的角色，艺术家正是通过这种手段来传达那些超越文字和直接描绘的深层次意义，使得艺术作品不仅是视觉体验的载体，更成为情感和思想交流的桥梁。

在视觉艺术中，象征常常用来代表某种广泛或深层的概念，这些象征可能是普遍认可的，如鸽子象征和平，或者是根据特定文化和历史背景形成的，如在某些文化中莲花象征纯洁和精神升华。艺术家通过使用这些象征性的元素，能够在不直接叙述的情况下传达复杂的情感和概念。例如，一幅描绘荒凉场景的画作可能用来象征失落或孤独的情感。而隐喻是通过将一种事物或概念比作另一种事物，来创造新的意义和理解。在视觉艺术中，这种比喻往往是通过视觉元素的巧妙排列和组合来实现的，艺术家可能会用一种看似平常的景象来暗喻更深层的社会或心理状态。例如，一幅画中的狂风暴雨可能被用来隐喻人生的艰难时刻或内心的混乱。象征和隐喻在视觉艺术中的运用也反映了艺术家对于现实世界的深刻理解和批判，艺术家通过将现实世界的元素抽象化、变形或重新组合，能够揭示那些在日常生活中可能被忽视的真理和矛盾，这种深层次的探索和表达恰恰是视觉艺术的重要职能之一。

通过象征和隐喻，艺术家能够跨越语言和文化的界限，触及观众的共通情感和普遍经验，使得视觉艺术成为一种强有力的交流工具。同时，艺术作品中的象征和隐喻为观众提供了广阔的解读空间，观众可以根据自己的经验和理解来诠释作品，使得每一次的艺术体验都是独特的。

3. 情感与心理的逻辑

艺术作品不仅是视觉表象的集合，更是情感和心理体验的载体，艺术家通过作品传达自己的情感体验，同时激发观众的情感共鸣，这种交流超越了言语和文字的限制，直接触及心灵。而情感与心理的逻辑在视觉艺术中的作用就是关系着艺术如何触及我们的内心世界和情感深处。

通常情况下，艺术作品的情感表达往往是多层次的，既可以是直接和明显的，如表达快乐、悲伤或愤怒的情感，也可以是微妙和复杂的，如描绘孤独、怀旧或沉思等深层次的心理状态。艺术家可以通过对色彩、线条、形状和构图的巧妙运用，以及特定的主题和象征，来表达这些情感。例如，暗淡的色调和模糊的线条可能被用来传达悲伤或不确定性的情感，而明亮的色彩和清晰的形状可能传达快乐和确定性的感情。艺术家还会通过创造特定的场景和叙述来构建情感背景和氛围，这不仅提供了情感表达的背景，还能引导观众进入艺术家创造的世界，感受作品中的情感张力，使观众能够随着故事的发展而经历一次情感上的旅程。艺术家作为艺术作品的创作者，身处的历史时期和接受的文化教育对其创作有巨大影响，其作品中往往会反映这些文化和社会背景，同时可能对其进行批判或重新解读。这种文化和社会层面的情感表达，使得艺术作品不仅是个人情感的表达，也是对社会情感的探讨和反映。

对观众来讲，情感与心理的逻辑直接影响其如何解读和体验艺术作品，由于每个人的感知和情感体验都是独特的，因此不同的观众可能会对同一件艺术作品有着不同的感受和解读。这种个体差异使得艺术作品具有了多样性和开放性，观众在与作品的互动中，不仅体验了艺术家的情感世界，也探索了自己的内心世界。

4. 审美与美学的逻辑

审美与美学的逻辑是视觉艺术的基石，这个逻辑不仅仅局限于美的外在形式，更深入地探讨了如何在艺术作品的形式、内容和情感之间达到和谐和统一。在视觉艺术中，比例、节奏、统一性和多样性等美学原则都起着重要的作用。

比例是视觉艺术中一个核心的美学原则，它关涉到艺术作品中各个

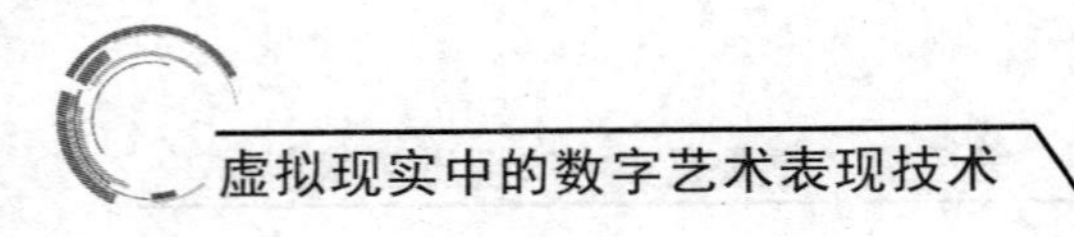

部分之间的相对大小和比例关系，恰当的比例能够创造出视觉上的和谐与平衡，使作品悦目和引人入胜。例如，在古典雕塑中对人体比例的精确描绘是创作中的一个关键要素，节奏则是通过重复和变化来创造动态感和视觉流动性，艺术家通过在绘画、雕塑和建筑设计中重复某些形状、线条或色彩模式，为观众创造出一种视觉上的节奏感。这种节奏可以是规律的，也可以是不规律的，目的是吸引观众的注意力，并引导他们的视线在作品中移动。艺术作品的统一性和多样性是在保持作品整体协调的同时，增加视觉兴趣和复杂性的关键：前者是指在艺术作品中，各个元素如色彩、形状和质感等保持一致性和协调性，形成一个整体；后者是通过引入不同的元素或风格来打破单一性，增加作品的深度和丰富性。艺术家在创作时，需要平衡这两者，以创造出既和谐又有趣味的作品。

在审美与美学的逻辑中，情感的表达也是不可忽视的部分，因为艺术作品的情感力量可以增强其美感，使其不仅仅是视觉上的享受，更是心灵上的触动。艺术家通过对作品主题的深入挖掘和对情感的细腻描绘，使得作品能够与观众产生情感上的共鸣。

5. 文化与社会的逻辑

在视觉艺术中，艺术不是孤立存在的，它深深植根于其所处的文化和社会环境之中，视觉艺术作品不仅反映了艺术家个人的视角和表达，也映射了广泛的社会现象、文化特征和历史背景，这种深度的社会和文化探讨赋予了艺术作品以更深层次的意义和价值。许多艺术家通过自己的作品对社会问题如不平等、歧视、战争、环境破坏等进行评论和批判，这些艺术作品不仅提供了对这些问题的视觉表现，也促使公众对这些重要议题进行思考和讨论。例如，街头艺术和涂鸦常常被用来表达对社会不公和政治问题的抗议。艺术家还会通过作品探索和展示自己的文化根源，表达对民族历史、传统和信仰的尊重或重新解读。这类艺术作品往往揭示了文化的多样性和复杂性，帮助不同文化背景的人们理解和欣赏彼此的差异和特点。例如，土著艺术和非洲艺术常常蕴含着丰富的文化象征和历史故事。许多艺术作品记录了其创作时期的社会状况和历史事件，成了研究历史和社会变迁的重要资料，不仅为后人提供了了解过去的窗口，也使得艺术与历史紧密相连，共同构成了人类文化和文明的记忆。

视觉艺术还经常被用来探索和挑战文化和社会的规范与界限，即艺术家们通过创新的形式和大胆的内容挑战传统观念，以推动文化和社会的发展。这种挑战和探索不仅是艺术创新的驱动力，也是社会进步和文化演变的催化剂。

6. 创新与传统的逻辑

艺术史是一个不断进化的过程，其中新的风格、技术和观念不断涌现，同时与传统的元素和理念相互交融，这种创新与传统之间的对话不仅推动了艺术的发展，也反映了社会和文化的变迁。

创新是艺术发展的关键驱动力，艺术家只有通过不断引入新的视觉元素、探索新的表现手法、采用新的材料和技术，才能创造出前所未有的艺术作品。例如，摄影的出现改变了人们对现实再现的看法；数字艺术和虚拟现实技术的发展则为艺术表现提供了全新的平台和可能性。这些创新不仅展现了艺术家的独特视角，也挑战和扩展了观众对艺术的理解。但这并不意味着传统不重要，传统在艺术创作中仍然占有重要地位。许多艺术家在创新的过程中，仍然会深入挖掘和借鉴传统艺术的精华，因为这些传统元素可能是特定的风格、象征、技法，甚至是哲学和文化理念。通过对传统的重新诠释和再创造，艺术家不仅向过去致敬，也使得这些传统元素在现代语境中焕发新的活力。例如，现代艺术家经常引用古典艺术作品的主题或风格，以此来表达现代的观念和情感。

创新与传统之间的对话还体现在艺术风格的演变上，许多新兴的艺术风格，如印象主义、立体主义、抽象表现主义等，都是在对传统艺术规则的挑战和改造中产生的。这些风格的形成和发展不仅是艺术家个人创新的结果，也是对特定历史和文化背景下传统价值观的反思和回应。

为了更好地进行艺术创作，艺术家需要在创新与传统之间进行平衡处理。成功的艺术家通常能够在尊重传统的基础上，勇于实践和探索，创造出既具有时代感又承载历史深度的作品。在新艺术作品诞生后，会促使观众和批评家重新调整自己的审美观念和评价标准，这种对新旧观念的不断挑战和重建，是艺术发展的重要方面。

（二）视觉艺术的规律

1. 构图和布局规律

构图和布局规律是视觉艺术的基础，它们决定了艺术作品的视觉效果和美学价值，良好的构图不仅能够引导观众的目光，还能够创造出视觉上的平衡、节奏和深度，从而使作品更具吸引力和表现力。

在构图中最著名的就是黄金分割，这种构图技巧通过一种特定的比例关系创造出和谐的视觉效果。应用这种构图的艺术作品会被分割成不同的部分，其中每一部分的比例与整个作品的比例相近于黄金比例（1∶1.618）。这种比例在自然界中广泛存在，因此在视觉艺术中运用这一原则可以创造出平衡的美感。除了黄金分割外，焦点设置也是视觉艺术创作的一种重要的构图技巧，这些焦点可以是颜色鲜明的区域、明暗对比强烈的部分或是特别的细节和图案。艺术家通过在作品中设置一个或多个焦点可以引导观众的视线，并突出作品的主要主题和情感。

在构图过程中，艺术家还会通过重复某些形状、线条或颜色，或者通过引导视线的流动，来创造视觉上的节奏感，这种节奏感增加了作品的动态美，也使得观众的视线在作品中自然流动，从而深入地欣赏和理解作品。

2. 色彩和光影规律

色彩和光影在视觉艺术中的应用极其重要，合理的应用不仅能够增强艺术作品的视觉效果，还能够在情感、空间和主题上产生深远的影响，而理解和掌握色彩和光影的规律对于艺术家来说是创作出具有强烈表现力和深刻情感表达作品的关键。

色彩理论为艺术家有效地选择和组合色彩提供了一套系统的框架，其中色轮是理解色彩关系的基础工具，它展示了不同色彩之间的位置关系和互动效果。通过色轮，艺术家可以轻松识别互补色（位于色轮对面的颜色）和对比色（相邻颜色），并利用这些关系来营造视觉冲击或和谐感。例如，蓝色与橙色作为互补色，放在一起可以增强彼此的鲜明度和活力。色彩不仅会影响视觉美感，还直接影响作品的情感氛围，不同的色彩能够激发不同的情感反应，如暖色调通常给人以热情、活力的感觉，而冷色调给人以宁静、沉思的感觉，艺术家通过对色彩的精心选择和搭配，可以有效地传达特定的情感和氛围。

光影的处理也是视觉艺术创作中至关重要的环境，恰当的光影不仅能够创造出形体感和空间感，还能够增强作品的真实感和表现力，甚至艺术家通过对光线的强度、方向和色彩的控制，可以在二维的画面上创造出三维的效果，使作品中的形体显得立体和生动。例如，在肖像画中，艺术家会通过高光和阴影的对比来塑造面部的轮廓和特征，增强人物的立体感。艺术家还会通过光影的变化来表现物体的远近和空间的深浅，如通过模糊的背景和清晰的前景来创造深度感，或者通过阴影来表现物体间的相对位置和空间关系。

3. 视觉平衡和对称规律

视觉平衡和对称规律在视觉艺术中扮演着至关重要的角色，它们是创造和谐、美感以及视觉稳定性的基本原则，不仅影响着作品的整体视觉效果，还影响着观众的情感体验和作品的解读。

对称平衡是一种常见的视觉平衡形式，它通过在作品的两侧布置相似或相同的元素来实现，给人一种正式、有序和稳定的感觉，常见于传统的建筑设计、肖像画和某些形式的抽象艺术中。而且对称构图在视觉上更容易被接受，因为它符合人们对平衡和秩序的本能认知。例如，许多宗教艺术作品采用对称构图，以传达一种庄严和神圣的感觉。但是，在现代和当代艺术中，不对称平衡越来越受到艺术家的青睐。不对称平衡通过在作品中不均匀地分配视觉元素，如形状、颜色或质感，来创造一种动态和有趣的视觉效果。这种平衡方式虽然看起来似乎不稳定，但实际上通过细微的调整和对比来达到一种微妙的平衡。例如，一幅画中可能会在一侧放置一个大的、醒目的物体，而在另一侧用多个小的、不那么显眼的物体来平衡视觉重量。

视觉平衡的创造不仅限于对称和不对称这两种形式，艺术家可以通过多种方式来平衡作品，如通过色彩、光线、纹理或空间分布来实现，色彩的明暗、饱和度或是分布都可以极大地影响作品的视觉平衡感，光线和阴影的对比也是实现视觉平衡的重要手段。视觉平衡追求的并不仅仅是为了达到视觉上的和谐，它还是艺术家表达主题和情感的重要手段。例如，在一幅表现内心冲突或不安的作品中，艺术家可能故意打破平衡，使用不对称或视觉上不平衡的元素来传达这种情感。这种视觉上的“不平衡”能够直接触动观众的情感，使作品更具表现力和感染力。当然，视觉平衡的原则不是一成不变的，艺术家可以根据自己的创作目的和风格来选择适合的平衡方式，甚至不同的文化、时代和艺术流派对平衡的理解和运用也有所不同，这种多样性和灵活性使得视觉平衡成为艺术家表达创意和情感的有力工具。

4. 比例和尺度规律

比例和尺度在视觉艺术中的重要性不容忽视，它们是使艺术作品和谐、统一的关键元素，直接影响着作品的视觉效果和内在意义，虽然在绘画、雕塑和建筑艺术等不同的艺术形式中的运用各有特点，但作用绝对不容忽视。

在绘画艺术中，比例是指画面中各个元素相对于彼此以及整个画面的大小和比例关系，正确的比例可以使作品看起来更自然和真实，而有意的比例扭曲可以用来传达特定的视觉效果或情感表达。例如，文艺复兴时期的画家如达·芬奇和米开朗琪罗，极为重视人体比例的准确性，以达到人体美的理想化表现。但是在现代艺术中，艺术家们经常故意扭曲比例，以表现内心世界或批判现实。在雕塑和建筑艺术中，比例的重要性更是不言而喻，雕塑作品的比例不仅影响着作品的视觉效果，还关系到作品的结构稳定性和实际功能，建筑设计中的比例则直接关系到建筑的美观、功能和结构安全。例如，古希腊的帕特农神庙就是比例和尺度运用得当的典范，其建筑比例的精确计算创造了完美的视觉和谐感。

在视觉艺术中，尺度是指艺术作品或其内部元素的实际大小，不仅影响着作品的视觉冲击力，还传达着特定的情感和信息。例如，在大型公共雕塑中，大尺度往往给人以震撼感，而小尺度的作品则更加亲和细腻。在绘画中，尺度的变化还可以用来强调某些元素，或创造深远的空间感。在现代艺术中，艺术家们通过对比例和尺度的创新运用，对观众的视觉习惯和感知方式做出调整，创造出一种梦幻般的效果，引发观众对现实的思考。

5. 表现和风格规律

每种艺术风格都有其独特的特点和规律，这些规律不仅定义了艺术风格本身，也反映了艺术家的创作意图和所处时代的文化背景，理解这些风格的基本规律，可以帮助我们深入地欣赏艺术作品，理解其背后的深层意义。

印象派强调光影效果的即时捕捉，以及色彩和光线在自然中的变化。印象派作品通常不强调细节的精确描绘，而是注重整体的光影效果和色彩的和谐。例如，莫奈和雷诺阿等印象派艺术家经常通过快速的笔触和明亮的色彩来捕捉特定时刻的光线和影子，从而创造出生动、瞬间的视觉效果。

抽象艺术摒弃了传统的透视法和真实的物体描绘，转而使用几何形状、强烈的色彩和自由的线条来表达艺术家的内心世界，强调形式和色彩的非现实表现。例如，卡迪斯基和蒙德里安经常通过抽象艺术探索形式和色彩的纯粹美学以及其潜在的情感和哲学意义。

现实主义是另一种重要的艺术风格，它强调对现实生活的真实描绘。例如，米勒和库尔贝等现实主义艺术家经常通过细致的观察和精确的技巧，描绘普通人的生活和社会现实，他们的作品往往具有强烈的社会批判意味，反映了当时社会的矛盾和问题。

超现实主义则以梦幻般的场景和不合逻辑的图像组合为特点，创造超越现实的艺术世界。例如，达利和马格利特等艺术家经常通过超现实主义探索梦境、无意识和想象的界限，创造出令人困惑却又充满吸引力的视觉体验。

三、视觉艺术的语言

（一）视觉艺术语言的分类

在当前的“读图时代”，视觉艺术的表达方式和理念经历了显著转变，传统视觉艺术体系中的语言被视为表达理性、题材内容的工具，强调叙述的本质性和内容的重要性，但是随着现代技术的发展和视觉文化的兴起，视觉艺术的焦点逐渐从纯粹的内容转移到表达形式和语言本身。在这个变化的过程中，语言论哲学的观点开始浸透到视觉文化领域，这种哲学观点强调形式和语言本身的重要性，认为艺术的价值不仅在于其描绘的现实或理念，更在于艺术家使用的视觉语言和表现手法。这一观点与现实主义风格的作品形成了鲜明对比，后者通常被视为对现实生活的直接描绘或提炼。在现代视觉文化中，照片和其他视觉媒介的普及使得图像成了日常生活中不可或缺的一部分，在这样的背景下，视觉艺术作品的创作和欣赏越来越多地侧重于探索和实验不同的视觉表现形式，艺术家们也不再局限于传统的表现手法，而是开始使用各种新颖的技术和媒介来探索视觉语言的新可能。

当代艺术家们在作品中运用的视觉语言远远超出了纯粹的视觉再现，他们通过抽象、超现实和观念艺术等多种形式，挑战观众的视觉习惯和思维方式，创作的作品往往不再是简单地描绘外部世界，而是反映艺术家对现实、心理状态和社会问题的深层次思考。而读图时代的观众对艺术的接受和理解方式也发生了变化，不再只是被动地接收艺术作品所传达的信息，而是积极参与作品的解读，与艺术家进行互动。这种互动性和参与性成了当代视觉艺术体验的重要特征。犹如西班牙奥尔特加·伊·加赛特所言："新艺术不是所有人都能理解的，就是说，它的内在动力并不完全是人性化的。这种艺术不是为了全人类而生的，而是面向一群很特殊的人，他们不一定比别人优秀，但是他们显然是与众不同的。"①

视觉艺术语言与交谈语言有许多相似之处，它们都是通过一系列的基本元素组合来传达信息和情感，但在视觉艺术中，这些元素是线条、色彩、形状、空间、肌理、明暗、文字和符号等，类似于交谈语言中的词汇、语法和音调，每一个都承载着特定的意义和作用。其中，线条可以被看作视觉艺术的"声音"，线条的粗细、直曲、流畅或断断续续，就像是交谈中的语速、音量和音调，能够表达不同的情感和强度。流畅优雅的曲线可能传达柔和和宁静的感觉，而尖锐、断断续续的线条可能传达紧张或动荡的感觉。色彩在视觉艺术中的作用类似于交谈语言中的词汇，不同的色彩和色彩组合能够传达丰富的情感和氛围。柔和的语言可以安抚人心，温暖的色调可以给人以舒适感；强烈的色彩对比则像是激昂的演讲，能够激发强烈的情感反应。形状、空间和肌理在视觉艺术中的作用可以比喻为交谈语言中的语法和符号，这些元素决定了艺术作品的结构和组织方式，就像语法规则决定了语言的结构和流畅性。肌理的处理增加了作品的深度和维度，就像恰当的停顿和语气变化能增强言语的表达效果。明暗的运用则类似于交谈中的重音和强调，它可以突出

① 奥尔特加·伊·加赛特．艺术的去人性化 [M]．莫娅妮译．南京：译林出版社，2010：6.

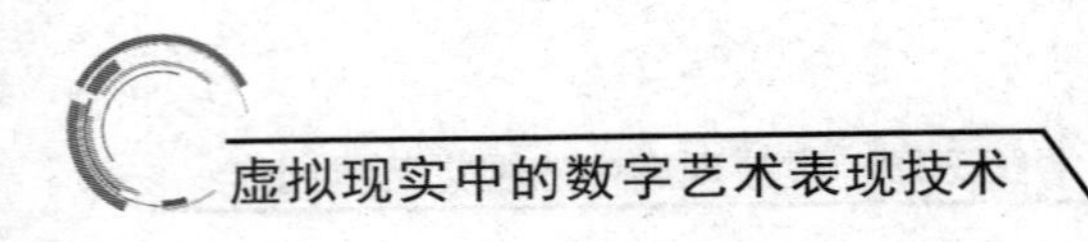

作品中的关键元素，或创造特定的氛围和深度，这也使得明暗对比在视觉艺术中起着重要的作用，就像在交谈中通过强调特定词或短语来吸引听者的注意一样。文字和符号在视觉艺术中的应用则更直接地与语言沟通相联系，它们可以用来提供具体的信息或增强作品的象征意义，在一些艺术作品中也被用来直接表达观点或引发特定联想，类似于交谈中的直接陈述或隐喻。

视觉艺术语言的各个组成部分共同构成了一种复杂而富有表现力的沟通方式，艺术家通过对线条、色彩、形状、空间、肌理、明暗、文字和符号等元素的巧妙运用，可以确保视觉艺术作品能够传达深刻的情感和思想。阿恩海姆认为："这些研究进一步地证明了，在心灵为获取一个有秩序的现实概念的斗争中，总是以一种法定的合乎逻辑的方式，从把握最简单的知觉式样开始，逐渐过渡到把握最复杂的式样。"①

（二）视觉艺术语言的特点

1. 非语言性和普遍性

非语言性和普遍性作为视觉艺术语言的核心特点，赋予了视觉艺术以独特的沟通能力和广泛的影响力，这意味着视觉艺术不仅超越了语言的限制，更能够跨越文化和地域的界限，与全球观众产生情感上的共鸣和认知上的交流。

不同于需要语言解读的文本，视觉艺术通过图像直接作用于观众的视觉感知，无须翻译或解释即可传达情感和思想，这种直接的视觉冲击力使得艺术作品能够迅速抓住观众的注意力，并在短时间内传达深刻的信息。无论是东方的水墨画、西方的古典油画，还是非洲的部落雕塑，它们都能够表达一些普遍的人类情感和经验，如爱、悲伤、希望和恐惧

---

① 鲁道夫·阿恩海姆．艺术与视知觉 [M]. 滕守尧，朱疆源译．成都：四川人民出版社，1998：7.

等。这种普遍性不仅使艺术作品能够在全球范围内被欣赏和理解，还促进了不同文化之间的理解和尊重。视觉艺术的非语言性和普遍性还使其成为一种强有力的社会和政治评论工具。艺术家可以通过视觉作品来表达对社会事件的看法、批判不公现象或揭露历史真相，而视觉艺术作品超越了语言障碍，能够在全球范围内唤起共鸣和引发讨论，促进社会意识的觉醒。

2. 表达性和情感性

表达性和情感性是视觉艺术语言的重要特征，艺术家会通过色彩、形状和质感等视觉元素来表达一系列复杂的情感和情绪。艺术作品的色彩本身就是一个强有力的情感表达工具，不同的颜色能够激发不同的情感反应：红色和黄色等暖色调通常与活力和激情相关联，而蓝色和绿色等冷色调常常带来平静和放松的感觉。艺术作品中的形状也同样能够传达情感，圆形和曲线通常被视为柔和和舒适的，而尖锐的角形和不规则形状可能会引发紧张或不安的感觉。质感，无论是画面上的视觉质感还是雕塑的实际触感，都能强烈影响作品的情感表达，光滑和细腻的表面可能给人以安宁的感觉，而粗糙和不均匀的表面可能传达粗犷或原始的情感。除此之外，色彩、形状和质感的结合还可以创造出特定的视觉效果，引发观众的联想和想象。艺术家通过巧妙地安排这些元素，可以引导观众的思考，激发他们内心深处的记忆和感受。这种联想过程使得每个观众的体验都是独特的，因为每个人都会根据自己的经验和情感背景来解读艺术作品。通过对这些元素的细致操控，艺术家可以在作品中创造出特定的情感氛围，从而引导观众的情感体验。

艺术作品的表达方式是多层次的，可以同时传达多种情感和情绪，甚至是那些难以用言语描述的微妙情感。例如，一幅风景画可以同时传达对大自然的敬畏、对孤独的感受以及对宁静的渴望。

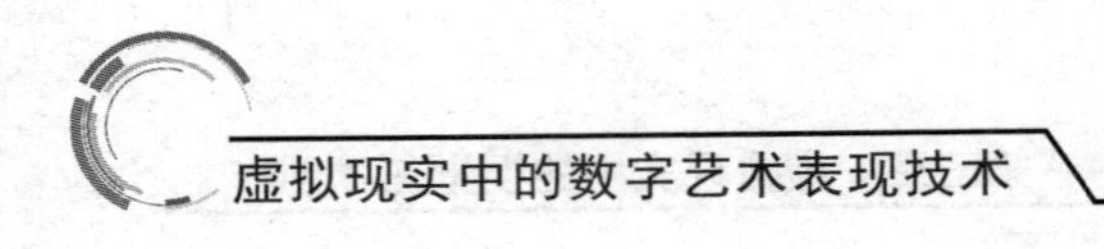

3. 象征性和隐喻性

艺术家通过使用具有特定文化、历史或情感象征意义的图像和符号，能够传达那些超越直观感知的复杂概念和情感，能够在作品中嵌入深层次的意义和信息。

象征性在视觉艺术中的应用极为广泛，涉及将某些物体、形状或颜色用作代表深层意义的符号，这些符号可能是普遍认识的，也可能是特定文化背景下的象征，艺术家通过巧妙地使用这些象征，能够在不言之中传递强烈的信息和情感。而隐喻性是艺术家通过将一种事物比喻成另一种事物来传达意义的方式，这种比喻通常基于两者之间的相似性，但在艺术作品中往往被赋予更深层的意义。以暴风雨为例，它在一幅画中可能不仅仅代表天气的变化，还可能象征着情感的动荡或生活中的艰难时刻。

在解读视觉艺术作品时，理解其象征和隐喻的含义是很重要的，这不仅要求观众具有一定的文化和历史知识，还需要他们具备解读艺术家使用的视觉语言的能力。此外，艺术家经常通过象征和隐喻来表达个人的观点和情感，尤其在那些言语难以直接表达的主题上，艺术家可以通过象征和隐喻来探讨深层的心理状态、复杂的人际关系或对社会的批判看法。

3. 多样性和创新性

随着时间的推移，不同的文化背景、艺术家个人风格、技术革新以及社会和政治环境的变化，都不断地影响和塑造着视觉艺术的表达方式。所以，视觉艺术语言的多样性和创新性是其核心特征，为视觉艺术的发展提供了无限的可能性和活力。

多样性体现在视觉艺术中种类繁多的风格和流派上，从古典主义到现代主义，从抽象艺术到超现实主义，每一种风格都有其独特的视觉语言和表达手法。这些风格反映了不同历史时期的审美观念、文化价值和社会态度。例如，文艺复兴时期强调对自然和人体美的真实再现，而现代艺术强调主观表达和形式的探索。创新性则表现为艺术家不断尝试新的表达方式、新材料和新技术。在艺术史上，每一次重要的风格变革都伴随着对传统规则的挑战和对新技术的应用。例如，摄影的发明不仅开启了全新的艺术门类，也对绘画等传统艺术形式产生了深远影响；数字技术和虚拟现实的发展为艺术家提供了前所未有的创作工具，使得视觉艺术能够进入广阔的虚拟空间和互动维度。

每个艺术家都有其独特的视角和表达方式，他们的作品反映了个人的经历、情感和思想，这种个性化的表达使得视觉艺术不断丰富和更新，每件作品都是独一无二的。面对新颖和不同寻常的艺术作品时，观众被鼓励开放思维，探索个人的解读和情感体验，这不仅增加了艺术欣赏的深度，也让艺术成为一种持续的文化和思想探索过程。

4. 直观性和即时性

直观性和即时性是视觉艺术语言的显著特征，它们使得艺术作品能够在极短的时间内与观众建立起情感和认知上的联系，这种特性在艺术领域至关重要，因为它允许艺术作品以一种直接且强烈的方式与观众沟通，不需要文字或语言的介入。

直观性指的是视觉艺术作品能够被直接看见和感知，这意味着观众在观看一幅画、一座雕塑或一个装置时，可以立即接收到视觉信息，这种信息的接收方式是非常自然和本能的，因为视觉是人类主要的感知方式之一。艺术作品正是通过其形状、色彩、组合和质感等视觉元素来吸引观众的注意，并传达情感或故事。即时性则指视觉艺术能够迅速地传达信息和激发情感反应，这意味着观众在观看视觉艺术作品的瞬间，就能形成对作品的初步感受和理解。这种即时性使得视觉艺术成为一种强有力的沟通工具，能够迅速引起观众的共鸣或反思。例如，一张震撼的摄影作品可以在观众看到它的那一刻，立即传达出摄影师想要表达的主题，如战争的残酷、自然的壮丽等。

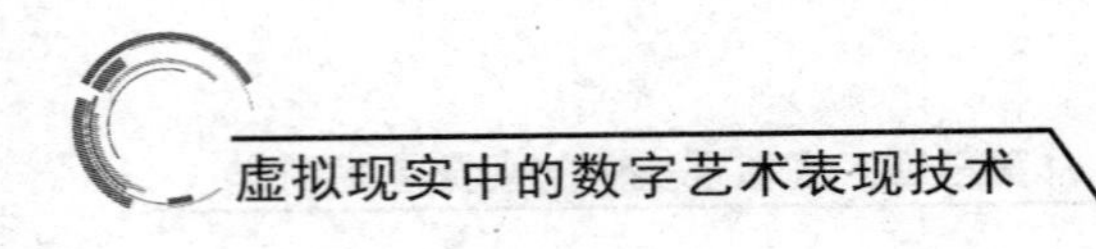

直观性和即时性也是视觉艺术在现代社会中广泛应用的原因，特别是在广告和媒体领域，视觉艺术作品（如海报、广告、电影和电视画面）常被用来迅速传递信息和吸引公众的注意。

第二节　视觉艺术创作的发展脉络与现实需求

一、视觉艺术创作的发展进程

视觉艺术的创作过程是一个复杂而深刻的心理和思维交互作用的过程，它不仅仅是一种单纯的技术活动，更是一种情感、思想和文化的综合体现。这个过程涉及从个人心理到社会心理，从形象思维到逻辑思维，以及从艺术形式到艺术内容的多维度交互。个人心理在视觉艺术创作中扮演着核心角色，如艺术家的情感、经验、观点和梦想都深深影响着其作品的创造。换言之，视觉艺术创作是一个高度个性化的过程，每位艺术家都有其独特的视角和表达方式，通过艺术来探索和表达自己的内心世界，将个人情感和经验转化为具有普遍意义的艺术作品，这种由内而外的表达方式，使得视觉艺术成为连接个人与世界的桥梁。视觉艺术的创作不仅仅与个人心理有关，也是个人心理与社会心理相互作用的过程，因为艺术家不是在真空中创作，他们的作品受到所处时代、文化背景和社会环境的影响。艺术家通过作品对社会现象进行评论，反映社会心理和文化趋势，这种社会心理的反映不仅让艺术作品具有了深刻的社会意义，也使其成为文化传承和社会变革的媒介。

艺术家通常以形象思维开始他们的创作，运用直觉、感觉和想象力来构建作品的初步概念，随后，逻辑思维开始介入，帮助艺术家明确作品的结构、主题和表达方式。这种从直觉到理性的转换，使得艺术作品既具有情感的丰富性，又不失结构和主题的清晰性。而艺术形式与艺术内容的交互作用是视觉艺术创作中不可或缺的部分，艺术形式——如色彩、线条、空间构成等——是艺术家传达思想和情感的工具，而艺术内容是艺术家想要表达的主题和意义，两者之间的相互作用决定了艺术作品的最终效果。一个成功的艺术作品，不仅仅在于其形式上的美感，更在于其能够引发观众情感共鸣和思想反思的内容。

视觉艺术创作离不开人类的视觉感知，而视觉作为沟通内心世界和外部世界的主要窗口，其功能和作用远远超出了简单的感官刺激的范畴，因此，视觉感知不仅是生理上的能力，更是文化和心理活动的综合体现。在审美心理和艺术领域中，人们的视觉能力及其在创造视觉形象过程中的作用一直是研究的重点。视觉感知在不同文化形态中的差异性表明：不同文化背景下的个体可能会以不同的方式感知和解读相同的视觉信息，历史背景、社会习俗、教育和信仰等都会影响个体的视觉感知和审美偏好，这种文化差异使得视觉艺术成为理解和研究不同文化之间差异的重要窗口。而且，人的视觉感知与审美取向随着时代的发展而变化，历史上不同时期的艺术作品展现了不同的审美理想和艺术风格，从古典主义到现代主义，再到当代艺术，每种风格都反映了其时代的审美倾向和文化状态。这些变化不仅展示了技术和材料的发展，也反映了社会价值观和文化认知的演变。

视觉感知也是一种高度主观化的体验，不同个体由于生理条件、个人经验和心理状态的影响，即使面对同一件艺术作品也可能有截然不同的感受和解读。这种主观性使得视觉艺术成为一种多元化和开放化的交流形式，鼓励个体从自身独特的角度来理解和感受艺术。在艺术创作中，艺术家就是利用这种主观性来创造新的造型语言，通过夸张、变形和重新解读客观事物，艺术家创造出超越现实的艺术形式。

（一）原始社会的视觉艺术创作

视觉艺术创作的历史可以追溯到旧石器时代，这是一个尚无文字记载的时期，人类的创造力和表达欲望在岩壁上得到了初步的体现。在这个时期，视觉艺术不仅是人类审美和创造力的早期展现，更是对当时社会、文化和宗教观念的直观反映，阿尔塔米拉洞窟壁画和拉斯科岩洞壁画是这一时期杰出的代表作品，它们不仅是艺术史上的珍宝，也是人类早期文化和生活方式的珍贵记录。这些史前壁画主要描绘了狩猎场景和各种动物，如牛、马、鹿以及对人类构成威胁的豹、狼等，这些描绘所采用的技术和材料虽然简单，却展现了早期人类对视觉表达的深刻理解和创造力，更在艺术上展现了对动态和空间的把握。这些壁画的布局和主题选择反映了当时人类对自然界的理解和敬畏，将威胁性动物绘制在洞口，而将温顺动物绘制在洞内，可能象征着对外在危险的防范和内在安全的追求，这种布局同时揭示了史前人类对宗教和宇宙观的早期探索，反映出他们对自然力量的敬畏以及试图通过艺术来沟通和理解这些力量的努力。阿尔塔米拉洞窟壁画和拉斯科岩洞壁画不仅仅是艺术作品，也是早期人类文明的历史见证，它们展示了早期人类对生活环境的观察、对社会行为的记录以及对精神世界的表达。通过这些艺术作品，我们能够窥见史前社会的日常生活、社会结构、宗教信仰和审美趣味。

旧石器时代晚期出现的图腾标志着人类精神现象物化形式的初步形成，在这个时期，史前视觉艺术与原始社会的图腾制紧密相连，揭示了人类早期的社会组织和文化信仰。每个图腾群体拥有自己的图腾动物或符号，这些图腾不仅在身体装饰上体现，也渗透到日常生活的方方面面，如生活习惯、日常用具等，图腾的成员通过这些象征性的表示来维持群体的团结和身份认同。图腾文化在原始人中具有多重意义，它是实用生活的一部分，并蕴含着早期的审美元素。在史前时期，艺术与宗教、实用和审美紧密交织在一起，这种融合性体现了艺术在原始社会中的多功能性，这也导致艺术作品在这个时期并没有作为独立的审美对象存在，而是作为宗教仪式、社会实践和审美体验的综合体现。在随后的社会发展中，图腾文化的影响持续存在，在古埃及、古希腊和古罗马等文明中，我们可以发现这些文明的文化特征和审美趣味。

在人类早期，由于生产力水平低下和活动范围有限，人们对自然界的感知大多局限于与生存直接相关的事物。在这种环境下，形象成了人类理解世界和表达自我意识的重要工具，尤其是在面对自然的巨大威慑力和人生的不可预测性时，形象的创造和使用提供了一种心理上的把握感和安全感。手印作为一种原始的形象表达方式，可能是人类最早意识到形象力量的例子，这种最早的可以脱离人而独立存在的象征物，不仅是对个体存在的标记，更是连接人与自然、人与社会的纽带。通过在洞穴壁上留下手印，原始人类不仅记录了自己的存在，也表达了对未来的渴望和对不确定性的控制。手印的深层含义可能涉及多种解释，主流观点认为，这些手印可能是图腾民族用来记录重大历史事件的方式，可能被用来记录参加特定仪式的人数，或者作为部族成员间互动的一种标记，类似于现代的签名。在这种解释下，手印成了一种社会交流的工具，反映了原始社会的组织结构和文化习俗。手印的存在表明了原始人类对形象的重视和运用，它不仅是一种简单的视觉符号，更是一种文化和社会活动的载体。通过创造和使用这些形象，原始人类能够在一定程度上掌握和理解他们周围的世界，同时表达了他们对生活的态度和价值观。

随着社会的发展，特别是进入农业社会，人类的视野和认知范围逐渐扩大，植物的丰富形态特征和生命周期促进了人们审美能力的发展，也催生了抽象的艺术形式。人们开始探索和表达更为复杂的社会和自然现象，形象的创造和艺术表达变得多元和复杂。

（二）奴隶社会的视觉艺术创作

在奴隶社会时期，随着社会结构和阶级分化的明确化，视觉艺术开

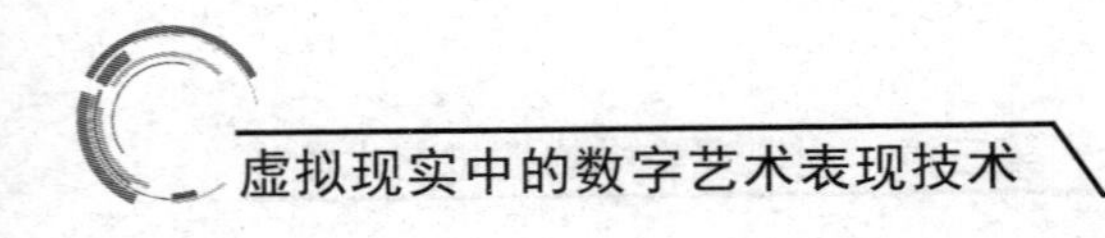

始承担更为重要的社会和政治功能。与原始社会相比，这个时期的视觉形象不仅在表现内容上与客观事物有了一定的距离，展现了更深刻的思想内涵和精神价值，这些形象常常被用作维护统治阶层的权威和传达其政治理念的工具。

古埃及最初的陵墓称为马斯塔巴，是一种阶梯式的建筑，周围建有园林和房屋，随着时间的推移，古埃及的陵墓建筑逐渐演变为更为宏伟的金字塔形式。伊姆霍特设计的正角锥式金字塔是技术上的巨大突破，体现了古埃及人对具象美和抽象美的精妙把握，也展现了对对称、均衡和和谐美学原则的深刻认识。金字塔的庄严和雄伟，以及其精确的几何形状和对称结构，是古埃及人对宇宙秩序认知的一种体现和象征。古埃及人在造型方法上也展现了独特的风格，他们在壁画和浮雕中运用了严格的规则和比例，创造出一种静态而平衡的美。这些作品通常表现了神话故事和日常生活，反映了古埃及社会的审美观念，其中，人物和动物的形象既具象征意义，又保持着生动的现实感。

古埃及视觉艺术的特点和表现手法深刻地反映了其文化背景和审美观念，这种独特的艺术风格不仅在绘画和雕塑中表现出来，而且影响了古埃及艺术的整体发展。古埃及艺术家们在进行视觉艺术创作时总是根据对象的社会地位和重要性来决定其在画面中的大小和位置，反映了古埃及社会的等级制度和权力结构，其中法老通常被表现得最大，占据画面的主导位置，而他们的家人和普通民众相对较小。这种表现手法不仅是对现实社会结构的反映，也是对权力和地位的象征。在古埃及的雕塑和绘画中，“正面律”尤为明显，即人物通常被表现为正面上身和侧面头部及下身的组合，这种独特的表现方式既具有象征意义，也是一种审美选择，使得人物显得端庄，强调了他们的权威和尊严。而且，人物表情通常缺乏情感变化，给人一种神秘和永恒的感觉。古埃及艺术在色彩运用上呈现一种自然、简朴而古拙的特点，通常采用直接鲜明的色彩，没有复杂的明暗变化或过渡色彩，强调了形式的清晰和直接。在组合画面的构图上，古埃及艺术家采用了“格层法”，通过将画面分为几个水平层次来展示不同的场景和活动，使得整个画面条理清晰，层次分明。

在公元前 6 世纪至公元前 7 世纪，希腊进入了文化艺术的初始阶段，这一时期的希腊，特别是在视觉艺术领域得到了快速发展，为后来西方艺术的演进奠定了基础。在希腊文化中，人体艺术是一个核心主题，这一方面源于希腊文化中对人的肯定和自信，另一方面因为城邦间连年的征战催生了对健康体魄的崇尚。古希腊人将人体美学上升到一种理想的境界，通过对人体美的追求来表达对人类自身和自然的敬畏。在古希腊时期“荷马史诗”，灵魂还属于没有实体的非存在物，而英雄是一种物理的存在，他们以身体为中心，一旦身体死亡就意味着此生终结，永远不能复生。虽然此时人们以身体为中心，但是他们已经使用一些指称来表示灵魂的概念。[①] 荷马还认为，人死后心灵会从口中飞出，如同轻烟般升向冥府。[②] 从“荷马史诗”中可以看到人类同一性的身——心模式。

在建筑艺术上，古希腊时期显著成就是确定了希腊神庙中的两种主要柱式：多林克式和爱奥尼克式。多林克式柱子粗壮、简洁、雄浑，象征着男性的力量和坚忍；而爱奥尼克式柱子纤细、优雅，象征着女性的温柔和美丽。这两种柱式不仅在建筑上具有重要意义，更体现了希腊人对美的理解和追求。在雕塑艺术方面，古希腊早期的人体雕塑遵循“男裸女衣”的原则，男性雕像通常裸露，展现健壮的体魄和英勇的气质，而女性雕像以盛装的少女的形象出现，象征着纯洁和神圣，反映了当时的社会文化观念和审美取向。这些雕塑虽然受到埃及雕塑的影响，但希腊艺术家们开始追求写实、自然和生动的表现手法，从而使希腊雕塑具有独特的风格和魅力。古希腊的视觉艺术不仅是对美的追求，也是对人类、社会和宇宙的深刻理解和表达，这些艺术作品不仅展现了希腊文化

① ［美］安东尼·朗．心灵与自我的希腊模式 [M]. 何博超译．北京：北京师范大学出版社，2015：12，18.

② ［古希腊］荷马．伊利亚特 [M]. 陈中梅译．上海：上海译文出版社，2021：11.

的独特性，也对后世西方艺术产生了深远的影响。古希腊人通过对人体美的崇拜、建筑艺术的发展和雕塑艺术的创新，展现了他们对于完美、和谐和平衡的不懈追求，为人类艺术史留下了宝贵的遗产。

库罗斯雕像和科拉雕像是古希腊雕塑艺术的重要组成部分，它们不仅展现了古希腊人对人体美和自然的崇拜，也反映了希腊社会的文化观念和审美取向。这些雕塑作品在形式上的创新和内容上的丰富性，为后来古希腊古典时期的艺术发展奠定了基础。通过研究这些雕塑，我们可以深入地理解古希腊文化和社会，以及它们在西方艺术史上的重要地位。库罗斯雕像大多表现为年轻的男性形象，这些雕像身体健壮，手握拳，左脚前伸，呈现一种动态的姿势。这些形象很可能受到古埃及雕塑的影响，特别是在其正面律的表现上。但与埃及雕塑相比，库罗斯雕像在形式上自然和生动，显示出希腊艺术家开始探索写实的表现手法，象征着健康、力量和青春的美。而科拉雕像表现了年轻的女性形象，通常展现出一种动态舒展、端庄的姿态，面部带有一种发自内心的微笑，被称为“古风式的微笑”。科拉的形象不仅展现了女性的美丽和优雅，也体现了希腊文化中对女性的赞美和尊重。

古典时期是古希腊雕塑艺术的黄金时代，这一时期的雕塑作品在形式上和内容上都发生了显著变化，标志着古希腊雕塑艺术的成熟和完善。古典时期的希腊艺术家开始重视数学概念在雕塑中的应用，特别是毕达格拉斯派对比例和对称的强调，使得雕塑作品在比例上准确和和谐，头部与身体的比例标准为 1∶7，解决了人体动作和重心的关系问题。这种对比例和对称的追求，使得雕塑作品在视觉上平衡和协调。在表现手法上，古典时期的希腊雕塑突破了早期的僵硬造型，开始注重动态美和体态语言的表达，《持矛者》就是这一时期的代表作之一，雕像的重心落在一个脚上，身体自然成曲线造型，表现了胜利者的闲适和自信。另一部代表作《掷铁饼者》展示了运动员投掷前的瞬间，富有动态美和力量感，让观众感受到运动员投掷动作的激情和力量。到了希腊化时期，美女神像成为一种流行的雕塑形式，雕塑作品不仅保留了古典时期的庄严和崇高气氛，也增加了世俗化和现实感，《米洛的维纳斯》是这一时期的杰出代表，将古希腊人的理想美和现实美巧妙结合，展现了一种和谐而静穆的美感。古典时期和希腊化时期的古希腊雕塑艺术在形式上的变化和内容上的丰富，不仅展示了古希腊文化和审美理念的成熟，也对后世西方艺术产生了深远的影响。这些雕塑作品在技术上的精湛、在形式上的完美和在思想上的深刻，使它们成了艺术史上的经典，至今仍然受到人们的高度赞誉。

公元1世纪，罗马帝国吞并希腊后，西方文化中心的转移带来了艺术风格的显著变化，罗马艺术在继承和吸收了希腊、埃特鲁里亚及其他地区艺术传统的基础上，形成了自己独特的艺术特色。在这个时期，罗马艺术取得了新的成就，尤其在人物肖像和纪念性雕塑方面表现突出。罗马肖像雕塑的兴起与古罗马的文化传统和社会需求密切相关，因为古罗马人对保存先人遗容有着深厚的传统，这与他们对家族和祖先的尊重息息相关。同时，继承自希腊和埃特鲁里亚的面具制作工艺为肖像雕塑提供了技术基础。再加上帝王和贵族为了展示自己的政治和军事成就，也积极推动了肖像雕塑的发展。古罗马肖像雕塑不仅包括帝王和贵族，也涵盖了普通民众的形象，如夫妻像、墓碑像和全家像等，罗马肖像雕塑的一个显著特点是对写实的追求，同时在一定程度上进行美化，以展现人物的尊严和威严。

罗马雕塑的发展历经了从希腊古典主义到希腊化时期的变化，最终形成了独特的罗马风格，这些雕塑不仅是艺术作品，更是罗马历史、文化和社会的生动记录。《深思的恺撒》是罗马雕塑中的杰出代表，展现了理想化的人物形象，虽然历史上的恺撒已经脱发，但在雕像中他被描绘成英俊而年轻的样子，这种理想化的处理方式反映了罗马雕塑中对理想美的追求。通过这种方式，艺术家不仅展现了恺撒的威严，也体现了当时社会对理想领袖形象的向往。《布鲁图胸像》中布鲁斯的形象通过雕塑被赋予了政治家的严肃、坚定和果敢，这不仅反映了个人特质，也折射出处于上升阶段的罗马的政治面貌。屋大维的《奥古斯都》雕像是罗马雕塑中的另一经典：作为一名军事领袖，屋大维在雕像中被描绘成手握权杖、指挥全军的形象，这种表现不仅展示了屋大维的军事统帅形象，也象征着他的政治权力。

奥古斯都时代的罗马纪念性雕塑和建筑，表现出罗马文化中的英雄气概和实用主义特色，这些作品不仅是罗马帝国政治和军事力量的象征，也是罗马艺术和建筑技术的集中体现。罗马万神殿是罗马建筑艺术的典范之一，它的主要特点是 42 米的大穹顶和前面的两排 16 根科林斯柱。这座建筑在设计上融合了古典的优雅和宏伟的规模，展示了罗马建筑的创新和技术成就。万神殿的穹顶特别引人注目，是古罗马建筑技术的一个重要里程碑，也是当时世界上最大的混凝土穹顶。可里西姆大剧场则是古罗马建筑中的另一杰作，它的外观有四层，可以容纳 5 万人，共有 80 个出口，这座剧场的设计在当时是一项重大的技术成就，其宏伟壮观的造型成为现代体育场建筑的先驱。古罗马的凯旋门和记功柱是重要的纪念性建筑，不仅记载着罗马帝国的历史，也展示了当时的建筑和雕塑技艺。建于公元 81 年的提图斯凯旋门是其中的杰出代表，这座凯旋门上的浮雕充满动感，展现了胜利归来的主要人物和胜利女神为其戴上胜利花环的场景，具有强烈的叙事性和艺术表现力。建于公元 106 年至 113 年的图拉真纪念柱是罗马另一标志性建筑，这座纪念柱是为纪念图拉真的军事胜利和政治成就，柱上的浮雕细腻生动，展现了图拉真的军事征服和政治生涯。这座纪念柱不仅是对图拉真功绩的颂扬，也是罗马雕塑和建筑艺术的集中展示。罗马在奥古斯都时代的纪念性雕塑和建筑，展现了罗马帝国的政治力量、军事成就和文化艺术的成熟。这些作品不仅是历史的见证，也是古罗马文化和艺术的重要组成部分。通过这些雕塑和建筑，我们可以深刻理解罗马帝国的历史、文化和社会结构。

在中国奴隶制社会，尤其是商周时期，造型艺术的核心并非直接展示统治者的文治武功，而是通过各种具有神秘色彩的象征物来表达。这些象征物，特别是青铜礼器，不仅在日常生活中发挥着重要作用，更因其在仪式中的使用而被赋予了神圣和神秘的意义。“鼎”作为中国古代最重要的青铜礼器，本是日常烹饪用具，逐渐演变成一种重要的礼器，成为国家政权和社会地位的象征。在古代中国，占有大鼎被视为拥有国家权力的标志，反之则象征着权力的丧失。到了西周时期，形成了一套严格的列鼎制度，根据不同的社会等级规定了鼎的拥有数量不同，反映了当时的社会结构和礼仪规范。在《左传》和《史记》等古代文献中，关于“定鼎”“迁鼎”“问鼎”的故事频频出现，这些故事反映了中国古代鼎的重要地位和象征意义。鼎的制作工艺非常精美，上面常饰有大量的饕餮纹、乳钉纹、云雷纹和各种铭文，这些纹饰不仅展示了当时青铜器冶炼和铸造的高超技艺，也体现了当时统治阶层的审美观念和文化传统。

“后母戊方鼎”作为中国青铜器工艺的典范，代表了商周时期青铜器制造的最高水平，这件方鼎不仅因其巨大的体积和精美的装饰而闻名，更因其在中国古代文化和艺术中的重要地位而备受珍视。从工艺角度来看，“后母戊方鼎”的制作展示了商周时期青铜冶炼和铸造技术的高超水平。方鼎的整体造型均衡、对称，线条流畅，展现了当时工匠精湛的技艺和对美的追求。这种技术的成熟不仅是对青铜材料特性的深刻理解，也是复杂铸造工艺的体现。方鼎上的纹饰和铭文具有深厚的文化和历史意义。纹饰中常见的饕餮纹、云雷纹等不仅在视觉上美观，更富有象征意义，反映了当时对宇宙和自然力量的理解和敬畏。这些纹饰的设计和布局展现了当时的审美观念和艺术表现手法。铭文则提供了研究中国古代历史、语言和文化的重要资料，是了解当时社会制度和宗教信仰的窗口。更重要的是，“后母戊方鼎”在当时社会中的地位和功能也非常重要，是重要的礼器，象征着社会地位和政治权力，是当时社会等级和权力结构的直接反映。在当代，作为国宝级文物，“后母戊方鼎”是中国古代青铜器艺术的代表，也是中国古代文化和历史的重要见证，它在中国国家博物馆的展出，不仅使人们能够欣赏到这件艺术瑰宝，更能深入理解中国古代的社会、文化和艺术。

周代除了鼎之外，玉器同样是珍贵的物质财富和重要的礼器，在古代中国社会中被赋予了深厚的文化和精神意义，是社会等级的重要标志。周代的“六器”是典型的例子，这些由不同颜色玉石制成的器物，不仅在形式上美观，更在文化和宗教上具有重要意义。《周礼》中说：“以苍璧礼天，以黄琮礼地，以青圭礼东方，以赤璋礼南方，以白琥礼西方，以玄璜礼北方。”其中提到的苍璧、黄琮、青圭、赤璋、白琥、玄璜等器物都是色彩不同、造型各异的玉器，不仅体现了当时的政治结构，也反映了严格的社会等级观念。玉器的制作工艺精湛，设计美观，不仅在物质上珍贵，更在文化和精神上具有深刻的意义。

（三）封建社会的视觉艺术创作

中世纪的视觉艺术创作深受当时社会风气的影响，这一时期的艺术家们并不追求对客观世界的逼真描绘，而是注重用夸张和变形等艺术手法来刻画虚拟的精神世界。他们常常通过改变空间序列和其他视觉技巧增强作品的表现力，创造出一种超越现实的、强调精神象征意义的艺术形式。在中世纪，建筑领域快速发展，出现了大量精美的教堂和修道院，这些建筑不仅在结构上展现出中世纪艺术的特点，其内部和外部的装饰也成了艺术表达的重要部分，雕刻、镶嵌画、壁画、插图画等形式在这些宗教建筑中得到了广泛应用和创新发展。中世纪艺术作品的一个显著特点是它们对视觉影响的重视，这是由于那个时代的人们普遍识字率较低，艺术作品通过其视觉表达，使得即便是不识字的人也能通过观看这些作品来理解和欣赏它们所传达的宗教和精神理念。这种视觉艺术的传播方式，在当时社会起到了重要的教育和启蒙作用。而且，中世纪艺术家们还会通过颜色、形象和布局来传递复杂的象征性信息，这种深层次的象征性使得中世纪艺术作品不仅仅是视觉上的享受，更是思想和信仰的体现。

文艺复兴时期是艺术历史上的一个重大转折点，标志着从中世纪宗教艺术向人文主义和自然主义的转变，这一时期的艺术创作迎来了革新。艺术家们开始摆脱中世纪的精神束缚，转而关注人类自身的思想和形象，以及人类在自然和宇宙中的地位。与此同时，艺术家们不再满足于传统的宗教题材，开始探索广泛的主题，如神话、历史、日常生活和人物肖像等。再加上艺术家的社会地位也发生了变化，他们开始被认为是具有独特创造力和智慧的个体，这种对艺术家身份的重新评价，促进了艺术家个性的发展和艺术风格的多样化。文艺复兴还见证了艺术与建筑的紧密结合，艺术作品不再仅限于画布和纸张，而是融入了建筑设计，创造了许多结合了绘画、雕塑和建筑的综合艺术作品，不仅展示了艺术家的技艺，也反映了当时社会的文化和价值观。

18 世纪末期，随着启蒙运动的兴起，社会开始经历前所未有的变革。这个时期，理性和科学开始成为处理宗教、政治、社会和经济问题的主导方法，人们对传统价值观的质疑和探索，导致了社会结构和价值观的重大改变，这一变化在艺术领域尤为显著，表现在艺术家对传统艺术形式的挑战和对个性化表达的追求上。在这个时代，艺术不再仅仅是政治和宗教的服务工具，而是成了个人表达和情感传递的媒介，艺术家们开始关注如何在作品中表达自己独特的感受和思考。他们通过强烈的色彩对比、清晰的构图效果来创造丰富的视觉体验，渴望通过画面传达自己的思想和情感。乔治・修拉的《大碗岛的星期日下午》是一个典型的例子，修拉在这幅画中运用点彩技术，将色彩进行系统化的混合，创造了稳固和规整的构图，这种独特的风格和技术，不仅展现了修拉对于视觉艺术的理解，也形成了他个人的艺术标签。保罗・塞尚在《圣维克多山》中的创作也体现了类似的探索精神，塞尚对光影、色彩和构图的独到理解，使得他的作品既展现了物体形态的稳固性，又呈现了远景的模糊感，从而在画面中建立起独特的空间关系。启蒙时代的这种艺术探索不仅为当时的艺术界注入了新鲜血液，也为后来的艺术家们提供了新的视角和路径。艺术家们开始更多地关注个人的感受和内心世界，尝试用不同的视觉语言表达自己的想法和情感。这一时期的艺术作品更加注重观者的体验，试图与观者建立更为直接的情感联系。启蒙时代的艺术家们也在技术和材料的使用上进行了创新，他们尝试使用新的材料和技术来创作艺术作品，从而拓展了艺术表达的可能性。这种创新不仅在绘画领域体现得淋漓尽致，也在雕塑、建筑、音乐等其他艺术形式中有所体现。

在中国的封建社会中，视觉文化深刻地体现了封建的宗法观念和伦理等级制度。在中华文化中，色彩不仅仅是视觉上的表达，更是社会等级和政治权力的象征。北京的故宫作为明清两代皇宫，也是封建统治的政治中心，其建筑布局和色彩设计充分体现了这一点。故宫的总体布局遵循“前朝后寝，左祖右社”的传统格局，这不仅是建筑的排列方式，更反映了封建社会的权力结构和宇宙观。故宫的建筑群巨大，设计精致，其用色严格遵守封建等级制度，如《周礼·礼制》中对不同等级建筑的用色有严格的规定，这种用色的规定反映了封建社会的等级观念。在此基础上，阴阳五行学说进一步系统化和理论化了这种色彩象征意义，五行说认为，宇宙万物由金、木、水、火、土五种元素组成，与之相对应的五种色彩在建筑用色上发挥了重要作用，这种色彩象征与方位结合，构成了一套复杂的色彩体系。在这套体系中，黄色代表中央，成为皇权的象征，因此故宫的主要建筑多用黄色琉璃瓦。皇太子的住所以青色为主，王府以绿色为主，离宫别馆使用紫色、蓝色和红色，普通百姓的住宅只能使用灰色，这一点反映了封建社会严格的社会等级制度。在这样的文化背景下，中国的视觉艺术创作也受到了深刻影响。艺术作品中的色彩使用和主题选择往往体现了封建社会的等级观念和政治文化。例如，在绘画和雕塑中，帝王将相的形象往往以庄重的色彩和严格的规范来表现，而神话、宗教和民间故事中的人物可以使用丰富的色彩，这种色彩的使用不仅仅是为了美观，更是对社会秩序和宇宙观的体现。

中国古代建筑的特点之一是其木质结构，这使得建筑易于受到火灾的威胁，为此，中国古代工匠在建筑设计和装饰上采用了多种方法来预防火灾和避邪，这些方法不仅具有实用性，同时也富含深厚的文化和艺术价值，成为中国视觉艺术的重要组成部分。屋顶上的“大吻”和“骑凤仙人”是中国古建筑中常见的装饰元素，这些元素的设计和制作展示了中国古代工匠的精湛技艺和对美的追求。另外，根据五行相生相克的理论，木制构件上常使用象征水的青绿色进行油漆彩画，具有防火的象征意义，也体现了古人对自然规律的理解和尊重。据考察，建筑物上最早的彩画之一是“藻”的形象，藻彩通常出现在宫殿、庙宇等重要建筑的梁架、檐口等部位，这些藻彩画作具有装饰作用，同时是对建筑结构的一种保护。藻彩的图案一般是吉祥的花卉、动物或云纹等，展现了中国古代工匠的艺术创造力和审美观念。在中国古代，视觉艺术创作不限于绘画和雕塑，建筑本身以及建筑上的装饰也是艺术创作的重要部分，雕刻精美的砖雕、石雕和木雕，以及精细的彩绘和镂金工艺，都是中国古代视觉艺术的重要组成部分。中国古代的视觉艺术创作融合了实用性、美学和象征意义，反映了古人对自然、宇宙和社会的深刻理解。这些艺术作品不仅是技术和工艺的展示，更是中华文化的瑰宝，为后世留下了丰富的文化遗产。

（四）现代社会的视觉艺术创作

随着时间的推移，尤其是在 20 世纪和 21 世纪，视觉艺术经历了巨大的变革，艺术家们在表达自己对美的认知时变得更加开放、创新和大胆，他们不再局限于传统的艺术形式和表现手法，而是开始探索全新的艺术语言和媒介。这种变化不仅改变了视觉艺术本身的面貌，也深刻影响了艺术家们的思维模式和创作手段。在这一浪潮中，传统的绘画、雕塑和摄影等艺术形式继续发展，但同时出现了新的艺术类型，如装置艺

术、新媒体艺术和交互艺术。这些新兴的艺术形式不仅在技术上带来了创新，也在观念上带来了新的挑战，它们使艺术的界限变得模糊，使艺术创作变得多元和包容。艺术家们不再满足于传统的画布和雕塑，而是开始利用声音、光影、数字技术甚至是生物技术来创作艺术作品。这种跨界和融合不仅丰富了艺术的表现形式，也拓展了艺术的社会功能和文化意义。随着互联网和社交媒体的普及，视觉艺术的传播和接受方式也发生了巨大变化，艺术作品可以通过网络迅速传播到全世界，观众不再局限于特定的时间和地点，可以随时随地通过电子设备欣赏和参与艺术作品的创作和体验。这种变化使得艺术更加民主化，也为艺术家和观众之间建立了更加直接和密切的联系。

朗香教堂（Notre Dame du Haut）是法国东部一座极具特色和象征意义的建筑，由著名建筑师勒·柯布西耶设计，于1955年完工。这座教堂不仅是宗教信仰的场所，更是建筑艺术和精神表达的典范。勒·柯布西耶将教堂视为“高度思想集中与沉思的容器”，这一理念深刻地体现在朗香教堂的设计中。教堂的内部空间相对狭小，只能容纳大约一百人，这种设计使得空间显得私密和集中，有利于沉思和祈祷。墙上的小窗户减少了与外界的联系，使得内部空间成为一个静谧、封闭的精神世界，这种设计理念与传统教堂宏伟、开放的空间感形成了鲜明对比。朗香教堂的外观也非常独特，一边高另一边低的不对称设计，激发了人们丰富的联想和感受，他们根据其形状联想到了诸如祈祷的双手、牧师的身影、轮船、鸭子以及高矮不同的修女等多种形象，这些隐喻不仅丰富了人们对建筑的理解，也激发了不同的情感体验。恩格斯在分析古代建筑时指出，不同的建筑风格反映了不同的情感和精神状态，朗香教堂正是这种建筑与情感对应关系的现代例证，它的设计不仅仅是物质结构的堆砌，更是一种情感和精神的传递。

日本艺术集团TeamLab的团队包括了艺术家、建筑师、程序员和工程师等，他们共同工作，打破了传统艺术与科技之间的界限，将艺术、科学、技术和自然融合在一起，创作出《无界上海》和《油罐中的水粒子世界》等创新作品，恰好展现了当代视觉艺术发展的一个关键趋势——跨界融合。这些作品不仅展示了艺术的美学价值，也展现了科技的力量和创新的可能性。在 TeamLab 的作品中，观众不再是被动的欣赏者，而是变成了互动的参与者，TeamLab 通过使用先进的科技，如虚拟现实、增强现实和数字投影，创造了一个沉浸式的艺术空间，让观众能够与艺术作品进行互动，体验独特的感官之旅。这种互动性不仅增强了观众的体验，也让艺术作品变得生动和有趣。当代视觉艺术的这种跨界和融合趋势，不局限于艺术形式和主题的创新，更在于创作方式和传播方法的变革。科技的参与使得艺术创作不再受限于传统的材料和工具，艺术家们可以利用数字技术、互联网和新型材料来创作和展示他们的作品。这种创新不仅为艺术家提供了更多的创作空间，也为观众带来了丰富和多样的艺术体验。随着科技的发展和社会文化的变迁，当代视觉艺术的受众审美品位也在发生变化，现代观众不再满足于传统的艺术形式，他们渴望体验新颖、互动和个性化的艺术作品。因此，艺术家们需要不断探索新的创作方法和表现手段，来满足现代观众的需求。

在现代社会中，视觉艺术创作已经成为一个多元化和跨学科的领域，它展示了艺术家如何通过结合传统技术与新兴技术来反映社会、文化和技术的快速变化。这个领域的核心特征之一是技术的融合，其中现代视觉艺术家经常将传统媒介如油画、雕塑与数字艺术、虚拟现实等新兴技术结合起来。这种融合不仅创造了新的表现形式，还允许艺术家以前所未有的方式来探索和表达创意。而且现代视觉艺术创作不再局限于单一的学科，而是采用了跨学科的方法，汇集艺术家们与科学家、工程师和编程专家创作出科技与艺术相结合的作品，这种合作不仅推动了艺术的边界，还促进了新的创意和视角的产生。同时，艺术家利用他们的作品来引发对种族、性别、环境和政治等重要议题的讨论，从而使艺术成为传递重要信息和启发思考的工具。

随着全球化的影响，现代视觉艺术受到来自世界各地多样文化的影响。这不仅拓宽了艺术家的表现范围，也促进了不同文化之间的对话和理解。艺术家通过吸收不同文化的元素，创造出跨文化的作品，这些作品不仅丰富了艺术的内容，也加深了观众对不同文化的认识和尊重。许多现代艺术作品不仅仅是让观众被动地观看，而是鼓励观众积极参与和互动，这种参与可以是物理上的，也可以是概念上的，这种互动性使得艺术体验变得个性化和有意义，同时增强了艺术与观众之间的连接。在这种背景下，艺术家的个人表达在现代视觉艺术中占据了重要的位置，他们的个人经历、身份和观点是他们作品的重要组成部分，这使得每件作品都具有独特性和个人风格。通过个人化表达，艺术家们讲述自己的故事，传达自己的情感和观点，这种个性化表达使得现代艺术丰富和多元。

随着数字技术的发展，数字和网络艺术成了视觉艺术中的重要领域，艺术家利用计算机生成的图像、数字摄影、动画以及互联网作为平台，创造出新颖且富有创意的作品。与此同时，艺术家们不断地探索新的材料、技术和表达形式，这种不断的创新和实验不仅推动了艺术的发展，也使得现代视觉艺术成为一个不断变化和发展的领域。

二、视觉艺术创作的现实需求

（一）个人表达和创意实现

视觉艺术创作在本质上是艺术家个人表达和创意实现的一种形式，对艺术家而言，它不仅是一种职业或技巧的展示，更是一种深刻的个人情感、思想、观点和想象的表达。这种个人化的表达源于艺术家内心的驱动力，是他们探索自我、表达内心世界的方式。这种表达不限于视觉美感，还涉及对艺术家个人经历、文化背景、社会问题的深刻反思，每幅作品都像艺术家内心世界的一扇窗户，允许观众窥见其独特的感受和思考。这就要求艺术家在创作过程中，不断探索新的创作方法、主题和风格，当然这种探索是一个不断变化和发展的过程，不仅受到个人经历和情感的影响，也受到社会环境、文化背景和技术发展的影响。例如，一位艺术家可能会受到其生活环境的启发，创作出反映特定社会现象的作品；另一位艺术家可能通过探索新的媒介和技术，如数字艺术或虚拟现实，来表达其独特的艺术愿景。

在追求个人表达的同时，创意实现也是艺术家视觉艺术创作的关键，他们不仅需要有创意的想法，还需要将这些想法转化为实际的艺术作品，这一过程需要艺术家具备相应的技能和技巧，以及对材料、媒介和工具的深刻理解。在艺术家实现其创意的过程中，可能会遇到各种挑战，如技术限制、材料选择或表达方式的选择，但也正是这些挑战促使艺术家不断创新，寻找新的解决方案和表达方式。

在现代社会中，视觉艺术创作的个人表达和创意实现更加多元化和开放，因为随着艺术全球化的持续推进，艺术家们有了更多的机会来探索不同的文化、使用新的技术，并与来自世界各地的观众进行交流，这就为艺术家提供了广阔的平台来展示其个人表达和创意实现，同时为观众提供了丰富和多元的艺术体验。

（二）社会和文化反映

艺术家通过视觉艺术创作不仅展示个人观点和感受，而且深入探讨社会问题、文化变迁和历史事件，更反映了社会的多样性和复杂性，成为理解和解读当代社会的关键媒介。

艺术家们常常利用他们的作品来对社会问题进行深刻的思考和探索，这些问题可能涉及政治、经济、社会正义、环境保护等方面，如一些艺术作品可能直接或间接地评论当前的政治状况、揭露社会不平等，艺术家们通过视觉语言传达自己的见解和担忧，使观众能够从不同的角度看待这些问题。同时，艺术家们创作的视觉艺术作品也是文化变迁和历史

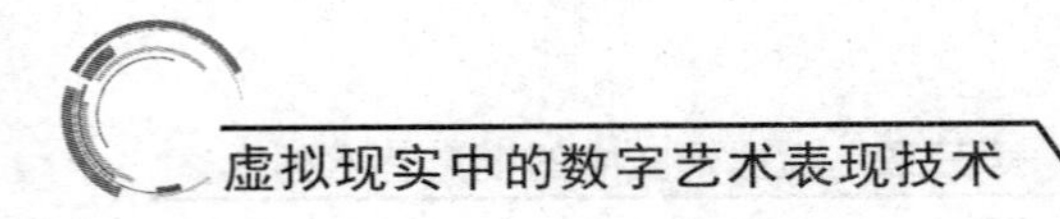

事件的记录者，他们通过对历史事件的再现或对文化现象的解读，提供了一种独特的历史视角，不仅是对过去的回顾，更是对历史和文化遗产的重新解读。通过这种方式，艺术作品帮助人们理解历史的多样性和复杂性，同时激发人们对未来的思考。视觉艺术作品也常常成为艺术家进行公共对话的平台，他们利用展览、公共装置甚至是街头艺术等形式将他们的作品带到公众面前，吸引观众的目光，引发了公众对重要话题的关注和讨论。

艺术家们在创作过程中也经常通过不同的视角和方法展现社会的不同层面，包括文化多样性、性别和种族问题、社会阶层等，揭示了社会结构的多样性，也展现了不同群体和个体的独特经历与观点。通过这种方式，视觉艺术作品帮助公众理解并尊重社会的多样性。在全球化和信息时代，艺术家们通过网络和社交媒体等平台，将他们的作品传播到全球各地，这使得艺术作品能够跨越地理和文化的界限，触及广泛的受众。同时，这种全球化的传播也促进了不同文化之间的对话和交流，增强了艺术作品作为社会和文化反映的能力。

（三）审美教育需求

艺术作品不仅是审美的对象，也是传播知识、文化和思想的媒介，它们能够启发观众的想象力，提升审美鉴赏能力，并在教育和启发方面发挥着重要作用。视觉艺术作为一种审美体验的来源，为公众提供了丰富的感官享受，特别是通过其独特的视觉语言，如色彩、形状、质地和构图，来吸引观众的注意力，并激发他们的情感和思考。这种审美体验不仅仅是外在的视觉享受，更是一种内在的精神体验，它能够唤醒观众的感官知觉，引发深层的情感共鸣和心灵对话。而且，艺术作品可以作为历史、文化和社会知识的载体，帮助人们了解和学习不同的文化背景和历史时期。例如，一幅描绘历史事件的画作不仅展现了艺术家的视角，也为观众提供了关于该事件的视觉记忆和历史理解。博物馆、画廊和教育机构通过展览和教育项目，向公众展示艺术作品，并提供关于艺术、历史和文化的详细信息，这不仅帮助公众更好地理解和欣赏艺术作品，也促进了艺术与公众之间的交流和对话。这些机构还可以通过举办各种教育活动，如导览、讲座和工作坊，增强艺术教育的效果。

在当代社会，视觉艺术的教育价值也在不断扩展，特别是数字技术的发展，使得艺术教育不再局限于传统的博物馆和画廊空间，在线艺术展览、虚拟博物馆之旅以及互动艺术教育平台都能让公众接触和学习艺术，这种数字化的艺术教育方式不仅拓宽了艺术教育的受众，也为公众提供了灵活和多元的学习渠道。

（四）市场和商业需求

在当代社会中，视觉艺术创作与市场和商业需求密切相关，这一点在艺术品的销售、展览和收藏中尤为明显，因为市场因素对艺术家的创作方向和方式有重要影响，可能会使艺术作品不再是个人表达的媒介，而成为商业交易的对象。

艺术品的销售是艺术市场的重要组成部分，这就使得艺术家们在创作作品时往往需要考虑其市场吸引力，即作品能否吸引潜在买家和收藏家的兴趣。这种市场吸引力可能取决于多种因素，包括艺术家的名气、作品的独特性、艺术风格，以及作品传达的信息。在某些情况下，市场的需求甚至可能直接影响艺术家选择的主题和风格，导致艺术家在创作时需要在个人表达和市场趋势之间找到平衡。艺术展览也是同理，画廊、艺术博览会和博物馆展览不仅是艺术品展示和销售的场所，也是艺术家与市场接触的重要平台，通过这些展览，艺术家们能够展示他们的作品，吸引收藏家和艺术爱好者的注意。因此，艺术家在创作作品时，也需要考虑作品是否适合在这些场合展出，以及如何通过展览来提高自己的知名度和作品的市场价值。艺术品的收藏也是市场需求的重要体现，许多收藏家和机构收藏艺术品，不仅因为对艺术的热爱，也考虑到艺术品的投资价值。因此，艺术市场的动态和收藏家的偏好可能会对艺术家的创作产生间接影响。例如，如果某种风格或主题的艺术品在市场上受欢迎，艺术家可能会倾向于创作类似风格的作品，以满足市场的需求。

虽然市场和商业因素对艺术创作的影响很大，但其具体的影响过程极为复杂：一方面，市场需求为艺术家提供了经济支持，使他们能够继续创作和展示作品；另一方面，过度的市场导向可能会限制艺术家的创造自由，使得艺术创作过于迎合市场趋势，失去个人特色和创新精神。因此，艺术家在创作时需要在个人表达和市场需求之间找到恰当的平衡点。

（五）公共空间和社区参与

视觉艺术在公共空间和社区艺术项目中的展示不仅体现了艺术与日常生活的紧密联系，也展示了艺术在城市规划、公共项目和社区发展中的积极作用，更能提升环境的美学价值，促进社区成员之间的交流与参与。

在公共空间中展示视觉艺术作品，如雕塑、壁画和装置艺术，不仅美化了城市环境，也为市民提供了日常生活中的艺术体验。这些艺术作品常常成为城市的标志，反映了城市的特色和文化身份。艺术家和设计师通过与城市规划者和社区领导者的合作，将艺术融入公共空间和建筑设计，不仅提升了公共空间的美观和实用性，也反映了对居民生活质量的关注。例如，一座雕塑可能代表了一个城市的历史和文化遗产，而一幅壁画可能展现了当地社区的故事和精神。而在社区艺术项目中展示视觉艺术作品，可以促进社区成员的参与和交流，使社区成员共同探索和表达他们对社区的感受和想法。这种参与不仅增强了社区成员之间的联系，也提高了他们对社区环境和文化的认同感。同时，社区艺术项目还为不同背景的人群提供了交流和理解的平台，促进了文化多样性和社会包容性。

此外，视觉艺术作品在公共空间中的展示还具有教育意义，公共艺术可以作为教育活动的一部分，引导人们思考历史、文化和社会问题，激发公众特别是年青一代的创造力和批判性思维。

第三节　基于虚拟现实的视觉艺术新表现

一、视觉艺术发展难题

（一）艺术灵感的启发

在视觉艺术创作中，灵感的启发对整个创作过程的方向和成果有着深远影响，而设计师和艺术家在寻找灵感和进行前期调研的过程中，需要投入大量的时间和精力，这一过程虽然充满挑战，却是创作的基石。

设计师在创作初期阶段的首要任务是确定创作的主题和方向，这需要他们对不同的文化、历史、社会现象进行深入的研究和理解。在这个过程中，广泛的阅读、观察和研究变得尤为重要，书、杂志、艺术作品、自然环境、历史文档、电影和网络资源都是潜在的灵感来源。通过对这些资料的收集和分析，设计师能够获得对特定主题的深入理解，从而为创作提供丰富的背景和内容。设计师可以从其他领域汲取灵感，如科学、技术、哲学、文学和心理学等，这些领域的知识和思想能够为视觉艺术创作提供新的视角和思路。例如，生物学的形态学可能启发设计师创作具有自然形态特征的作品；而哲学思想可能激发设计师对人类存在和社会现象的深层次探讨。设计师还可以通过旅行、访问不同的文化背景和社区、参与特定的活动或体验来获得灵感。这些亲身体验不仅提供了直接的视觉和感性材料，还增强了设计师对某一主题的个人情感和理解。例如，访问一个历史悠久的城市，可能会激发对历史和文化遗产的探索；而参与一个社区项目，可能启发对社会问题的关注。与其他艺术家、设计师和专家的交流可以拓展思维，激发新的创意，发现新的灵感和可能性。

要知道，灵感的启发也常常来自日常生活中的观察和思考，这就要求设计师仔细观察日常环境、人物行为和社会现象来获取灵感，这种观察不仅仅是视觉上的，更是对生活方式、人类行为和社会结构的深入思考，如街头的景象、人们的互动甚至是日常物品，都可以成为启发创作灵感的源泉。

（二）视觉元素的收集

在视觉艺术创作中，由于艺术主题的无限性和表现风格的多元化，设计师需要培养对视觉元素的敏锐观察力，对视觉元素和有参考价值素材的收集、积累和整理至关重要。这一过程不仅涉及对创作素材的搜寻和挑选，还包括对素材的再加工和创新应用。这意味着设计师需要在日常生活中培养对视觉元素的敏感性，要留意周围环境中的颜色、形状、纹理、光线和空间布局等元素。因为视觉元素可能来源于自然景观、建筑结构、街头艺术、日常物品甚至是偶然的场景，通过对这些元素的观察和分析，获得灵感，为创作提供丰富的视觉语言。设计师也需要关注不同领域的发展，如时尚、工业设计、科技、自然科学和社会文化等，发掘这些领域中的新趋势、创新技术和文化现象，同时通过阅读、参加展览、观看纪录片和与专家交流等方式，不断扩展自己的视野和知识库。在收集视觉元素的过程中，设计师还需要对传统素材进行全新的解读，或对日常素材进行非传统的运用，以发掘和探索具有创作潜力的事物。例如，一件废旧的工业产品可能被重新设计为艺术装置的一部分，而一个普通的日常场景也可能通过艺术家的重新构想变成一幅引人深思的画作。这种探索和发掘过程不仅是对素材物理性质的挖掘，更是对其背后意义和潜在价值的探索。

视觉元素的收集和整理过程是耗时且充满挑战的，需要设计师花费大量时间进行搜索、筛选和记忆。同时，由于资料的分散存储和更新滞后，这些不可控因素可能会影响创作工作的效率。因此，设计师需要发展有效的资料管理和整理系统，还需要养成建立数字资料库、设计分类归档系统以及定期更新和回顾的习惯。通过这些方法，设计师能够更有效地管理和利用收集的素材。除了物理和数字素材的收集，设计师也需要重视个人经验和感受的积累，将个人的旅行经历、生活体验和情感反应都化作重要的创作源泉。

（三）先进技术的革新

随着数字技术的快速发展，传统视觉艺术形式如绘画和雕塑正在与新媒体艺术如数字艺术和虚拟现实等交织融合，这种融合不仅模糊了各种艺术形式之间的界限，也为艺术创作带来了前所未有的挑战和机遇。这对于艺术家们来讲，他们需要学习和掌握各种新兴的数字工具和平台，从三维建模软件到虚拟现实环境，这些工具不仅扩展了艺术创作的可能性，也提高了创作效率。但是，技术的发展速度之快，使得艺术家必须不断更新知识和技能，以跟上时代的步伐。这种快速变化的环境对于那些习惯传统工作方式的艺术家来说，尤其具有挑战性。同时，技术革新也带来了关于艺术表达个性化和独特性的问题。在数字技术的帮助下，艺术家可以轻松复制和修改作品，但这也可能导致作品失去其独特性和原创性。这就要求艺术家们必须在利用新技术的便利性与保持作品的原创性和个性化之间找到平衡，他们需要思考如何利用数字工具来增强而非削弱个人的艺术风格和表达。

此外，新技术的引入改变了艺术品的呈现和观众的体验方式，传统的画廊和博物馆正逐渐与数字展览和在线艺术平台相互融合，这种转变不仅改变了艺术作品的展示方式，也扩大了观众群体。艺术家们现在有机会接触到广泛的国际观众，但这也意味着他们的作品需要跨越文化和地域的界限，吸引和连接不同背景的观众。

（四）文化理念的转变

在现代社会中，视觉艺术创作的发展与文化理念的转变紧密相连，这既为艺术家们带来了新的机遇，也带来了前所未有的挑战。随着社会的快速变化，观念和价值观也在不断更新，这要求艺术家们不仅要紧跟时代脉搏，还要在作品中反映这些变化，同时要面对公众对传统和现代观念的不同反应和期待。艺术家在探索和表达新思想、新观点的过程中，必须处理好创新与传统之间的关系，他们需要在维护自身艺术风格和个性的同时回应社会变化带来的新需求，这种平衡的把握是充满挑战的，因为每位艺术家都需要在个人表达和社会反响之间找到合适的点。艺术家们在追求创新和个性表达的同时，不得不考虑作品的市场接受度和商业价值，这种市场压力可能会限制艺术的自由发展，因为艺术家在创作过程中可能会不自觉地迎合市场趋势和观众口味。但这是艺术家必须面对的现实，他们需要在保持艺术独立性和迎合市场之间找到平衡点。

在全球化背景下，文化交流的增加为视觉艺术创作带来了多元性，这就要求艺术家在创作时不仅需要考虑本土文化特色，还要考虑作品在不同文化背景下的理解和接受度，从广阔的视野和深入的文化理解角度出发，在作品中融合不同文化元素，同时确保这些元素在不同文化背景中能被恰当地理解和欣赏。

（五）重复步骤的调整

在视觉艺术创作过程中，处理简单而重复的步骤是一项常见且不可避免的任务，这些任务虽然表面上看起来简单，但实际上需要艺术家投入大量的时间和精力，作品中元素的更换、构图的调整、色彩的搭配等，都涉及“调整—比对—再调整”的过程。这种重复性工作的管理和优化，对提高工作效率和创造力的释放具有重要意义。因此，艺术家可以考虑使用自动化工具和软件来简化重复性高的工作过程，大大减少手动调整的时间。例如，使用图像处理软件的批量编辑功能可以同时处理多张图片的色彩调整，而使用排版软件的模板可以快速实现版式的转换。为了更好地完成重复步骤的管理，在项目开始前，艺术家就应该对工作流程进行细致规划，明确每个步骤的目标和需要投入的资源。通过这种规划，可以预见可能出现的重复工作，并提前考虑如何有效处理。例如，如果一个项目需要多个类似的设计，艺术家可以先创建一个通用的基础模板，然后根据不同需求进行小幅度调整，以提高工作效率。在处理重复性工作时，细节的注意也非常重要，虽然每次调整看起来微不足道，但对整体设计的影响可能是显著的。这就要求艺术家需要保持对细节的敏感性和专注度，确保每次调整都符合设计标准和项目要求。

二、基于虚拟现实技术的视觉艺术创新表现

（一）全方位视觉语言

虚拟现实技术的发展为视觉艺术创作带来了一种前所未有的全方位视觉语言，这种语言超越了传统二维平面艺术的界限。换言之，在 VR 的三维空间中，视觉艺术不再是静态的和有限的，而是成了一个可以被观众从各个角度体验的动态世界。这一技术革新为艺术家提供了一个无限的创意舞台，他们可以在这个空间里创造出全面的艺术作品。在虚拟现实的三维空间里，观众不再是被动的观看者，而是能够渗透在艺术作品中，自由移动，从不同的角度和距离观察作品，甚至与作品产生互动，不仅极大增强了观众的参与感，也使得每一次体验都独一无二。例如，观众可以走进一个虚拟的雕塑中，从内部观察其结构，或者在一个动态变化的画面中穿行，感受艺术作品的节奏和流动。VR 技术还打破传统物理世界的创作限制，使艺术家能够创造出传统材料无法实现的视觉效果。

在虚拟世界中，重力、空间和时间的概念可以被重新定义，为艺术创作提供了无限的可能性，从而创造出令人难以置信的幻想世界，或是模拟现实世界中不可能发生的场景，引发观众对现实和虚拟、物理和心理、可能和不可能之间关系的深刻思考。

在这个全方位的视觉空间中，艺术家可以通过环境设计、声音、光影效果等手段，创造一个多层次的叙事结构，引导观众沉浸在一个故事之中，这种叙事方式不仅提供了丰富的情感和思想体验，也挑战了观众的感知和认知。

（二）互动叙事

虚拟现实技术在视觉艺术创作中的运用，特别是作品叙事中的应用，从根本上改变了传统的被动观看，转变为一种全新的互动体验，观众的身份也不再是单纯的参观者，而是变成了故事的一部分，他们的选择和行为可以直接影响故事的进展和结局。在互动叙事的环境中，观众被赋予一种主动的角色，他们可以通过移动、选择或进行其他交互动作来影响故事的走向。这种参与不限于物理动作，还包括情感和认知的参与。例如，在一个 VR 故事中，观众可能需要做出道德判断，选择帮助或背叛一个角色，这些选择不仅改变了故事的发展，也促使观众深入思考自己的价值观和决策。每个观众的选择和行为都是独特的，因此每个人的体验都是独一无二的，这种个性化的体验使得艺术作品具有了更强的吸引力和参与度，因为观众不仅仅是在观看一个故事，他们是在创造自己的故事，这种体验的多样性和不可预测性也为艺术创作带来了新的挑战和机遇。

在传统的作品叙事过程中，故事的进展和结局是固定的，但在 VR 视觉艺术中，艺术家需要考虑观众的互动和选择如何影响故事的走向，这要求艺术家不仅是一个叙事者，还是一个体验的设计师，需要创造一个开放而多变的世界，让观众在其中探索和体验。这种叙事方式的复杂性不仅在于技术的实现，还在于如何平衡故事的连贯性和观众的自由度。

VR 中的互动叙事可以让观众探索艺术家创作的更加复杂和多层次的主题，如人性、社会关系和道德困境，从而引发观众深切的思考和感受，它不仅展示了艺术的美，还探讨了人类的本质。

（三）情感沉浸

虚拟现实技术通过创造一种强烈的沉浸感，能够直接并深刻地激发观众的情感反应，这使得艺术家能够以全新的方式增强作品的情感表达力，创造出深刻和持久的艺术体验。

在 VR 艺术中，沉浸感的创造不仅是通过视觉的全面包围，还包括听觉、触觉甚至嗅觉的多感官刺激，这种全方位的感官体验使得观众仿佛置身于作品之中，直接经历和感受艺术家所想表达的情感和故事。例如，一个以战争为主题的 VR 体验可以让观众感受到战场的紧张气氛和强烈的情感冲击，从而深刻地感受战争的残酷性和悲剧性。而且，通过在虚拟世界中模拟极端或独特的环境和情境，艺术家可以引导观众感受平常难以接触的情感层面，如深海的神秘、太空的辽阔或是梦境的奇幻，这种体验的独特性不仅使观众的情感反应更加强烈，也使艺术作品的影响深远。当观众“走进”某个艺术作品中某个人物的生活或某个特定的环境时，不仅能够更好地理解和感受不同背景和经历的人的情感和生活，还能借助这种体验的强度和真实性进行强有力的教育和同理心培养，坦然面对人类的恐惧、爱、悲伤和喜悦，既丰富了艺术作品的内涵，也使得艺术贴近人类共通的情感体验。

（四）艺术理解

虚拟现实技术在视觉艺术创作中的应用所引发的革命性发展已经远远超越单纯的视觉刺激。它通过结合声音、触觉甚至是嗅觉等多种感官元素，为观众提供了一个全面的、多维度的艺术体验。这种多感官整合大大增加了艺术表达的维度，极大地丰富了观众的体验和理解方式，开辟了其对艺术理解的新领域。

在 VR 艺术中，观众不仅可以看到艺术作品，还可以听到、触摸甚至嗅到作品中的元素，这种全方位的感官体验使得艺术作品不再是远观的对象，而是可以“身临其境”，全身心投入。它使观众能够从更多的层面上体验和理解艺术作品。更重要的是，观众通过这种沉浸式的体验，其情感和认知参与度得到显著提高，不仅仅是在理智上理解艺术，更是在情感和直觉上感受艺术，而且这种深层次的体验使艺术作品的影响力深远，观众对作品的记忆和感受持久。例如，观众可以在一个虚拟的森林中既看到光线透过树叶的景象，又能听到鸟儿的鸣叫和树叶的沙沙声，甚至能感受树皮的质感和森林的清新气息，好像真的身处树林当中，这种感觉会持久存在。

此外，VR 艺术的多感官整合还为艺术家提供了丰富的表达手段，使得艺术家不再局限于传统的视觉艺术形式，而是可以利用声音、触觉等其他感官元素来增强艺术表达。例如，通过调整声音的强度和质感，艺术家可以创造出不同的情绪氛围；通过变化触觉反馈，可以使观众感受到作品的不同质地和形态。这种多维度的创作方法为艺术作品增添了更多的层次。

（五）时空变换

在虚拟现实中，艺术家拥有了重新定义时间和空间概念的能力，这为艺术创作打开了一扇通往无限可能性的大门。在传统艺术形式中，时间和空间通常受到物理世界的限制，但在 VR 艺术中，这些限制被打破，特别是对传统二维平面绘画方式的突破，使得艺术家可以从时间与空间两个维度入手，模拟现实造景，获得丰富的虚拟世界景观，这种创作也为艺术家提供了自由的创作空间，创造出了全新的表现和体验方式。[①]

在 VR 艺术中，艺术家可以设计出超越物理规律的空间，如无限扩展的宇宙、扭曲的地理结构或是梦幻般的虚构世界，这种空间的自由度不仅使艺术作品的视觉效果变得壮观和多样，而且为观众提供了一种全新的空间体验，挑战他们对现实世界的固有认知。例如，一个设计师可以创造一个内部空间远大于其外部看起来的房间，让观众在进入后体验到一种意想不到的空间感觉。在时间方面，VR 艺术同样提供了创新的表达方式。艺术家可以在短时间内展现长时间跨度的故事，或者创造出一种时间的非线性体验，如时间循环、倒流或是快速变化。这种对时间的操控不仅使得叙事丰富和多元，也为观众带来了一种全新的时间感受。例如，观众可以在几分钟内体验一个人一生的重要时刻，或者在一个不断变化的环境中感受时间的流逝。

VR 技术还允许艺术家将时间和空间结合在一起，设计出时间和空间相互影响的场景，如一个随时间变化而改变的空间，或是一个观众的移动可以影响时间流逝速度的环境，这种时空的动态交互为艺术创作提供了新的维度，也使观众能够在复杂的层面体验和理解艺术，为探索复杂和抽象概念提供了新的可能性。

---

① 李东航．基于虚拟现实技术的平面图像交互系统设计 [J]．现代电子技术，2020（8），158-160, 165.

第四章　虚拟现实中的数字化场景设计

第一节　数字化场景的理论基础

一、场景的基本概念

（一）场景的定义

“场景”这一概念是由“场”和“景”组成的。“场”象征着时间，它不仅仅是场景发生的特定时刻或时期，而且是一个动态的时间维度，与故事的每一个片段紧密相连。“景”则代表了空间，涵盖了具体的地点、环境和物理布局，此空间通过其结构、光线、色彩等元素，不仅为角色提供了行动的舞台，还反映并影响了角色的情绪和故事的基调。因此，场景是一个融合了时间和空间元素的复杂构造，具有时间性和空间性，其时间性和空间性使得场景不只是一个静止的背景，而且是随着故事的进展而发展和变化。图 4-1 展现了一个宁静的冬季景观，密集的森林中高大的树木覆盖着厚厚的雪。整个场景平和而未被打扰，体现了冬日自然的寂静美。地面上铺着一层厚厚的、纯净的白雪，没有任何脚印或野生动物的痕迹，显得格外干净和平静。天空是柔和的、淡蓝色的，暗示着冬天的寒冷。森林由各种类型的树木组成，每一枝都沉甸甸地挂着雪，创造出一种有纹理、有层次的外观。初晨的阳光透过树木照射下来，投射出温柔的阴影，并使雪地微微发光。这幅画捕捉了冬日仙境的本质，突出了深色坚固的树干与明亮、闪烁的雪之间的对比。

图 4-1　冬季森林场景

“场景”一词在《辞源》中的解释是指电影、戏剧中的场面和情景，是故事叙述中的一个具体片段。在现实生活中，这个概念常与“背景”混淆，但实际上它们之间有着本质的区别。在《辞源》中，“背景”这个词的解释是指在图画中用来衬托主要对象的景物，强调的是空间概念。背景中的“背”指的是背后，而“景”代表景物，二者共同构成了一个以空间为主的概念。相比之下，场景中的“场”代表戏剧或电影中的较小段落，是一个时间的概念，而“景”则依然表示景物，是一个空间的概念。因此，场景实际上是指在时间中的空间，是一种将时间和空间元素结合起来的概念。

我们在学习和理解场景时，实际上是在用时间意识去思考空间的形式。在动画或电影中，场景成了展开剧情和发展故事的特定空间环境，它不仅仅是一个物理的空间，更是一个承载和推进故事发展的载体。场景作为动画美术设计的基本概念之一，具有非常重要的地位，每一个场景都是以其独特的时间背景和空间环境来支持和衬托剧情，通过这些场景的变换和发展，观众可以跟随故事的脉络，感受情节的起伏和角色的发展。另外，环境在剧本创作中指的是广泛和宏观的概念，它包括时代背景、社会环境、自然环境、地域特色等元素。环境为剧中的角色提供了一个全面的生活或活动背景，是构成故事世界观的基础。不同于场景的是，环境通常指一个更大范围和泛化的概念，它为故事提供了整体的背景设置，而非具体的物质单元。在动画片或电影中，每一个具体的、物质的单元场景都是构成这个广泛环境的基本单元。这些场景通过其独特的设计，不仅在视觉上吸引观众，更在情感和心理上与观众产生共鸣，从而有效地推动故事的发展。通过对场景的精心设计和安排，创作者能够控制故事的节奏和氛围，引导观众的情感和期待，使整个故事生动和吸引人。

场景与角色之间的互动是理解场景概念的关键，角色在特定的场景中活动，而这些场景以其独有的特性，如光影、结构和色彩，反过来也塑造着角色的心理状态和行为。例如，在一个温暖舒适的家庭环境中，角色可能会显得放松和快乐，而在一个阴暗狭窄的空间中，可能激发紧张和焦虑的情绪。除了时间和空间因素，场景还包括社会环境和历史背景，这些元素为故事提供了深层次的背景，帮助观众或读者理解角色的行为和故事的进展。在特定的社会和历史背景下，角色的决策和行为可能会受到当时社会规范和历史事件的影响。自然环境也是场景设计的重要组成部分，它不仅影响着故事的视觉美感，还能够为故事提供发生地的信息。例如，一个覆盖着雪的山峰背景可能意味着故事发生在寒冷的地区或冬季。

（二）场景的类型

场景的类型一般都是依据文学剧本和导演分镜头剧本所涉及的内容和剧情要求设置的，分为室内景、室外景和室内外结合景。

1. 室内景

室内景作为电影和戏剧中的关键元素，承载着丰富的信息和情感，通过精心设计的内部空间，如房屋建筑、交通工具等，为人物和动物的居住与活动提供了舞台。这些室内景可以被划分为私人空间和公共空间，每种空间都有其特点和功能，反映了不同的社会和文化属性。

私人空间场景，如家居背景下的客厅、卧室、书房、餐厅、卫生间、厨房、阁楼，以及酒店客房、个人办公室、工作室、私人轿车内部、直升机机舱、小型飞机机舱、船舱等，通常具有小型化、私密性和个性化的特点。这些私人空间的设计细节——从陈设到空间布局，再到色彩搭配——都能揭示出居住者的身份、性格、爱好和经济状况。例如，一个充满书和艺术品的书房可能暗示主人的学识和艺术品位，而一个豪华装饰的客厅可能显示出主人的财富和社会地位。私人空间的这种细节设计对于角色的塑造和情节的推进具有重要意义，它们不仅为观众提供了角色的背景信息，还增加了故事的真实感和深度。

公共空间场景则涵盖了非个人拥有的、人们共有或共用的空间，如宫殿、庙宇、亭台楼阁、音乐厅、剧场、超市、商店、饭店大堂、会议室、图书馆、学校的礼堂、教室、大型飞机和飞船舱内、太空站等。与私人空间不同，公共空间的设计需要充分考虑地域、时代和用途等多种因素，而且通常旨在反映一定的社会价值和文化特征，同时需要满足功能性和实用性的要求。在公共空间的设计中，创作者必须考虑到不同人群的需求和预期，以及如何在保持空间功能性的同时，传递出特定的文化和历史信息。例如，一个现代剧场的设计可能会兼顾舒适性和视听效果，而一个古代庙宇可能注重体现宗教和文化的庄严感。

在电影和戏剧中，室内景的设计不仅是为了创造一个适合角色生活和活动的空间，更是一种艺术表达和叙事工具，它通过不同的设计风格、布局和装饰细节，帮助塑造角色的个性，推进故事的发展，创造特定的氛围和情感。精心设计的室内景能够使观众感受到故事的深度和复杂性，同时为观众提供了一个丰富和多维的视觉体验。

2. 室外景

室外景在电影和动画领域中占据着举足轻重的地位，它包括了房屋建筑内部之外的所有自然和人工场景。这些场景的范围广泛，涵盖了从庙宇宫殿、亭台楼阁、院落，到工地、厂房、街道、广场、车站、码头，再到山谷、森林、河谷、某一星球、太空等。这些室外景的设计和选择对于电影或动画的整体风格和故事叙述具有深远的影响。室外景的设计在于捕捉和展现特定地点的独特气质和特色，每个室外景都能够为观众提供丰富的背景信息，帮助他们理解故事的背景和角色的情境。例如，一个古老的庙宇可能展现出历史的沧桑感和神秘氛围，而一条繁忙的街道则能传达出现代城市的快节奏和喧嚣。在动画领域，室外景的设计更是一门艺术，需要动画师们运用创造力和技术技巧来重现或创造真实或想象中的环境。

室外景不仅提供了故事发生的物理空间，而且通过其特有的环境元素和气氛，对故事的情感调性和节奏产生影响。例如，在一个安静的山谷中发生的故事片段可能会营造一种平和和内省的氛围，而在熙熙攘攘的市中心可能营造出一种紧张和兴奋的情绪。室外景的设计还需要考虑光线、天气和其他自然因素，这些都是构成视觉叙事的重要元素。在数字化场景设计中，设计师可以利用数字技术创造出既真实又充满想象的环境，从而带给观众前所未有的视觉体验。无论是再现自然界的壮丽景观，还是构建完全出自想象的外星世界，数字化技术都赋予了动画师们更大的自由度和创造力。

3. 室内外结合景

室内外结合的景作为一种组合式场景，是电影、戏剧和动画中独特和复杂的表现形式，融合了室内景与室外景的元素，创造出的一个同时包含内部和外部环境的空间。这种类型的场景不仅包括了房屋或建筑的内部空间，如家庭客厅、会客室或工作空间，还包括了与之相连的外部空间，如花园、庭院或者远处的城市景观。

室内外结合的景观的特点在于它的内外兼顾、结构复杂性和空间层次的丰富性，为叙述故事提供了多样化和层次丰富的视觉背景。例如，一个设有大型窗户的私人会客室，不仅展示了室内的装饰风格和氛围，同时通过窗户，观众还可以看到窗外的自然景观或城市风貌，这样的设计增加了场景的深度和视觉兴趣点，而且观众不仅能够从室内的布局和陈设中窥见主人的品位和生活方式，还能通过窗外的景象了解到住所的地理位置和环境背景。这种场景设计在故事叙述中的作用显著，它可以同时展现室内的亲密、私密场景和室外的开放、公共场景，从而为剧情的展开提供丰富的情境。再加上角色可以在这样的空间里自由移动，自然而然地展示出不同层次的情感和故事线。例如，在一个室内外结合的场景中，主角可以在室内进行深入的对话，同时通过窗户展望外面的世界，象征着对未来的思考或憧憬。

在电影和动画制作中，这样的场景设计要求极高的创造力和技术能力，需要设计师精心考虑室内外环境的相互作用，以及如何通过摄影和动画技术来最大化场景的视觉效果。

（三）场景的风格

场景风格大体可分为写实、夸张、幻想、漫画、梦幻、写意、装饰等。

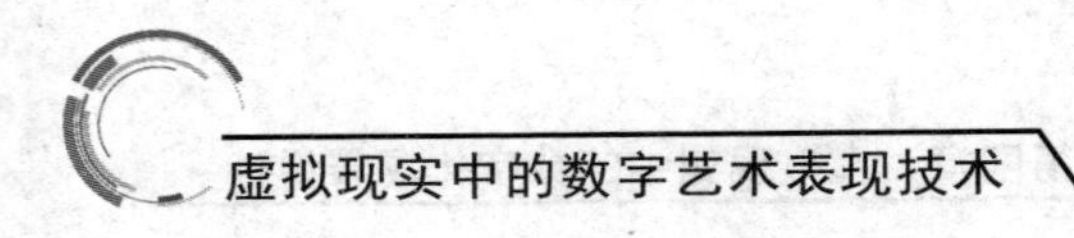

1. 写实

写实风格的场景在追求二维平面上再现三维空间的物象，力求展现客观真实的场景效果，这就意味着它不仅仅是对自然界的模仿，而且是一种艺术上的再创造，它要求动画设计师在造型样式、自然材质、透视角度、光影关系以及色彩规律等方面精确地遵循自然规律和历史真实。

在写实风格的场景中，每个细节都需要被精心处理，以确保整个场景的真实感和可信度，这就要求设计师需要对自然界有深入的观察和理解，如树木的纹理、水面的波纹、天空的色彩变化以及物体在不同光照条件下的影子等，保证这些元素在写实风格的动画中都被精确地呈现。同时，要确保空间的深度和物体的相对位置符合视觉规律。写实风格的场景设计当然不仅仅是对物理特性的再现，还包括对时代背景和环境氛围的精确描绘。这要求设计师对特定时代的建筑风格、服饰特点、生活习惯等有深入的研究和理解。例如，一个设定在 19 世纪的场景，不仅要展示那个时代特有的建筑风格，还要通过街道上的车辆、行人的服饰以及商铺的招牌等细节来重现那个时代的生活场景。写实风格的场景设计还需要考虑观众的心理和生理习惯，这意味着场景的设计不仅要符合自然规律，还要符合人们对美感和视觉舒适度的期待。色彩的搭配、光线的处理以及构图的安排都需要仔细考虑，以确保场景既真实又能引起观众的共鸣。

2. 幻想

幻想风格的场景以其非现实性和超常规的视觉想象力，带领观众进入一个充满奇异和神秘的世界，此时的场景不仅仅是背景的展示，它成了故事叙述的核心部分，是创造一个梦幻世界的关键。这些场景通常大胆而夸张，打破常规的视觉和思维界限，将观众的想象力推向极致。

在幻想风格的场景中，每个元素都充满了创造性和想象力，可能会出现无法在现实世界中找到的自然现象，或是完全由想象力构建的建筑和结构，如漂浮的岛屿、颜色变换的天空或是充满奇异植物的森林，这些场景不受现实世界规则的限制，反而可以根据剧情的需要和创作者的想象来塑造。在这样的场景中。除了场景的形式造型，色彩的运用在幻想风格的动画中也至关重要，通常采用新奇、大胆，超出人们的常规心理和审美习惯的色彩。这些大胆的色彩不仅为场景增添了一层神秘感，还能够强化特定的情感和氛围，使观众产生强烈的视觉和心理感受。

幻想风格的场景不仅是视觉上的享受，更是心灵上的冒险，它们挑战着观众的想象力，引导观众进入一个既熟悉又陌生的世界，这个世界里的一切都是可能的，常规的物理法则和逻辑思维被重新定义。这种超乎常规的创意和想象力，使得幻想风格的动画成了一种独特的艺术表现形式，为观众提供了探索未知的机会。

3. 漫画

漫画作为一种视觉艺术，以其独特的叙事方式和视觉风格吸引了大量读者，漫画风格的场景往往具有鲜明的个性，通过线条、色彩和构图来构建一个充满想象力的世界。这些漫画作品改编成动画时，原有的漫画风格往往被保留和强化，以保持故事的连贯性和视觉识别度。例如，漫画中的人物形象、背景设定和色彩风格在动画中会得到还原和发展。

在从漫画到动画的转化过程中，场景尤为关键，需要动画师在保持原作风格的基础上，赋予场景动态表现。这不仅涉及技术上的挑战，如如何将静态的漫画场景转化为动态的动画场景，还涉及艺术上的再创造，如如何通过动画手段加强场景的情感表达和视觉冲击力。因此，漫画风格的场景转变要忠于原作，还要能够适应动画这一媒介的时间的流动性和空间的动态性。将漫画改编为动画还为原有故事提供了更多的发展空间，动画可以通过声音、音乐和特效来增强故事的表现力，使场景和人物更加立体和生动。例如，动画可以通过声音设计来增强场景的氛围，如雨滴的声音、风的呼啸声等，这些是在漫画中无法实现的。

（四）场景的功能

1. 交代时空关系

在影视作品中，场景可以表明时空关系，对于故事的展开和观众的理解至关重要。时空关系包括物质空间和社会空间两个方面，它们共同构成了影视作品的叙事背景和情境氛围。

（1）物质空间：指人物生存和活动的具体空间，是影视作品中不可或缺的组成部分。这些空间可以是天然的，如山川、森林、河流等，也可以是人造的，如建筑、街道、房间等。物质空间是影视作品中情节和事件发生、发展过程中不可或缺的环境，它与情节结构和叙事内容紧密相连。这种空间应当符合剧情内容，体现时代特征、事件性质和特点，它不仅是故事发生的背景，也是体现故事中人物的地域特征、历史时代风貌、民族文化特点，以及人物的生存氛围、职业、身份、年龄、性格和爱好的重要元素。通过物质空间的精心设计和呈现，故事的地点和时间得以明确，为观众提供了一个具体的、可视化的故事环境。

（2）社会空间：这个空间是在物质空间基础上，通过观众的联想和情感投射，构建出的一个更为抽象的空间概念。这个空间不是具体可见的实体，而是一种情感和精神层面的空间，由影片中的局部造型元素、情调和氛围共同构建。社会空间体现了特定的历史阶段和社会环境，它能够激发观众的情绪和精神共鸣，引导观众进入一个特定的历史时期或社会背景。例如，一部关于“二战”的影片，通过展现那个时期的建筑风格、人物服饰和社会风貌，能够让观众感受到那个时代的紧张氛围和历史背景。

2. 营造氛围

场景在影视作品中不仅仅是为了创造一个视觉背景，更重要的是营造出符合剧本要求的特定气氛效果和情绪基调，这也是场景设计区别于环境艺术设计的关键之处。优秀的场景能够深入剧情，从角色的情感出发，通过细腻的视觉语言传达出复杂且丰富的情绪。

在影视作品中，场景是情感传递的重要媒介，通过色彩、光线、布局和物体的选择可以营造出痛苦悲伤、烦躁郁闷、孤独寂寞等多种情绪，无论是一扇窗户的光线，还是一面墙上的裂痕，都可以成为情绪表达的工具。场景的变化往往伴随着故事的推进和角色情感的变化，如从温馨浪漫到凄凉冷漠，或从恬静可爱到紧张不安。这种变化不仅是物理空间的变化，更是情感氛围的转变。设计师需要精心构思如何通过场景的转变来反映和加强剧情的发展，使观众能够在视觉上感受到故事的深度和角色的情感变化。场景还承担着重要的情感引导责任，即借助精心设计的场景引导观众进入剧情所需的情感状态，如沉浸在忧郁伤感的氛围中，或被热情奔放的情绪所感染，同时激起观众的共鸣，使他们在无形中与剧情和角色建立起情感联系。

3. 角色刻画

在影视作品中，场景的造型功能远超出其仅作为背景的角色，它在刻画和深化角色形象，尤其是角色性格的展现上，扮演着重要的角色，它不仅反映了角色的物质生活条件和社会背景，更是角色性格、心理状态和情感世界的外在化表现。这种场景与角色之间的相互依存关系，构成了影视叙事中不可或缺的典型性格和典型环境的结合。

场景通过其细节设计，如色彩使用、物品布局、光影处理等，能够深刻地表现角色的性格特点和精神面貌。例如，一个孤独的角色可能会被放置在空旷、冷色调的环境中，而一个活泼开朗的角色可能被安置在光线充足、色彩鲜明的场景里。这些场景细节不仅描绘了角色的物理生活空间，还反映了他们的生活习惯、兴趣爱好、职业特性以及对周围事物的情感态度。与此同时，心理空间在场景设计中也占据着重要地位，它是反映角色内心活动的形象空间，可以是由观众的情感动因形成的空间形象。心理空间作为角色内心感情和情绪的外化，通过场景的氛围和细节营造，为观众提供了理解角色内心世界的线索。这种情绪空间有着

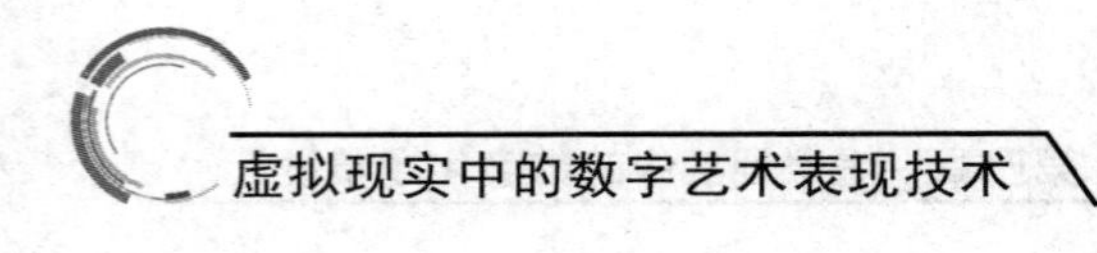

明显的抒情和表意功能，它通过视觉语言将角色的内心戏剧化，使其情感和心理状态得以表达。

4. 动作支撑

场景除了在塑造和刻画角色方面发挥重要作用，在支持和增强角色动作方面同样功不可没。无论是角色的动作，还是其内心活动的外在表现，甚至是其与周围环境或其他角色之间关系都能通过场景直接反映。因此，场景不仅需要与角色的动作紧密相连，而且应当被设计成能够积极支持和加强这些动作。

在数字化动画中，场景不仅仅是角色行动的背景，而且是角色行为的一个积极参与者。例如，在一个追逐场景中，场景中的道路、障碍物甚至天气条件都应该被设计成能够增强追逐的紧张感和动态感。在一个情感交流的场景中，环境的细节如光线、色彩甚至空间的布局都应被设计成能够反映和加强角色间的情感状态和关系。场景对于角色动作的支撑功能不仅体现在物理层面，还体现在心理和情感层面，既能够反映角色的心理状态，也能加强情节的情感表达。例如，在一个悲伤的场景中，阴暗的光线、冷色调的色彩、空旷的空间都可以被用来反映角色的孤独感和悲伤感。反之，在一个欢快的场景中，明亮的色彩和温暖的光线可以被用来增强欢乐和温馨的氛围。

5. 剧情推进

作为故事发展的核心，影片中的矛盾冲突是影片中的重要场戏，构成了引人入胜、摄人心魄的高潮。但这些矛盾冲突往往经过不断的铺垫和激化，最终在高潮部分达到质的变化，在这个过程中，场景的作用不容忽视。它不仅是背景的陪衬，更是故事叙述的一个重要工具，能够在某种程度上增强故事的内敛性和感染力。场景在影片中承载着叙事的功能，不仅仅是通过演员的表演和台词来表现，而是能够用更加内敛而感人的方式，为故事增添深度和层次。在某些情况下，场景本身甚至能够达到“此时无声胜有声”的效果。通过精心设计的场景，可以暗示或加强故事的某个转折点，为观众揭示角色的内心世界或故事背后的深层含义。

场景的剧情推进功能在动画影片中虽然应用不多，但作为场景表现功能的一部分，它同样重要。场景通过造型、色彩、光影等元素，传达出故事深化主题的内在含义，在无形中影响观众的感受，使观众在观看过程中不仅关注表面的故事，还能思考深层次的含义，大大加强故事的情感深度。

二、数字化场景的基本概念

（一）数字化场景的定义

20 世纪 70 年代，计算机图形学和 3D 建模技术开始出现，最初这些技术主要应用于科学可视化和军事模拟，如对复杂数据的图形化表示和战场环境的模拟，但它们展示了计算机在创造和操作复杂环境中的巨大潜力，并为后来的数字化场景设计奠定了基础。进入 20 世纪 80 年代和 90 年代，个人电脑和游戏机的普及使得电子游戏行业成为推动数字化场景设计发展的重要力量，游戏设计师们开始运用这些技术来创造丰富和吸引人的游戏环境，这一时期的游戏从简单的二维图形逐渐转向复杂的三维场景。这种转变不仅改善了游戏的视觉效果，还极大地增强了游戏的沉浸感和交互性。数字化场景在电子游戏中的应用，将游戏发展为一种新的艺术形式和文化现象。到了 90 年代中期，随着电脑生成图像（CGI）技术的发展，数字化场景设计开始在电影和动画行业中占据重要地位。电影制作人利用这些技术创造出逼真的虚拟环境，这不仅提高了影视作品的视觉效果，而且扩展了故事叙述的可能性，通过数字化场景的使用，电影和动画创作者能够呈现以往难以实现的想象世界。进入 21 世纪，虚拟现实和增强现实技术的兴起为数字化场景设计带来了新的挑

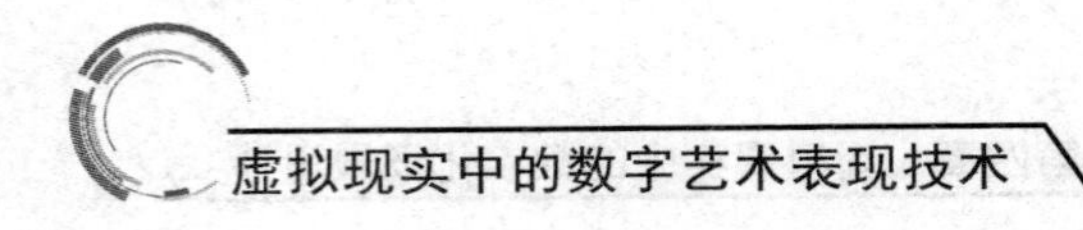

战和机遇，不仅可以创造出能够完全沉浸的三维环境，还可以对空间、光线和纹理进行精细处理，使其成为具备真实感和沉浸感的关键元素。

数字化场景其实就是场景的“数字化”，是视觉媒体中的一个关键元素，涉及游戏、动画、电影和广告等多个领域的创造性产物。但是，它也不仅仅是一个视觉化的空间，还是一个完整的艺术作品，旨在为故事情节和中心角色提供背景和环境。在这个过程中，数字化场景成为讲述故事的核心载体，它通过详尽展现一个确定的世界观体系，使观众或玩家能够深入理解和体验所表达的主题。数字化场景的创造并不局限于模仿现实世界，它的范畴广泛，从古代到现代，从科幻到魔幻，设计师可以自由地发挥创造力，构建出各种独特的世界。无论是古代宫殿的华丽细节，还是未来城市的先进技术，数字化场景都能够将这些元素生动地呈现出来，为观众提供沉浸式体验。因此，设计师需要将一个世界观通过视觉元素真实而合理地呈现给观众，这不仅仅是将一个场所视觉化，而是需要全面考虑该世界的社会环境、自然环境和历史背景，以及场景中的每一个细节，如人物、动物、道具等再将这些元素的精心设计和布局是构建一个连贯、有说服力的世界。在进行数字化场景设计时，设计师不仅需要具备强大的艺术创造能力，还需要对故事的背景和主题有深刻的理解，特别是对某个特定时代的历史和文化的深入研究，以及对未知世界的大胆想象，设计师需要将这些知识和想象力融入场景设计，使其既真实又富有创意，从而为观众提供难忘的视觉和情感体验。

从某种意义上讲，数字化场景不仅仅是一个虚拟环境，而且是一个完整的世界，每个细节，无论是显著还是微小，都承载着这个世界的故事和精神。通过这些精心设计的场景，为观众呈现了一个充满想象力、连贯性和深度的全新世界，使其成了故事发展和角色成长的舞台。

假设，现在要求设计场景，讲述地球的一个男子踏足一个全新的星球，与外星姑娘坠入爱河的故事。这不仅仅是一段跨星球的浪漫传奇，更是对一个完整虚拟世界体系的深入探索。因此，这个星球的场景环境设计成了整个电影的核心，承载着丰富的想象力和创造力，不仅要展示剧情中的关键场面，还要全面规划这个星球的一切元素，从宏观的地理地貌、气候变化、物种起源和进化，到微观的植物、动物和环境细节，如花草、鱼虫、沙石和尘埃等。这些场景元素虽然看似微不足道，但它们共同构成了这个星球独特的生态系统和社会结构，每个细节都紧密相连，共同构建一个真实可信的虚拟世界。例如，为何这个星球的山石会悬浮于空中？这里的植物为何拥有独特的生长方式？这些细节不仅为世界观的构建提供线索，还展示了生态系统的内在逻辑，增强了整个世界的连贯性和说服力。当然，数字化场景设计不仅是对自然环境的创造，还涉及社会格局和生活习性的描绘，所以这个星球的社会结构、文化背景和居民的生活方式都需要被考虑，以确保这个虚拟世界的复杂性和深度，出现任何疏漏或不完善的地方都需要被细致地修补，以确保整个世界观体系的完整性和逻辑性。

数字化场景在不同的媒介和用途中扮演着不同的角色，其复杂度和深度取决于所描绘世界的规模和故事的需求。对于剧情丰富的项目如游戏、动画、电影等，数字化场景通常需要细致和全面，以便能够支持和推进复杂的故事情节与丰富的角色发展。设计者还需要根据故事情节的需求调整世界观的完善度，确保数字化场景设计与故事的发展紧密相连，同时要考虑到视觉美感和观众的沉浸体验。相比之下，对于广告类项目，尤其是平面广告，数字化场景的要求则相对较低，关注点主要集中于传达特定信息或品牌形象，因此设计者在数字化场景设计时可以进行适当的简化和抽象，以便高效地传达核心信息。因此，在这种情况下，数字化场景设计可能侧重于突出产品特点或品牌形象，而不是构建一个完整的故事世界。总而言之，无论是何种复杂程度的数字化场景，遵循所定位的世界观的合理性都是重要的，无论是历史设定还是文化背景，都需要在设计中得到合理体现，以便帮助观众更好地理解和沉浸在所描绘的世界中。

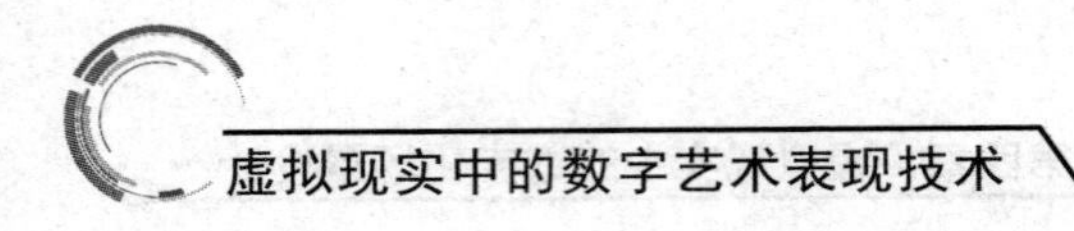

（二）数字化场景的特征

1. 互动性

在虚拟现实和视频游戏中，数字化场景的互动性是其核心特征之一，这种互动性不限于用户能够在场景中移动和探索，还包括与环境元素的动态交互，如触摸、操控或改变物体。设计师通过编程和动画技术，使得场景对用户的行为做出反应，从而增强用户的沉浸感和参与感。例如，在一个虚拟现实游戏中，用户可能需要与环境中的对象互动来解开谜题，或者与场景中的角色进行对话，这些互动丰富了用户的体验，并使每个用户的体验都独一无二。

2. 逼真度

数字化场景中的逼真度是通过高级渲染技术、纹理映射和复杂的光影效果来实现的，这种逼真度不仅提高了视觉享受，还增强了用户的沉浸感，使他们感觉自己真的置身于一个真实的环境中。这意味着设计师需要模拟真实世界的物理属性，如光线反射、阴影、材料质感等，创造出几乎与现实无异的场景。例如，设计一个恰当的虚拟森林场景，不仅展现了树木和植被的细节，还能模拟阳光穿过树叶的效果，甚至是微风吹动树叶的声音。

3. 创意自由度

与现实世界的物理限制不同，虚拟世界中可以创造出现实中不可能或不切实际的环境，设计师可以实现他们的奇思妙想，创造出令人惊叹的虚拟世界。这种自由度使得数字化场景成为讲述独特故事和表达创意思想的强大媒介，无论是梦幻般的奇异世界，还是历史场景的重现，设计师都可以通过他们的创意将这些场景栩栩如生地呈现出来。

4. 技术依赖

数字化场景设计高度依赖先进的软件和硬件技术，如 3D 建模工具、纹理制作软件、渲染引擎等软件，这些都是设计师创作的基础工具。同时，强大的计算能力和高性能的图形处理硬件是实现复杂场景设计的必要条件。随着技术的不断进步，设计师能够创造出复杂和详细的场景，同时使得设计过程高效和直观。

5. 多学科融合

数字化场景设计是一个多学科融合的领域，不仅需要艺术设计和建筑学的知识，还需要计算机科学和用户体验设计的技能。其中，艺术设计提供了视觉创意和审美方向，建筑学为场景的结构和布局提供了基础，计算机科学在技术实现方面起着关键作用，而用户体验设计确保场景设计符合用户的需求和预期，这种跨学科的合作使得数字化场景设计能够创造出既美观又实用的虚拟环境。

6. 动态性

数字化场景具有动态性，这意味着场景可以根据用户的互动或预设的脚本进行变化。这种动态和响应式的设计使得每次的体验都是独一无二的，增加了用户对场景探索和互动的兴趣。数字化场景的动态性不仅体现在视觉效果上，还包括声音和其他感观元素。例如，一个场景可能会根据时间的变化（如从白天到夜晚）或用户的行为（如触发某个事件）而发生变化。

（三）数字化场景的设计要求

1. 从剧情出发

数字化场景设计是一个融合历史研究、文化理解和艺术创造的复杂过程，它要求设计师在确保场景的历史和文化准确性的同时，也要发挥创造性，使场景成为故事叙述的重要组成部分。数字化场景设计是影视和动画制作中的重要环节，它不仅要符合时代和社会背景，还需要与剧情紧密相连，以确保影视和动画作品可以更加生动地展现故事内容，为观众提供一个既真实又富有想象力的视觉体验。成功的数字化场景是设

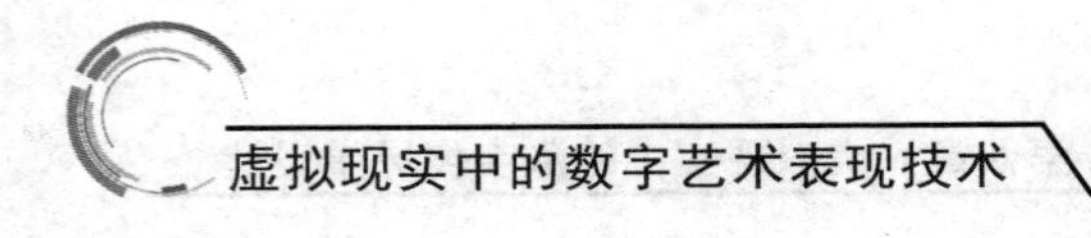

计师在深入理解剧本，明确历史因素和时代特征，深刻把握地域和民族特点，充分分析人物角色和影片的整体风格后设计出来的，既真实又充满艺术魅力，与人物风格和影片的整体调性和谐统一。

以动画片《千与千寻》为例，宫崎骏通过深入生活和对历史建筑的研究，成功创造了一个既怀旧又充满幻想的世界。动画中的主要场景，如汤屋和文具店，都是基于江户、东京建筑公园中的古典日本建筑设计而来。这些场景不仅展现了日本以前的建筑风格，还融入了宫崎骏的个人创意和艺术想象。例如，将文具店中的抽屉转变为汤屋中的中药柜，不仅体现了对历史元素的运用，还展示了创造性的设计思维。因此，在进行数字化场景设计时，设计师需要像宫崎骏一样，深入生活，收集素材，创造出与人物角色和故事情节风格相协调的场景。这意味着设计师不仅需要具备艺术创造的能力，还需要对所描绘的时代、地域和文化有深刻的理解和研究。通过这种方法可以保证设计的数字化场景不仅能够增强故事的可信度和吸引力，还能够在视觉和情感上给观众留下深刻印象。

2. 与角色统一“线条感”

在动画和影视作品中，“线条感”是一个重要的概念，尤其是在场景的绘制上作用极大，它的核心在于轮廓线和结构线的明确性。在数字化场景中，轮廓线是定义形状和空间的关键元素，它们不仅仅是勾勒物体的实际线条，更是表达形状结构和空间深度的视觉工具，即使在不直接用线条勾勒的场景中，这种“明确而肯定”的感觉也必须被有效传达。如果角色的造型是以封闭的线条轮廓定义的，那么场景也应采用相似的视觉语言来绘制，这有助于维持作品的整体风格一致性，确保角色能够自然地融入场景，增强角色与环境之间的相互作用和空间感。例如，在一个简洁明快的卡通风格动画中，使用简单而清晰的线条来定义场景会更加有效，不仅能够与角色的风格保持一致，还能帮助观众更好地专注于角色的动作和表情。相反，如果场景绘制采用了复杂或模糊的线条，那么即使角色设计得再好，也可能因为与背景的不协调而显得突兀。

线条感在传达场景的气氛和情感上也发挥着重要作用，柔和的曲线可以营造出温馨舒适的氛围，而尖锐的折线可能传达出紧张或危险的情绪。具体选择哪种线条来加强故事的情感表达和视觉冲击力，需要设计师在数字化场景设计时充分考虑使用场景。

3. 基于写实的设计

动画场景造型的美术风格对于整部动画片的视觉风格和情感传达有着决定性的作用。场景不仅是动画的背景，它也构成了整个故事的视觉和情感环境。因此，在动画制作中，虽然角色是叙事的主体，但场景在视觉上占据了更大的空间，其在镜头中的占比和影响力远超角色本身。这就要求场景的美术风格不仅要与角色造型和整体故事情节相协调，还要能够独立地传达情感和气氛。举例来说，《大闹天宫》的造型风格具有强烈的装饰感和绘画感，其艺术风格化和独特性在审美上极具价值。但是，这种高度风格化的造型可能会与观众产生一定的距离感，使得观众难以完全沉浸在影片的情境中，难以在情感上产生共鸣。这种造型虽然在画面上“活”着，但对于观众来说，可能感觉不够“亲切”，缺乏一种现实生活中的真实感和接近感。

为了解决这个问题，动画场景的设计需要注重与观众的情感连接，这意味着设计师需要在保持艺术风格的同时，考虑到观众的情感体验和接受度，场景造型可以采用现实或半现实的风格，以增强观众的情感共鸣和沉浸感。例如，场景中的色彩、光影、纹理等元素可以被设计得细腻和贴近现实，以便更好地引起观众的共鸣和情感投入。数字化场景设计还可以通过细节的丰富和深化来增强故事的真实感，或者在场景中加入更多日常元素，如家具、植物、日用品等，可以让场景看起来生活化，让观众感觉角色就生活在他们身边的世界中，有助于缩短角色和观众之间的距离，使观众更容易投入故事。

（四）数字化场景的设计思路

在数字化场景设计的过程中，深入理解剧本内容和主题是重要的第一步，这不仅意味着要把握好故事的叙述线索和情节转折，还需要对其历史背景、时代特征、地域和民族特点有全面而深入的了解。这种理解和分析为数字化场景设计提供了必要的指导和灵感来源，确保设计工作能够精准地贴合故事背景和主题。在明确这些基本元素后，对人物角色的深入分析是场景设计的又一重要环节。角色的性格、背景、动机和发展都对场景的设计有着直接的影响，设计师需要考虑如何通过场景来反映和加强角色的特点，如何利用环境来推动角色的发展和故事的进展。然后是确定动画片的风格类型，这一步必不可少，因为它涉及场景的整体风格，常见的风格有现实主义、超现实主义、抽象派等，再搭配特殊的技术手段，如 2D 还是 3D 动画，通过手绘或计算机生成。这些步骤直接影响数字化场景设计的视觉呈现和情感风格。基于这些理论基础，设计师需要通过观察、研究和实地考察来获得灵感，从而确保设计的数字化场景不仅在视觉上吸引人，还在情感和文化上具有深度，特别是对建筑风格、自然环境、服饰饰品、生活习俗等方面的研究和融入，使场景丰富。数字化场景设计的最终目的是服务于整个作品的主题和叙事，所以无论是哪种形式还是哪些内容，环境空间的营造都应围绕主题展开。设计师需要确保场景不仅在视觉上与故事和角色保持一致，而且在情感上也能够增强故事的表达，使场景不仅作为故事发生的背景，更成为推动故事进展和深化角色塑造的关键元素。

1. 树立整体意识

在数字化场景设计过程中，整体造型意识是确保作品统一性和协调性的关键，这就要求设计师不仅关注单个场景的美感和功能，还要在整个动画片的范畴内考虑数字化场景设计。整体造型意识涉及叙事时空的连续性、角色与场景的融合性、造型意识的大众性，以及艺术风格的整体性。作为数字化场景设计师，拥有驾驭整个作品并从宏观把握整体的造型风格是重要的能力。

叙事时空的连续性要求设计师在设计过程中保持故事背景的一致性即无论故事发生在哪个时代、哪个地域，数字化场景设计都需要贯穿始终，确保整个动画片中的每个场景都能够自然地衔接，形成一个连续的叙事空间。角色与场景的融合性是指设计师在设计场景时，需要考虑场景如何与角色的造型、性格和行为相协调，因为场景不仅是角色活动的背景，也应该能够反映和加强角色的性格特征与情感状态。例如，一个忧郁的角色可能会在暗色调、简约风格的场景中出现，而活泼的角色可能出现在明亮、色彩丰富的环境中。同时，造型意识的大众性要求设计师在创作时考虑到目标观众群体的审美偏好和文化背景，创作出既符合艺术标准又能够被广泛接受的场景，这就需要设计师对目标观众有深入了解和研究。艺术风格的整体性强调的是整个数字化场景的风格统一，无论是色彩运用、线条处理还是光影效果，整个场景的每个部分都应该遵循统一的艺术风格，以确保整体视觉效果的协调和美感。

在数字化场景具体的设计和制作过程中，设计师面临的主要挑战是如何创造一个既符合叙事需求又能够强化故事主题的空间环境。为了实现这一目标，设计师需要从导演的视角全面考虑设计方案，深入理解导演的创作意图和故事叙事的核心，并从剧本中提炼出关键的叙事元素，对故事情节、角色发展和主题有深刻的理解，确保数字化场景设计能够与故事的情感和节奏紧密相连。设计师确定故事的主旨后，应以角色的活动和动作为依据，围绕角色刻画来进行场景设计，场景不仅要展示角色所处的物理环境，还要反映角色的心理状态和故事发展。例如，角色的情绪变化可以通过场景的光线、色彩和布局来体现，紧张或激烈的情节可以通过动态和紧凑的场景布局来加强。与此同时，设计师需要考虑场景的实用性和功能性，即既要存在美学因素，还要考虑制作的可行性和成本，在创造性和实用性之间找到平衡点，确保设计既能够符合艺术

愿景，又能够在实际制作中顺利实现。

2. 确定基调

数字化场景不仅是视觉呈现的一部分，更是表达剧本主题和思想实质的关键手段，要通过视觉形象准确地表达剧本的思想实质，确立作品的基调是整个数字化场景设计的核心。作品的基调类似于音乐的主旋律，设定了整部作品的情感色彩和氛围，可能是热情奔放的，也可能是英武雄壮、庄严肃穆或幽默诙谐的。确定这种基调是场景设计的首要任务，但确立基调的过程需要综合考虑多个因素，如造型风格、情节节奏、人物情绪、色彩以及场景气氛。这些元素共同作用，营造出一种特定的情绪和情感特征，为观众提供一种持续的情感体验。例如，一个幽默诙谐的动画片可能采用鲜艳的色彩、夸张的形象和轻快的节奏，而一个庄严肃穆的作品可能选择沉稳的色调、严谨的线条和缓慢的节奏。在这个过程中，数字化场景设计师扮演着重要的角色，他们需要深入理解剧本的主题和基调，然后将这些理解转化为具体的视觉元素，选择合适的色彩方案、构建符合主题的空间和环境，以及创造具有象征意义的物品和细节，确保设计元素不仅在视觉上吸引人，还能够加强故事的情感表达和主题深度。

3. 选择造型

数字化场景的造型不仅是表达风格的重要手段，也是反映设计师艺术追求的关键，直接决定了整个作品的整体绘画风格和空间结构，因此，设计者在构思场景时，必须仔细研究整体与局部、局部与局部之间的关系，寻找适合该作品的独特造型，并在此基础上形成自己的基本风格。在全球范围内，场景造型的演变和发展呈现明显的趋势，从装饰绘画效果到写实效果，造型的演变反映了整个造型艺术语言的发展历程。最初，写实效果主要通过写实性绘画来实现，随着数字技术的引入，三维软件技术开始在动画制作中占据重要位置。但随着写实效果推向极端，人们开始感受到审美疲劳，对超写实的表现感到厌倦。这种情绪促使设计者回归传统手法，减少或不使用数字技术，而是采用20世纪上半叶流行的人工勾线和水彩着色方法，追求一种质朴、自然的艺术效果，以唤起观众的亲切感。

在确定数字化场景的造型时，设计者需要考虑多种因素。首先，设计应与动画的整体主题和风格相匹配，反映出作品的精神和情感基调。其次，设计者需要考虑如何利用色彩、形状和纹理来创造一种特定的氛围和情绪。最后，空间布局的安排也至关重要，它不仅影响观众的视觉体验，还会影响故事的叙述和角色的互动。

随着数字艺术的不断发展，数字化场景设计也在不断寻求创新，但无论是采用最新的数字技术，还是回归传统的手工艺术，目的都是更好地服务于故事的叙述，提升观众的观看体验。在这个过程中，设计者扮演着重要的角色，他们的创意和技巧决定了动画片的视觉风格和艺术价值。通过精心设计的场景，动画不仅在视觉上吸引人，更在情感上打动人心，成为令观众难忘的艺术体验。

第二节　虚拟现实中数字化场景空间的构思与规划

一、数字化场景空间的组成要素

在数字化场景空间的设计中，点、线、面、体这四种基本的形态要素不单单构成了场景的物理结构，更是塑造视觉语言和创造沉浸式体验的基础。点作为构建线和面的起点，虽小却很重要，它在连接成线和面的过程中帮助构建出空间的基本结构。线以其方向和形态定义了空间的

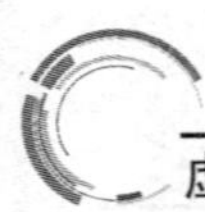

边界和轮廓，引导观众视线的流动，创造出动态的视觉路径。面作为线的延伸，不仅决定了空间的面积和比例，还影响着视觉重点的分布。体则通过其三维性为场景增添深度和体积感，创造出丰富和多维的空间感受。这些元素的巧妙运用不仅在于构建出一个具有形体的虚拟空间，更在于它们如何与观众的视觉和感知互动。设计师通过对线曲直、粗细、断续的控制，对面的大小、形状、方向的安排，以及对体的体积、高低、远近的搭配，创造出具有节奏感和平衡感的视觉效果。这种视觉布局不仅仅影响着场景的美观性，更是一种情感和风格的传达。在互动性强的数字化场景设计中，这些基本形态要素的功能性和可用性同样重要，设计师需要考虑用户的操作习惯和体验感受，确保点、线、面、体的布局不仅美观，还要便于用户识别和操作。例如，通过这些元素的布局来指示操作界面的功能区域，或者利用它们的动态变化来提供用户操作的反馈。

（一）点

“点”在几何学中被定义为只有位置而无大小的空间单位，是线的起点和终点，是构成线段和面的基本元素。这种定义在场景空间中得到了扩展，被理解为具有空间位置的视觉单位，其特性和功能超出其简单的几何定义。在数字化场景空间设计中，点可以用来吸引观众的注意力，作为视觉焦点，虽然大小有限，但其视觉影响可能显著，而且点在画面中作为力的中心存在，带有一种独特的张力和扩张感。当画面中只有一个点时，这个点自然成为视线的焦点，所有的注意力都集中在这一点上。这种视觉集中带给观众一种强烈的关注感，甚至是紧张感。当画面中出现两个点时，视觉的张力表现为连接这两个点之间的视线，观众的目光会在这两点之间来回移动，形成一条无形的线，这是一种心理上的连接，也是数字化场景空间中常见的引导技巧。当画面中存在三个点时，情况变得复杂和有趣。这三个点在空间中的分布会使得观众不自觉地将它们连接起来，形成一个虚构的三角形，这种视觉上的游戏为画面带来了更多的动态性和空间感。如果有更多的点同时存在，视线便产生相互连接，构成虚拟的面，这种效果在复杂的作品中尤为显著，点的多样性和排列方式会创造出各种各样的视觉路径和层次。

在点的具体构成方法中，同样大小的点进行等距排列时，虽然带有有序、规整的美感，但也可能显得单调和呆板。为了避免这种单调性，设计师和艺术家会采用不同大小的点进行等间隔的排列，这样不仅能产生丰富的变化，而且显得活泼跳跃，具有更强的动态感和力量感。而通过使用不同明度的点进行重叠排列，可以创造丰富的层次感和深度感，为作品增添更多的细腻感和复杂性。最为复杂和有趣的是，使用不同大小的点进行不同间隔的排列，这种方法可以创造出丰富多变的视觉效果，构成复杂的空间变化，不仅能引导观众的视线，还能传达出作品的节奏和情绪。点的这种运用方式在数字化场景空间设计中非常常见，为艺术家和设计师提供了一个强大的视觉语言工具，用以创造出既具有视觉吸引力又能传达深层意义的作品。在这些作品中，点不仅是形态的基础，更是创造视觉魔法的关键要素。

在更大的空间和环境中，点的概念也可以被扩展应用，特别是在动态设计中，通过点的移动和变化，可以创造出时间的流动感和动态的视觉效果。夜空中的星星或远处的船只，在其所处的广阔环境中可以被视为点。这种相对性说明了点在场景空间设计中的灵活性和多样性，此时的它不仅仅是一个几何概念，更是一种可以根据上下文变化的视觉工具。在场景设计中，点还可以用来传达特定的信息或象征特定的情感，根据设计师或艺术家的意图，随时调节点的作用是直接和具体的，还是抽象和隐喻的，甚至通过合理布局点的位置和数量，将其可能与某种特定的主题或情感相关联。

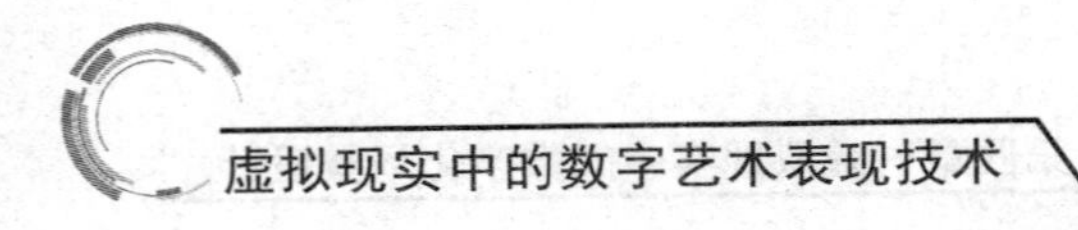

（二）线

几何学上，线被描述为点的移动轨迹，只具有位置和长度，没有宽度和厚度。这种定义为线在设计领域中的使用提供了基础。而在造型语言中，线的存在和应用丰富多样。线在场景空间中作为一种强大的表达工具，存在两种主要形式。第一种是实线，用于区分物体之间的界线，明确地存在于形体的表面，是可视的、直观的。这种线在设计中非常重要，因为它定义了物体的轮廓和形状，帮助观众理解物体的结构和空间关系。实线在画面中的应用广泛，从简单的素描到复杂的图形设计，都依赖于线来勾勒形状和创建结构。第二种是隐性线，它存在于两个面的交接处或立体形的转折处，以及不同色彩的交接处。这种线在视觉上不明显，没有实际的线条存在，但在视觉感知中较重要。它依赖于观者的视觉经验和知觉来识别，形成了一种线的位置感觉。隐性线的存在丰富了艺术作品的表现力，为画面增添了更多的层次感。例如，在绘画中，通过颜色和明暗的对比来表达物体的形态，虽然没有明确的线条，但观众仍能感知到线的存在。在数字化场景空间设计中，线的应用多样和复杂，设计师和艺术家不仅使用线来定义形状和结构，还利用线来传达动态感、指引视线流动、表达情感和创造节奏，线的粗细、曲直、硬软、断续等特性，都能影响作品的整体风格和氛围。通过对线条的精心安排和变化，可以创造出动感、节奏感和空间感，甚至可以用线来表达复杂的情感和故事。

线在数字化场景空间中的作用非常关键，不仅是构成形态的元素，更是传达情感和性格的重要载体，线的位置、形态、粗细和类型都对画面的视觉效果和情感表达产生深远影响，而且无论是粗线还是细线，是直线还是曲线，每种线条都有其独特的视觉语言和象征意义。在各种线型中，直线和曲线分别象征着不同的特质和情感。直线，尤其是用尺子画出的直线，通常给人一种力量、坚硬和冷静的感觉，它的无机质感和直接性使得画面显得更为严谨和正式。直线的这种特性使其成为表达稳定性、坚定性和力量的理想选择。相反，曲线象征着温暖和柔和，它的流畅性和优雅使画面显得温柔和富有情感。曲线的这种特点使其在表达柔情、优雅和动态时非常有效。自由曲线是线条中最具有表现力的类型之一，它不依靠工具绘制，而是直接由设计者的手绘出，因此充满了个性和情感。自由曲线的流动性和变化性赋予了它一种独特的活力和自由感，使画面显得生动和有表现力。自由曲线的美在于它的自然伸展和情感抒发，它的弹性和对抗外力的感觉使画面充满了动态和生命力。

此外，线条不仅能表明场景空间中形体的方向，还能构成场景空间中形体的骨架，成为结构本身的组成部分。作为形体的轮廓，线条将形体从外界环境中分离出来，明确界定物体的空间位置和形状，而线条的构成方式是多种多样的，可以是连接的，也可以是不连接的，可以是重叠的，也可以是交叉的，甚至因为线条在粗细、方向、角度、距离及间隔等方面的变化会产生不同的线型和构成效果，赋予了线条无限的表现可能性。

（三）面

几何学上，面被看作线移动的轨迹，这种动态的概念在场景空间中被转化为丰富和多样的形态表现。通过线的不同移动方式，我们可以创造出各种不同的面的形态，如垂直线平行移动形成的方形、直线回转移动产生的圆形，以及倾斜的直线进行平行移动形成的菱形等。这些基本的面在场景空间设计中被广泛应用，构成了二维空间的基本元素。

在造型艺术中，面作为一种具有长度和宽度的二维空间，是构成图像和设计的基础，每一种面的形态都有其独特的视觉效果和象征意义。例如，正方形象征稳定和平衡，三角形代表动态和方向性，圆形则象征完整和连续性。这些基本形态如同色彩中的三原色，是构成复杂图形和设计的基本元素。面的多样性和灵活性在场景设计中尤为重要，不同的面形态可以创造出不同的视觉效果和情感表达，正方形和长方形可以用来构建稳定和有序的空间，而不规则的多边形和曲线形的面则可以创造出动态和自由的感觉。面的这些特性使得它们在设计中非常有效，无论是在平面图形设计中，还是在三维空间的布局和构造中。

面的形态不仅取决于其外轮廓线，还受到内部结构和纹理的影响，不同的纹理和图案可以赋予面不同的视觉效果和情感特质。例如，光滑和均匀的面给人以安静和优雅的感觉，而粗糙和不规则的面给人以粗犷和活泼的感觉。在场景空间设计中，设计师通过对面的形态、纹理和颜色的巧妙运用，可以创造出符合特定主题和情感的环境与空间。而且，面的多样性和灵活性使得它成为创造富有表现力和吸引力空间的重要工具，设计师通过对面的深入理解和创造性应用，可以将平面的二维空间转化为丰富、生动的视觉体验。

（四）体

体在几何学中的定义，作为面的移动轨迹，揭示了它作为一种具有长度、宽度和高度的三维空间实体的本质。在场景空间中，体的概念和应用变得丰富和复杂，作为一种造型形态，它不仅具有体积、容量和重量的特征，还能通过其独特的形态和结构来传达情感和意义。设计师通过对不同类型立体的创造性应用和组合，可以创造出富有深度和层次的空间，传达复杂的情感和意义。因此，无论是在平面设计中的应用，还是在三维空间和雕塑中的创作，都是构建空间形态、传达视觉信息的关键元素。

在造型艺术中，体可以根据其构成要素被划分为多种类型，如点立体、线立体、面立体、块立体和半立体等，这些不同的类型各自在视觉设计和空间构成中扮演着独特的角色。在数字化场景空间设计领域，立体形态的使用为创造具有深度和层次的视觉效果提供了丰富的可能性。点立体、线立体、面立体、块立体和半立体这些不同的立体类型，各自具有独特的视觉特性和效果，在场景造型中扮演着不同的角色。

点立体，如花朵、飞鸟、气球或灯泡，以其在空间中产生的视觉凝聚效果为特点，常常成为视觉焦点，引人注目。在空间中，点立体如同视觉上的焦点，能够引起观众的注意并激发其想象力，也因其小巧精致的特性，通常给人以跃动和活泼的视觉感受。例如，在一个宽敞的房间中，一个鲜艳的花瓶或一个明亮的灯泡就能立即吸引视线，成为整个空间的视觉中心。点立体的这种特性使得它在吸引注意力和创造视觉重点方面非常有效。线立体以线的特征为主，如旗杆或高压电线，通过线的延伸和方向性创造出空间的深度和动态，在指引视觉流动和创造动态感方面特别有效，常用于指引视觉路径或强调空间的纵深和高度。面立体，如建筑物的立体面或广告牌，通过其平面的延展和转折，构成了空间的主要部分。这类立体通过面的组合和排列，创造出丰富的空间感和层次感。例如，建筑物的立面或一个广告牌，通过其明确的平面形态，创造出空间的界限和分隔。块立体是复杂的三维形态，它们通过不同面的组合和连接，构成了具有明确体积和形状的实体。这类立体在空间构成中起着核心作用，常常是构建空间和形态的基础。块立体在视觉上富有重量感，即使使用轻质材料制作，其形状和体积也能在视觉上创造出厚实和沉重的感觉。在场景造型中，块立体通常是构成空间和形态的主要元素，通过自身的体积和形状，不仅定义了空间的范围和界限，还赋予了空间以物理性和实体感。半立体，则是介于平面和立体之间的一种形态，通常以平面为基础，通过部分空间的立体设计，创造出一种既有平面特征又具有立体感的效果。这种设计手法在现代艺术和设计中越来越受欢迎，因为它能够同时利用平面和立体的特点，创造出独特的视觉效果。

二、基于虚拟现实技术的数字化场景空间塑造

空间是一种我们无法触摸或抓握的形态，但它在我们的视觉和感知世界中是切实存在的，它的存在不仅是由视觉经验来确定，也是通过我

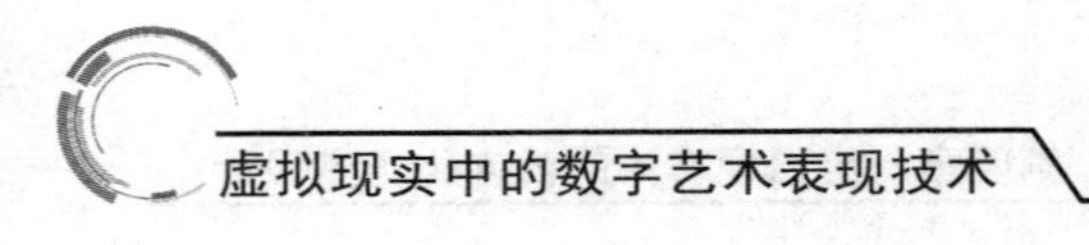

们对周围环境的感知和解读来感知的。在数字化场景设计中，空间的概念变得尤为重要。数字化场景是通过计算机生成的视觉环境，其中空间的创造和表现是基本的组成部分，这些空间不仅仅是物理尺寸和形状的简单排列，更是通过精心设计的构成元素来创造出具有深度、层次和情感的视觉体验。因此，数字化场景空间的设计关乎场景的整体感觉、氛围以及与用户的互动方式。

数字化场景空间，尤其是在二维平面上表现三维空间的时候，空间的概念呈现特别的复杂性，艺术家和设计师必须通过颜色、光影、透视和其他视觉技巧来模拟三维空间的深度和体积感。这种从二维到三维的转换是数字化场景空间中的一个常见挑战，它要求创作者不仅要有空间感知的敏锐度，还要有利用视觉语言创造空间幻觉的能力。除了传统的场景空间设计技巧，数字技术提供了更多创造和表现空间的方法。例如，使用三维建模软件直接构建复杂的三维空间，搭配渲染技术使这些空间呈现出逼真的光影效果和纹理细节。

（一）确定主题

在塑造虚拟现实中的数字化场景空间时，首先要做的就是选择合适的主题，这个主题不仅决定了 VR 空间的核心内容，还直接决定了吸引和保持目标受众的兴趣。主题的选择广泛多样，从基于现实世界的场景如重大历史事件、壮观的自然景观，到纯粹的幻想世界，乃至未来科技的设想，每一个主题都能够为 VR 空间带来独特的体验和感受。

在选择主题时，需要深入考虑目标受众的特点和喜好，因为不同年龄段、不同兴趣群体对 VR 内容的偏好可能截然不同。例如，年轻人可能倾向于富有动感和探险性的幻想主题，而年长的用户可能对历史事件的重现或自然景观的虚拟游览更感兴趣。因此，了解并明确目标受众的特性，对于设计出吸引人且富有吸引力的 VR 体验至关重要。VR 主题的选择还应考虑其是偏重于教育目的还是仅为娱乐，或者两者兼顾，如果主题具有教育意义，选择历史重现或科学知识展示，不仅能提供娱乐体验，还能传递知识和启发思考。例如，塑造一个以古埃及文明为主题的VR场景，不仅能让用户在虚拟的尼罗河河谷中游览，还能了解关于古埃及的历史知识和文化背景。相反，纯粹为了娱乐的VR体验可能注重视觉效果和互动性，最好选择虚拟场景，如过山车体验或在幻想世界探险。

当确定VR空间的主题后，设计师需要围绕这个主题来设计场景的每个细节，包括场景的视觉元素、互动方式、故事线等。对现实世界主题，设计师需要尽可能地重现真实的环境和细节，创造出沉浸式的体验。对于幻想或未来科技主题，设计师则有更大的自由度去创造新奇和独特的环境，但需要保持一定的逻辑性和连贯性，以便用户能够容易理解并投入。

（二）设定风格

在塑造虚拟现实场景空间时，其视觉风格的确定不仅影响着用户的感知体验，也是传达场景主题和情感的关键。视觉风格的选择涵盖了从现实主义到超现实主义、从幻想到抽象的广泛范围，每种风格都有其独特的视觉语言和表达方式。

选择现实主义风格意味着创造一个模拟真实世界的外观和感觉的虚拟空间，通常需要精确的细节描绘和逼真的纹理效果，目的是让用户感觉自己仿佛置身于一个真实的环境中。现实主义风格的虚拟空间常常用于教育、训练或模拟真实情境的应用。选择超现实主义或幻想风格则允许设计师创意自由，空间的所有事物通常是完全从想象中诞生的，它们可能包含现实世界中不存在的元素，如奇异的生物、不符合物理规律的结构或梦幻般的景象。这种风格的VR场景通常更加注重艺术性和创意表达，适用于娱乐、艺术探索或个性化体验。

色彩选择对于确定虚拟空间的视觉风格同样重要，它不仅能够增强视觉吸引力，还能传达情感和氛围。现实主义风格场景中的色彩方案通常倾向于真实世界的色彩搭配，以提高真实感。而在超现实或幻想风格的场景中的色彩方案可以更加大胆和富有创意，使用鲜艳或非现实的色彩来创造一个独特的视觉体验。除色彩之外，艺术元素的加入同样有助于提升虚拟空间的风格，无论是抽象图形、符号还是风格化的纹理，这些元素都能为虚拟空间增添独特的艺术气息，在现实主义风格的场景中应用艺术元素可能更加微妙和融入环境，而在超现实或幻想风格的场景中应用艺术元素可以使主题更加突出和富有想象力。但无论选择哪种视觉风格，重要的是它应该与场景的主题和目标受众相符合，通过对视觉风格、色彩方案和艺术元素的综合考虑和创意运用，设计师可以创造出一个既美观功能性又强的虚拟现实环境。

（三）创造故事线

在虚拟现实场景空间的塑造中，一个吸引人的故事线不仅能够引导用户穿越整个虚拟环境，还能够增强用户的沉浸感，提升整体体验。叙事结构可以是经典的具有明确开始、发展、高潮和结局的线性故事，也可以是开放式的、允许用户自由探索的非线性环境。

在塑造具有线性叙事结构的 VR 场景时，故事通常围绕一系列精心设计的情节展开，每个情节都是故事发展的关键节点。这种类型的故事结构需要清晰的叙述逻辑和引人入胜的情节安排，以确保用户能够顺畅地跟随故事的发展。例如，在一个历史主题的 VR 体验中，用户可能会跟随一个固定的故事线，穿越不同的历史时期，体验关键历史事件。而对于开放式的、探索性强的 VR 场景，叙事结构通常更为灵活和多元。这种类型的故事结构允许用户在虚拟环境中自由探索，每个用户的体验路径可能都是独一无二的。在这样的环境中，叙事元素往往以环境线索、角色对话或互动事件的形式呈现，用户的每个选择和行动都可能影响他们的体验和故事的走向。

将互动元素融入故事中是提升 VR 场景体验的关键，如果用户在 VR

场景中的选择和行为能够直接影响故事的进展和结局，那用户就不仅仅是被动地观看故事，而是主动参与和影响故事的发展与结局。例如，用户在 VR 场景可能需要解开谜题才能进入下一个故事阶段，或者他们的选择可能会影响故事中角色的命运，这种互动性使得用户有了真实的参与感，极大增强了 VR 场景空间的真实性。

情感连接是让用户全身心投入 VR 体验中的关键环境，这需要设计创造引人入胜的角色、动人的情节或令人兴奋的冒险，用户通过与故事中的角色建立情感纽带，可以深入地沉浸在虚拟世界。情感连接可以通过各种方式实现，如通过角色的背景故事来激发共鸣，或通过紧张刺激的情节来激发其兴奋和参与感。

（四）技术实现

在塑造虚拟现实场景空间的过程中，选择合适的 VR 开发平台和工具、设计用户友好的界面以及进行性能优化，是确保高质量 VR 场景体验的关键因素。合适的 VR 开发平台和工具是构建任何 VR 体验的基础，目前市场上领先的 VR 开发平台如 Unity 和 Unreal Engine，提供了强大而灵活的开发环境，支持从简单的 VR 场景到复杂的交互式体验的创建。其中，Unity 以其易用性和广泛的社区支持而受到开发者的青睐，而 Unreal Engine 则以其高端的图形渲染能力著称。因此，设计师需要根据项目的具体需求，如图形质量、交互复杂性和开发时间等，选择合适的平台是决定项目成功的关键。用户界面设计也是 VR 体验中一个不可忽视的部分，直观且易于使用的用户界面对于提供流畅的用户体验至关重要，这意味着界面设计应简洁明了，减少用户的认知负担，并确保用户可以自然地与 VR 空间互动。这意味着虚拟现实中的菜单和控制应该易于理解和操作，交互提示应清晰可见，以帮助用户无缝地导航和与虚拟环境互动。VR 体验对帧率、分辨率和响应时间等技术参数有着极高的要求，高帧率和高分辨率能够确保图像的清晰度和流畅性，减少晕动症

（Motion Sickness）的风险，而快速的响应时间则是确保用户行动和环境反馈之间紧密同步的关键。对于复杂的VR场景，这可能需要进行精细的性能调优，如通过减少画面细节、优化光影效果或使用更有效的渲染技术来平衡视觉质量和性能需求。

除了上述这些主要方面，虚拟现实场景空间的塑造还需要考虑硬件兼容性、音效处理、用户交互逻辑等其他技术层面的因素，确保VR体验可以在不同的设备上顺畅运行，大幅提升沉浸感，确保用户的行为和动作在虚拟世界中有合理反馈和结果。

三、虚拟现实中数字化场景空间的规划布局

（一）确定空间规模

在塑造虚拟现实场景空间时，空间规模不仅影响着用户的体验质量，还决定着故事的叙述方式和互动的可能性。因此，确定VR空间的大小和可探索区域的分布至关重要，这些内容的缺点需兼顾场景的主题、目的以及用户的体验需求。对于一个致力于探索的游戏场景而言可能需要更大的空间布局，宽敞的空间不仅能提供更多的探索点和互动元素，还能增加游戏的复杂度和丰富性。相反，对于一个以故事为驱动的体验场景而言可能更适合紧凑和集中的空间布局，这有助于将用户的注意力集中在故事的关键元素和情节上，创造紧张和可沉浸的氛围。而可探索区域的分布是数字化场景空间规划布局的另一个重要考虑点，应该根据用户的舒适度和安全性来决定。在VR环境中，过于广阔的探索区域可能会导致用户感到迷失或不适，而过于狭小的空间可能限制用户的体验和探索欲望。因此，设计师需要在保证用户舒适度的同时，提供足够的空间以激发探索和互动。

此外，用户在体验VR时通常受限于现实中的物理空间，因此需要确保虚拟空间内的活动不会超出这个范围。这意味着虚拟空间的设计需

要考虑现实空间的限制，如房间的大小和用户的移动范围。通过技术手段如空间映射和虚拟导航提示，可以帮助用户在有限的物理空间内体验更为广阔的虚拟世界。

（二）物体布局

在虚拟现实场景空间的塑造过程中，物体布局是保证用户体验的关键要素，它不仅影响着空间的美学和功能性，还直接关系到用户的互动方式和沉浸感。合理的物体布局可以引导用户沿特定路径移动，突出重要元素，创建引人入胜的情境，同时保证用户体验的舒适和安全。布局的根本目标是引导用户沿特定路径进行探索，所以确定布局目标和路径设计可以帮助讲述故事，引导用户体验重要的互动元素或景观，还可以用来突出特定的元素或创造特定情境，如重点展示某个关键的艺术品或创造一个特定的环境氛围。布局目标的确定需要设计师有针对性地安排空间和物体，创造出既符合叙事需求又吸引用户的空间布局。

在 VR 场景中，可互动物体的存在不仅提升了用户的参与度，还增强了体验的沉浸感，所以这些元素应该被放置在用户自然会注意到的位置，同时确保易于访问和操作。例如，在一个虚拟的博物馆中，可互动的展品应置于用户路径沿线的显眼位置，并保证用户可以轻松地与之互动，如获取信息、触发事件或参与虚拟指导。在互动的同时应注意避免空间拥挤，以保证良好的用户体验。而且，在 VR 环境中过于密集的物体布局可能导致用户感到混乱或不适，特别是在空间有限的情况下。因此，设计师需要在保留足够的探索空间和自由移动空间的同时，合理安排物体的位置和数量，这不仅有助于防止用户在虚拟环境中感到不适，还能确保互动体验的流畅性。

（三）视觉流线设计

在虚拟现实场景空间的塑造中，视觉设计是创造引人入胜体验的关

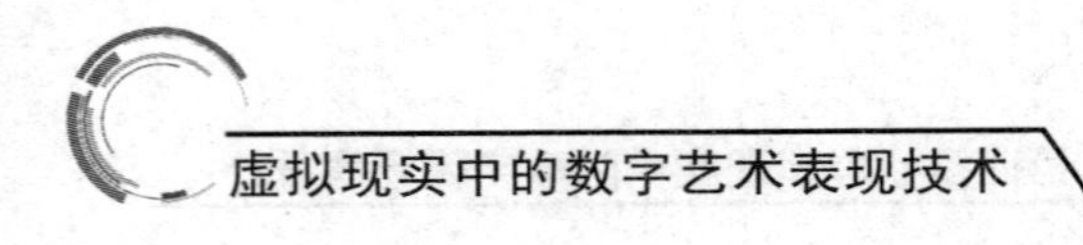

键，设计师通过巧妙运用颜色、光线、纹理、形状以及布局的平衡和对称，能够引导用户的视线，创造视觉焦点，同时避免视觉疲劳，打造一个和谐且舒适的虚拟环境。

引导视线是VR场景设计的基本技巧，设计师通过使用明显的颜色对比、独特的光线效果、鲜明的纹理和形状，可以有效地引导用户的视线和移动方向。例如，在一个虚拟的博物馆中，一件明亮的展品或色彩鲜明的画作可以自然地吸引用户的注意力。通过这种方式，设计师不仅能够引导用户探索特定的区域，还能控制用户体验的节奏和焦点。在VR环境中，对称的布局和平衡的构图能够给用户带来安心和舒适的感觉，特别是在创造一个宁静或放松的场景时尤为重要，因此，在塑造一个宁静且带有秩序感的场景时，场景中的自然景观和建筑物最好采用对称布局、均衡结构。

视觉焦点的创造是吸引和保持用户兴趣的有效方式。设计师可以在VR场景中设计独特的物体、醒目的纹理或者动态元素来创造视觉焦点，不仅能够吸引用户的注意力，还能作为整个体验的重要元素，加深用户的印象和情感体验。例如，一个虚拟的冒险游戏中的神秘宝藏或一个历史场景中的关键人物都可以作为强有力的视觉焦点。在视觉设计中，所有的视觉元素不应过于复杂或过度刺激，以防用户感到眼睛疲劳或不适，同时设计应避免过度的闪烁、刺眼的颜色对比或过于复杂的纹理，而应使用温和的色彩搭配、平滑的过渡和简洁的布局来创造一个视觉上舒适的环境。

第三节　虚拟现实中数字化场景的互动式设计

一、虚拟现实中数字化场景互动的基础

（一）技术支撑

在虚拟现实场景的互动体验中，技术支持至关重要，其中追踪技术、渲染技术和物理引擎共同构成了创造一个沉浸式、响应灵敏且真实感强的虚拟环境，为场景互动奠定坚实基础。

追踪技术包括头部追踪和手部追踪，是实现自然互动体验的关键，其中头部追踪技术能够精确地捕捉用户的头部动作，确保虚拟环境中的视角随着用户的头部运动而变化，从而提供一种直观的观察方式。而手部追踪技术则追踪用户的手部和指尖动作，使得用户能够用手直接与虚拟环境中的对象进行互动，如抓取、移动和操纵虚拟物体。这些技术的精确应用不仅增强了用户的沉浸感，还使得互动直观和自然。高效的实时渲染技术能确保虚拟环境能够迅速且无延迟地响应用户的互动，不仅提供了逼真的视觉效果，还确保了反馈的即时性，这对于维持用户的沉浸感和避免晕动症（Motion Sickness）非常关键。物理引擎通过模拟重力、摩擦力、碰撞等现实世界中的物理规律，使得用户与虚拟环境的互动更加自然和真实，这种真实性的模拟不仅提高了体验的质量，还增强了用户对虚拟环境的信任感和参与度。例如，在虚拟世界中抛出一个物体，物理引擎可以确保该物体的运动轨迹和落点符合现实世界的物理规

律，用户会对这种符合物理规律的现象信以为真，大幅提升体验真实感。

追踪技术、实时渲染技术和物理引擎的综合应用，为虚拟现实场景提供了强大的技术支持，使得互动体验自然、流畅和真实，不仅提升了虚拟环境的沉浸感，还打破了现实与虚拟之间的界限，使得虚拟现实成了探索、学习和娱乐的新领域。

（二）感知与反馈

在虚拟现实场景的互动设计中，感知和反馈机制的构建不仅增强了用户的沉浸感和现实感，还帮助用户更有效地理解和导航虚拟环境，从而增强数字化场景的互动。在虚拟环境中，空间感知至关重要，设计师可以利用三维空间布局和视觉线索，如透视法和阴影效果，帮助用户更好地理解虚拟环境的空间结构。透视法主要提供了深度感和远近感，使场景看起来更加真实和立体，而阴影和光线效果则能增强物体的空间定位感，帮助用户判断物体的位置和距离。这种空间感知的增强使用户能够更自然地在虚拟环境中移动和探索，提高了导航的准确性和易用性。为了提升互动真实性，结合视觉、听觉甚至触觉反馈必不可少。例如，使用立体声音效可以模拟真实环境中的声音来源和方向，增加场景的真实感。而触觉反馈，如震动反馈，可以模拟与虚拟物体互动时的物理接触，为用户提供全面的沉浸体验，使用户感受到这是一个更加丰富和真实的虚拟世界，从而生出互动的想法。

互动设计应符合用户的直觉和习惯，确保用户能够轻松理解并参与互动，这意味着互动元素的设计应遵循用户的预期逻辑，如按钮的位置和功能应符合常规习惯，交互提示应清晰易懂。与此同时，互动还要考虑用户的行为模式，设计符合自然动作的互动方式，如模拟现实世界中的动作，可以减少用户的学习曲线，使他们更快地融入虚拟环境。

（三）用户互动体验

在虚拟现实场景中，用户互动体验直接影响用户对 VR 环境的感知和参与度，为了增强用户的互动体验，可以通过创造直观的交互方式、提供互动的多样性，以及通过情感设计激发用户的情感反应来实现。

直观交互是确保用户能够快速适应并享受 VR 体验的基础，这意味着用户界面（UI）和交互方式（UX）的设计应当直观易懂，即使是第一次接触 VR 的用户也能迅速理解如何与之互动。例如，虚拟环境中的菜单和控制按钮应该设计得直观明显，易于识别，操作指令清晰，以降低用户的学习难度。同时，交互提示如光标变化、动作反馈等也应该设计得直观，帮助用户更好地理解他们的行为与环境的互动。

互动的多样性有助于满足不同用户的需求和偏好，在 VR 环境中，可以为用户提供各种类型的互动方式，如选择性任务、物体操作、环境探索等，以增加用户的参与度和兴趣。这种多样性不仅让用户有更多选择的自由，也使得体验更加丰富和多元。例如，一些用户可能更喜欢解谜类的互动，而其他用户可能倾向于探索和自由漫游。

通过互动设计激发用户的情感反应，如成就感、好奇心或惊喜，可以极大增强体验的吸引力。例如，设置挑战和奖励可以激发用户的成就感；提供未知探索的机会可以激发好奇心；设计意想不到的转折和惊喜元素则能增加体验的趣味性。情感设计的关键在于创造一个能够与用户产生情感共鸣的环境，使他们在体验中不仅是参与者，更是情感的体验者。通过精心设计这些元素，设计师不仅能够提升用户的参与度和满意度，还能够创造出一个令用户难忘且独特的虚拟体验，为用户提供一个既新颖又充满情感的虚拟世界。

（四）叙事内容融合

在虚拟现实场景中，将互动元素与故事叙述相结合是一个创新且复杂的过程，这种融合不仅增强了故事的吸引力，也为用户提供了一个更加沉浸和个性化的体验过程，用户的每个选择和行为都成为推动故事进程和塑造结果的关键因素，使得每个体验都独一无二。

互动元素与叙事的融合要求故事的每个环节都能够响应用户的行为，这必然会涉及一系列的决策点，用户的不同选择会带来不同的故事走向和结局。例如，在一个冒险游戏中，用户可能在关键时刻决定探索不同的路径，这些选择将影响他们发现的信息、遇到的角色甚至是最终的结局。这样的设计不仅增加了游戏的重玩价值，还使用户感到他们的决策具有重要意义。同时，确保互动内容与整体虚拟环境的主题和风格保持一致是重要的，这意味着所有的互动元素——无论是环境谜题、角色对话还是任务挑战——都应该与环境的整体氛围和故事背景相吻合。例如，在一个科幻主题的 VR 体验中，技术元素和未来派的设计风格应贯穿整个故事，这种连贯性不仅使故事引人入胜，还增强了用户的沉浸感。

为了增加故事的吸引力，设计师可以在叙述中加入丰富的情感元素和复杂的人物角色，人物角色可以作为故事的关键媒介，引导用户深入故事，同时提供情感上的共鸣。还可以通过角色的背景故事、对话和互动，使用户可以深入地了解虚拟世界，感受故事的深度和复杂性。这里需要注意，设计师需要在保持故事紧凑和引人入胜的同时，给予用户足够的时间和空间去探索和互动，这意味着在关键情节之间提供探索和休息的空间，或者在故事的某些部分允许用户自由选择速度和方向，以保证在故事叙述和互动设计之间找到平衡点，创造一个既连贯又多元的虚拟体验。

二、虚拟现实中数字化场景多重互动设计

（一）互动式界面设计

1. 基于用户体验的用户界面设计

界面设计即 UI 设计，是指对软件的人机交互、操作逻辑、界面美观

的整体设计。[①]在虚拟现实环境中设计用户界面是一个挑战性和创新性的任务，在这个三维、沉浸式的环境里，传统的二维界面设计理念需要进行重大的调整和创新，首先要做的就是认识到VR环境中的用户与界面的交互方式与传统的屏幕基础交互截然不同，VR中的用户界面设计需要直观和易于理解，以减少用户的认知负担并提升用户体验。因此，在设计按钮、菜单和图标等基本元素时，必须考虑到它们在三维空间中的呈现方式。例如，按钮和菜单应该在视觉上突出，易于用户识别和操作，这意味着它们的颜色、大小、形状和位置都需要经过精心设计，以确保用户能够轻松地与之互动，即使在充满活动和动态内容的虚拟环境中也是如此。同时，要考虑用户的视觉焦点和操作习惯，这些元素的布局应该符合人体工程学原则，减少用户的身体负担，提供自然、舒适的交互体验。

与传统的平面界面不同，VR环境允许用户以物理方式与界面元素进行交互。例如，可以设计一种界面，让用户通过真实的手势来选择和操纵菜单项。这种方式不仅更符合直觉，而且能够提供沉浸式和动态的体验。同时，考虑空间感知和深度感知对VR用户界面设计至关重要，需要设计师确保用户可以轻松地感知到不同元素之间的空间关系，以及它们与用户自身的相对位置。除此之外，为了提供更佳的用户体验，还需要考虑用户在虚拟环境中的舒适度，因为长时间使用VR设备可能会引起眼睛疲劳或晕动症，所以设计时需要尽量减少用户的不适，这意味着应该避免设计过于复杂或需要快速反应的界面元素。同时，界面的视觉设计应该足够清晰，避免使用过于刺激的颜色或图案，以减少视觉疲劳。

2. 输入与反馈机制

在虚拟现实环境中，选择合适的输入方法和反馈机制对于创造一个

① 刘婕．关于移动互联网软件产品中的UI设计研究[J]．鞋类工艺与设计，2023，3（2）：30-32.

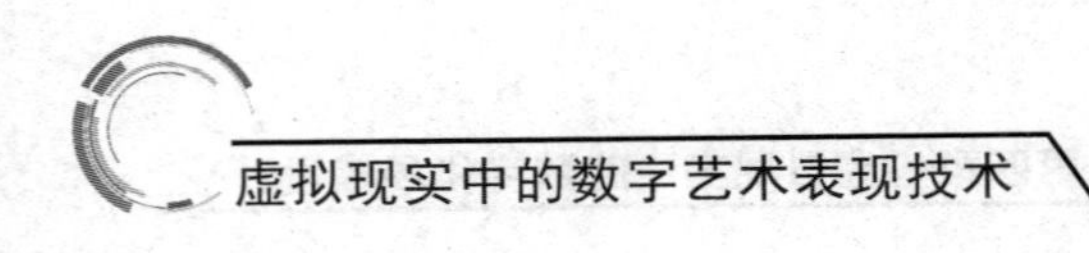

沉浸式且互动性强的体验至关重要。VR 环境的独特性在于它提供了一种全新的交互方式，这种方式不仅依赖于视觉，还包括听觉、触觉甚至语言。在设计适合 VR 环境的输入方式时，关键在于创造一种自然、直观且易于用户接受的交互模式。

手势控制是 VR 中一种常见的输入方式，它允许用户通过自然的手部动作与虚拟世界进行交互。例如，用户可以通过挥动手臂来模拟投掷动作，或者用手指捏合来模拟抓取物体的动作。这种输入方式的优势在于它模仿了现实世界中的物理动作，从而提供了一种直观且自然的交互体验。为了增强这种体验，设计师需要考虑如何精确地追踪和解释用户的手势，并确保这些手势能够无缝地转化为 VR 环境中的相应动作。语音命令也是 VR 中的一种有效输入方式。在许多场景中，用户可能倾向于使用语音命令控制虚拟环境，尤其是在需要快速响应或双手被占用的情况下。语音输入可以使用户不必依赖手部动作，从而使交互过程更加流畅和自然。但是，设计有效的语音交互系统需要考虑到语音识别的准确性和对不同语言的支持，以及在嘈杂环境中的性能。头部追踪是 VR 中另一种重要的输入方式，它允许系统根据用户头部的移动来调整视角，从而提供更加自然和直观的视觉体验。这种方式特别适用于导航和视角控制，使用户能够通过自然的头部移动来查看和探索虚拟环境。

在输入方法方面取得进展的同时，反馈机制在 VR 体验中同样重要。视觉反馈通过变化的图像和环境来响应用户的操作。为了提高互动的直观性，设计师需要确保视觉反馈及时且准确，如物体的移动、颜色的变化或界面的更新等。听觉反馈也是增强 VR 体验的重要手段。通过适当的声音效果，如点击声、音乐或环境声，可以极大地增强用户的沉浸感和互动感。适当的声音反馈不仅可以提供操作确认，还可以增强虚拟环境的真实感。最后，触觉反馈是 VR 中的一个新兴领域，它通过模拟物理触感来增强用户体验。通过使用特殊的手套或背心，用户可以感受到虚拟环境中的触觉反馈，如触摸、冲击或振动。这种类型的反馈可以大幅提升 VR 体验的真实性和沉浸感。

3. 适应性

在虚拟现实环境中的互动界面设计中，适应性是一个很重要的方面，它确保了不同用户群体，无论年龄、能力或技术熟练程度如何，都能有效地使用和享受 VR 体验。适应性设计不仅增强了 VR 环境的普遍可访问性，而且提高用户的接受度和满意度。适应性设计的核心在于理解和尊重用户的多样性，包括考虑年轻用户和老年用户的不同需求，以及那些可能具有不同物理或认知能力的用户。例如，年轻用户可能熟悉技术和快速的交互方式，而老年用户可能喜欢直观且响应速度较慢的界面。同样，对于有特殊需求的用户，如视觉或听觉障碍的人，设计必须确保他们能平等地访问和体验 VR 内容。

为了实现这一目标，设计师可以采用多种策略，可以创建可配置的用户界面，这意味着用户可以根据自己的偏好和需求调整界面的各种方面，如文字大小、颜色对比度、音量和界面布局。这种可配置性不仅提高了界面的可用性，还允许用户根据个人喜好或需求定制他们的体验。同时，设计师应考虑到各种交互方式，以适应不同用户的能力。例如，为那些不方便使用手势或语音命令的用户提供替代的输入方式，如头部追踪或眼动追踪技术。这些技术可以帮助有运动障碍的用户或喜欢更少身体互动的用户与 VR 环境进行交互。在考虑适应性设计时，还应考虑到不同文化和语言背景的用户，提供多种语言选项和符合地域文化的界面设计可以极大地提高不同背景用户的接受度和舒适度。例如，界面中的符号和图标应当是跨文化通用的，或者至少为用户提供明确指示，以便他们无障碍地理解和使用。为了提高 VR 环境的可访问性，还应实现一种动态适应系统，该系统能够根据用户的交互方式和习惯自动调整界面，从而优化体验。

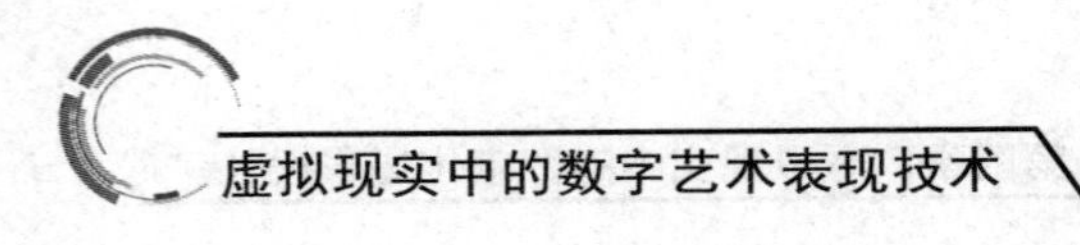

（二）互动式故事叙述

1. 分支叙事

在虚拟现实环境中，分支叙事的设计和选择为故事叙述带来了革命性变化，此种环境中的用户不再是被动的观众，而是故事的主导者，他们的选择和行为直接影响故事的发展和结局。这种互动式叙事提供了一种全新的叙述方式，允许用户根据自己的判断和偏好来塑造故事。

设计分支叙事的关键在于创建一个具有多个可能路径和结果的故事框架，这意味着故事必须设计得足够灵活，以适应用户的不同决策。一方面，故事的核心情节需要足够强大和吸引人，以维持用户的兴趣和参与感；另一方面，故事的每个分支都应该有其独特的发展和高潮，为用户提供独特的体验和情感反应。通过这样的设计，确保用户每次选择后都有明显的后果，使用户感受到他们决策的重要性和影响力。为了实现这一点，故事线的设计需要充满创造力和细致的规划，这就要求设计师必须构思出一个多层次的故事结构，其中每个选择点都会引导故事向不同的方向发展。这些选择点可以是显著的决策时刻，也可以是微妙的行为选择，每一个都会对故事的进程产生影响。例如，用户的一个简单决定，如信任一个角色或选择一条路径，可能会导致完全不同的故事情节和结局。为了使分支叙事引人入胜，设计师可以在故事中加入不同的情感元素和道德困境，这不仅增加了故事的深度和复杂性，还提高了用户的参与度和情感投入。而且用户在面对复杂的选择和挑战时，会感受到自己在虚拟世界中的作用和影响。

为了增强 VR 环境中分支叙事的沉浸感，可以利用 VR 技术的优势，如 360 度全景视角、3D 音效和交互式环境提高故事的真实感，增强用户的沉浸式体验，使用户可以在一个完全沉浸的环境中探索和互动，确保他们的每个动作和决策都直接影响他们所处的虚拟世界。最重要的是，要确保分支叙事的设计具有重要价值。每个决策都可能导致不同的故事发展，用户可能会希望重复体验故事，以探索不同的路径和结果。因此，故事应该设计得足够丰富和多样，即使在多次游玩后仍能提供新的发现和体验。

2. 角色互动

在虚拟现实环境中的互动故事叙述设计中，角色互动扮演着至关重要的角色，特别是非玩家角色（NPC）的设计，不仅影响着故事的进展和丰富性，而且在很大程度上决定了玩家的情感投入和整体体验。在 VR 环境中，NPC 不仅仅是故事的配角，更是增强故事沉浸感和互动性的关键因素。因此，NPC 的行为和反应的真实性对于创造一个令人信服的虚拟世界至关重要。在 VR 环境中，NPC 应该表现得就像真实的人一样，具有复杂且一致的个性、动机和情感。这种真实感可以通过精心设计的对话、面部表情和身体语言来实现。例如，当 NPC 在对话中显示出适当的情感反应，如惊讶、愤怒或喜悦时，玩家更容易与之产生情感共鸣，从而投入故事。与此同时，NPC 与玩家的互动方式应该具有多样性和深度，它不应仅仅作为信息传递者或任务分配者，而应成为故事中活生生的角色，他们可以是玩家的朋友、敌人、导师或竞争对手，根据玩家的选择和行为，这些关系可以随时间发展和改变。例如，一个起初敌对的 NPC 可能在经历一系列事件后成为玩家的盟友。这种动态的关系变化增加了故事的复杂性和吸引力。

在设计 NPC 时，还应考虑到它们的行为不应该是静态的或可预测的，这一点可以通过引入一定程度的随机性和不确定性来实现，确保 NPC 的行为会更加真实且不可预测，从而增强故事的真实感和参与感。NPC 的行为还应该能够对玩家的行动做出适应性反应，即 NPC 应该能够根据玩家的选择和行为做出相应调整，从而创造动态和互动的关系。当 NPC 在故事中扮演重要角色并与玩家共同经历重大事件时，玩家与 NPC 之间的情感纽带会更加牢固，这种情感联系不仅增强了故事的吸引力，还能提高玩家的满意度。最后，考虑到 VR 环境的特殊性，NPC 的设计应充分利用 VR 技术的优势，如高度逼真的视觉呈现和空间音效，使其在 VR 环境中可以通过直接的眼神交流、身体接触和空间上的互动来与玩家建立直接和深入的联系。这种沉浸式的互动方式为玩家提供了一种全新的体验，使他们感觉自己真的置身于一个活生生的故事世界中。

虚拟现实中的社交游戏其实就是互动式故事叙述的真实写照，它能够快速拉近两者或多者之间的距离，因为在虚拟空间中游戏用户的个人信息如年龄、性别、国籍等可随时被隐匿，身份信息的隐匿增加了游戏用户的神秘感，也使得游戏用户间的交流单纯化和平等化交际范围能够被无限扩大，因此社交形式具备了现实和虚拟双重的关系特征。①

3. 沉浸式体验

在虚拟现实环境中创造互动式故事叙述，有助于用户获得沉浸式体验，它不仅仅是关于视觉效果的震撼，更是关于在一个完整、连贯且令人信服的虚拟世界中完全沉浸的感觉。故事叙述的核心在于创造一个引人入胜的故事，这个故事需要有一个强大的情节、丰富的角色和深入的情感连接，故事中的每个元素，从主要情节到边缘细节，都应该精心设计，以确保它们共同构建出一个连贯且令人信服的世界。在 VR 环境中，故事不仅仅是被动地呈现给玩家，更是需要玩家主动参与和探索，同时应允许玩家做出选择，这些选择不仅影响故事的走向，而且影响他们与故事世界的互动方式。为了保证体验的沉浸性，故事应搭配恰当的场景，如逼真的纹理、光影效果和空间布局，同时保证环境与故事内容的紧密结合，每个环境都应该根据故事的发展进行设计，以反映和增强故事的氛围。例如，一个神秘的森林、一座繁华的城市或一个孤独的太空站，每个环境都应该有其独特的视觉和情感风格，以促进玩家的情感投入。

高质量的音效设计可以极大地增强故事的氛围和环境的真实感，从

① 贺善侃．论虚拟实践的哲学依据 [J]. 上海师范大学学报（哲学社会科学版），2006，35（4）：9–14.

环境音响（如风吹、水流声）到角色对话、背景音乐，每一个音效都应该被精心设计，以增强故事的情感深度和空间感。特别是在 VR 环境中，空间音效的使用可以帮助玩家定位自己在虚拟世界中的位置，增强他们的方向感和存在感。同时，故事的每个方面都应该相互关联，从主线任务到边缘的背景故事，形成一个多层次、互动的故事网络。这种设计不仅提供了丰富的探索空间，还鼓励玩家深入了解故事世界，从而加深他们的沉浸感和参与感。

（三）互动式环境设计

1. 虚拟环境的设计

虚拟环境设计中的空间布局是虚拟现实体验中的一个关键方面，它不仅影响用户的导航能力，还影响整体的沉浸感和用户的舒适度，一个优秀的虚拟空间设计不仅要包含特殊的空间布局，还应当使用户能够自然地移动和探索，同时提供足够的方向提示和地标来引导他们。

在虚拟空间设计中，虚拟空间的布局需要具有逻辑性和连贯性，这意味着空间的设计应当符合用户的直觉和现实世界的空间逻辑，类似的功能区域应当被设计在相邻的位置，如虚拟环境中的商店区域、娱乐区域和休息区域。这样的布局不仅便于用户理解和记忆空间结构，还有助于他们快速定位自己感兴趣的区域。同时，空间的连续性也很重要，确保不同区域之间有清晰的过渡，避免出现突然或无逻辑的空间变化，防止造成用户的空间困惑。在虚拟空间设计中，方向提示可以是直观的视觉标记，如指示牌、路径线或不同颜色的地板区域，也可以是微妙的设计元素，如光线的引导或视线的引导。例如，一个明亮的区域或一个特别的视觉焦点可以吸引用户前往探索。这种设计不仅增强了用户的导航能力，还丰富了探索过程，使其自然和有趣。而地标作为关乎用户在虚拟空间中定位的重要元素，其设计应当是独特且易于识别的，可以是虚拟环境中的显著建筑、雕塑或其他独特的视觉元素。这些地标不仅有助

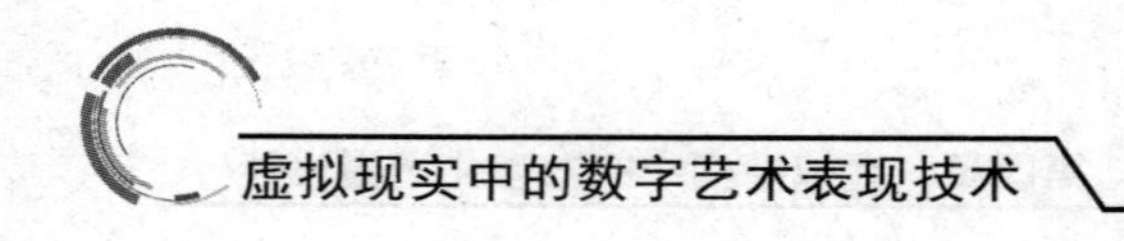

于用户记忆和识别不同的空间区域，还可以作为用户在虚拟空间中的参考点。在设计地标时，还应考虑其在空间中的可见性和与周围环境的和谐性，以确保它们在功能和美学上都有效果。

除了视觉设计外，移动和探索的自然性也是关键因素，因为用户在VR环境中的移动方式包括实际的身体移动、手柄操作或眼球追踪，所以虚拟环境的空间布局应该考虑到这些不同的移动方式，并确保无论用户采用哪种方式，他们都能舒适且自然地移动和探索。这意味着虚拟环境需要为不同的移动方式设计不同的路径和交互点，以确保所有用户都能享受流畅的体验。为了进一步满足不同用户的需求，包括不同的身体能力和技术熟练度，虚拟环境设计应当考虑到用户体验的多样性和包容性。例如，为那些可能在导航方面遇到困难的用户提供更明显的指引和辅助功能，或为身体能力受限的用户提供更容易访问的路径和互动方式。

2. 物理互动设计

在虚拟现实环境中模拟真实世界的物理互动是一项挑战，但也是创造互动式设计的关键部分。物理互动设计不仅仅是关于技术的实现，更是关于如何让这些互动感觉真实、自然且直观，包括模拟抓取和移动物体的动作，以及复现物体的重量、纹理、温度等物理特性。

抓取和操纵物体是虚拟环境中最常见的物理互动之一，而想要实现这一点，需要精确地追踪用户的手部和指尖运动，可以利用高级手势追踪技术，允许用户以自然的方式与虚拟物体进行互动，就像他们在真实世界中那样。例如，用户可以通过伸手和张开手指来抓取物体，通过旋转和移动手腕来调整物体的位置和方向。这种互动的关键是要确保动作的响应速度快且精确，以便用户感觉自己真正在操纵物体。

模拟物体的物理特性是虚拟环境中的另一项重要挑战，因为在VR中无法直接感受到它们，但可以通过视觉、听觉、触觉等一系列提示来模拟和弥补。例如，当用户尝试举起一个看起来很重的物体时，可以通过慢动作和增加的努力感来模拟重量。当用户想要观察物体的纹理时，可以通过视觉细节和触觉反馈（如果可用）来模拟。当用户想要感受物体的温度时，尽管它超出了标准 VR 设备的能力，但是可以通过视觉提示（如颜色变化）和音效（如烧焦的声音）来暗示物体的温度变化。这些技术不能直接模拟物理特性，但它们可以在用户的大脑中激发相关的联想，从而增强沉浸感。

除了模拟物理特性外，物理互动的真实感还依赖于逼真的环境物理反应，这意味着虚拟环境中的物体应该像在真实世界中那样相互作用，当用户把一个物体放到另一个物体上时，它应该根据重力和平衡原理正确地摆放或者倒下。物体间的碰撞也应该真实反映，包括适当的声音效果和视觉效果（如碎片或变形）。为了创造真正的沉浸式体验，物理互动设计还应考虑用户的舒适度和安全性，避免那些可能导致用户不适或困惑的互动。

3. 环境动态性

在虚拟环境中，环境的动态性是创造互动和引人入胜体验的关键因素，而动态元素，如随时间变化的光线、可交互的对象和环境反应，不仅增强了场景的真实感，还提高了互动性和沉浸感。通过对这些元素的精心设计，可以确保它们有效地增强虚拟体验，而不是分散用户的注意力。

在现实世界中，光线随时间的变化影响着我们对环境的感知，如日出和日落的温暖色调、午夜的冷光或阴天的柔和光线。如果能够在 VR 环境中模拟这种光线变化，可以极大地增强场景的真实感和情感深度。例如，一个随着时间推移从黎明到黄昏变化的景象不仅增加了视觉上的吸引力，还能传递时间流逝的感觉，增强故事叙述的效果。可交互的对象是增加环境互动性的另一个关键要素，因为用户在 VR 中特别期望能够与周围环境中的对象进行互动，就像他们在现实世界中那样。这些对象可以是简单的物品，如门把、书或开关，也可以是复杂的机械装置或交互式屏幕。设计这些对象时，关键在于确保它们的反应和操作感觉自然和直观。例如，用户按下一个按钮时，应该有相应的视觉和听觉反馈，如按钮被按下的动画和点击声音，以便确认操作已被执行。

环境反应则是指环境对用户行为的反应和适应，可以是直接的，如用户移动物体后环境布局的改变，也可以是微妙的，如用户在环境中逗留时间较长时环境逐渐展现更多细节。这种动态反应不仅使用户感到环境鲜活可信，还鼓励用户探索和与环境互动。例如，用户可能会注意到，当他们接近某个区域时，附近的植物和动物开始显现不同的行为，或者天气状况开始改变，这些都增加了环境的丰富性。

第五章　虚拟现实中的动态图形设计与故事叙述

第一节　动态图形的理论基础

一、图形的基本概念

（一）图形的定义

图形这个词在日常生活中被广泛提及和使用，但是当我们尝试为它提供一个精确的定义时，事情变得复杂和深奥。图形作为一个概念，实际上覆盖了宽泛的范围，涉及从自然景象到抽象的数学表示的各个方面。图形作为视觉信息的载体，是人类理解和描述世界的基本方式之一。

那到底什么是图形？根据目前我们掌握的资料可以确定，以下所有提及的事物都属于图形。

1. 自然景象

提到图形，最直观的理解可能就是我们眼睛所看到的一切——从自然风景到城市街道。这些都是通过我们的视觉系统捕捉并被大脑解释的图形。

2. 摄影和图像

利用照相机、摄像机等设备捕捉的照片和图像也是图形的一种形式。这些图形捕捉了某一时刻的实际景象，转化为可以分享和观看的视觉内容。

3. 工程和设计图形

在技术和设计领域，图形可能指工程图、设计图、方框图等。这些通常是用绘图工具和软件创建的，用来表示构造、机械结构或系统布局的详细视图。

4. 艺术作品

在艺术领域，绘画和雕塑作品也是图形的一种形式。这些作品展示了艺术家的创意和技巧，以视觉形式表达情感、思想和观点。

5. 数学图形

数学图形包括几何图形、由代数方程或分析表达式定义的图形。这些图形通常用于科学和工程学，提供了一种理解和描述自然界和人造系统的方式。

由上述图形分类可以确定，图形的概念涵盖了自然图形和描述图形。自然图形指的是景象、图像、图案、图片，以及形体实体等形式的图形，涵盖了广泛的范围，而且它们不仅仅包含静止的图像，还包括动态和变化的元素，如动画和视频。而描述图形指的是所有需要描述形成的图形，即从简单的几何形状到通过复杂方程和表达式定义的图形，也是计算机图形学早期主要关注的图形问题。换言之，在计算机图形学初期，研究重点就是如何在计算机中表示和处理这些不同类型的图形。随着技术的发展，这个领域已经从简单的静态图形发展到动态和交互式的图形表现。

图形的英文单词是“Graphic”，发源于拉丁文“Graphicus”和希腊文“Graphikas”，是指所有能够产生视觉图像并转为信息传达的视觉符号。换言之，图形是通过绘画、刻画、印刷等多种手段产生的图画或记号，用来说明或传达某种信息。与普通的词语、文字或语言不同，图形是一种视觉表现形式，它可以通过多种手段被广泛复制，并作为传播信息的主要途径。图形作为一种说明性的视觉艺术形式，具有独特的地位和作用。它的主要目的是向观众阐释特定的观念或传达特定的内容。这一定义使得图形与装饰纹样、传统工艺美术以及纯艺术等其他视觉艺术形式有了明显区别。在平面设计领域，图形被视作设计师用来吸引读者注意并传递信息的关键视觉元素，设计师通过特定的视觉形式语言，在平面作品中创造出具有信息传达功能的图形。过去，图形主要依靠平面印刷媒介进行传播，如报纸、杂志、宣传册等，但随着电影、电视、电脑、智能手机、大型电子屏幕以及多媒体数字产品的兴起，图形设计的范畴已远远超出传统的平面设计领域。这些新的媒介不仅增加了图形传播的渠道，也极大地丰富了图形的表现形式和功能，使图形设计成了一个多元化、跨媒介的领域。

尹定邦在《图形与意义》一书中提道：“所谓图形，指的是图而成形，正是这里所说的人为创造的图像。”由此可见，尹定邦认为，图形是人为创造的图像，它不仅仅是视觉上的表现，更是设计者表达思想和情感的信息载体。图形存在的核心价值在于传达信息，这使得图形不仅仅是一种艺术形式，而是一种交流信息的媒介，这一点与美术或图案作品存在本质区别。美术作品主要是为了创造美，反映社会和生活，表达画家对生活的理解和对社会的看法，有时甚至是作者情感的宣泄，相比之下，图形则具有更强的功能性。美国图形设计理论家菲利普·梅洛斯也指出：“如果图形不具有象征或词语含义，则不再是视觉传播而成为美术了。”显然，图形与文字语言一样，承载着信息量，其存在的目的在于传播某种概念、思想或观念，大多数图形通过在社会上的大量复制和广泛传播来达到其最终的设计目的，如果图形不具备象征意义或文字含义，它就无法成为视觉传播的一部分，而成了纯粹的美术。因此，在评价图形时，应从其本质要求出发，看图形是否能够有效地表达观念、语义，是否能够清晰准确地传递信息，从而实现其艺术价值，这就要求设计师在图形创作过程中不仅仅是创造一个视觉上吸引人的作品，更重要的是要确保信息的有效传递，既具备视觉上的吸引力，还具备清晰的信息传达能力。

图形在信息传达方面具有独特的优势，甚至在多方面优于文字和手势等其他表达符号。首先，相比于手势，图形在视觉上通常比文字更加生动有趣，能够更快地吸引观众的注意力，且表达更加清晰直接，不会因为动作的微妙差异而导致误解。而且，图形具有普遍的可识别性，可以跨越语言障碍，不会受到不同国家和民族语言差异的影响，这一点在国际交流中尤为重要。其次，图形在传播速度和接受度方面有显著的优势，因为它可以迅速传达信息，易于被观众接受和理解，一个设计得当的图形标志可以瞬间传递品牌的核心价值和信息。同时，图形通过其直观的外观，能够减少由于空间距离带来的心理距离感，使信息传达变得更加亲近和有效。最后，图形的外在形象比文字更容易在观众心中建立强烈的视觉印象，这使得图形不仅仅是信息传递工具，更是一种强大的形式语言，能够在表达品牌、文化和个人价值观方面发挥巨大作用。在当今信息爆炸的时代，图形设计作为一种强有力的视觉传达工具，其重要性和影响力不断增强，无论是在商业广告、品牌推广，还是在公共信息传播和艺术表达中，图形都扮演着不可或缺的角色，成了连接人们、传递思想和情感的重要桥梁。

（二）图形的特点

1. 直观性

图形的直观性是其显著的特点，这种直观性源于图形所采用的视觉语言的简单性和纯粹性，它使得信息的接收者能够迅速、直接地理解图形所承载的信息。这不仅仅是因为图形作为一种视觉元素能够迅速吸引观众的注意力，更重要的是，图形通常是基于对真实世界的直观感悟和理解创造出来的，这种基于实际感知的表达方式使得信息的传递高效和直接。直观性使图形成了一种跨越语言和文化障碍的通用沟通方式，人们无须通过复杂的语言解码或深入分析，就能够快速抓住图形所表达的核心信息。这种直接的视觉呈现方式不仅提高了信息的传达效率，还增强了信息的可信度。在人们的认知中，直观的视觉图像往往比纯文字信息更容易引起共鸣和信任，因为它们直接反映了创作者对现实世界的观察和感悟。

举例来说，一个以埃菲尔铁塔为背景的图形设计，可以立即传递出与法国有关的信息，无论是关于产品的产地、类别，还是关于法国独有的浪漫和优雅。这样的图形设计，通过其独特的视觉表现，不仅传达了基本的信息，还赋予了信息一种情感和文化的深度。

在现代社会中，图形的直观性在各个领域都发挥着重要作用，无论是在广告设计、品牌传播，还是在公共信息提示和教育中，直观的图形设计都成了有效传递信息的关键手段。它们通过简洁而强烈的视觉形式，不仅传达了实际信息，还增添了情感和文化的元素，使信息的接收不仅仅是理性的，更是一种情感和审美的体验。因此，图形设计作为一种艺术和传播手段，其价值和影响力远远超出了其表面的功能性，它是连接人类情感、文化和信息传递的重要桥梁。

2. 生动性

图形设计在本质上是一种感性的表现形式，因为它不仅仅传达信息，更能触动人们的内心，在特定的历史、政治、文化背景下，设计师的感性体验和个人理解成为创作中不可或缺的一部分，通过对这些因素的综合作用，既为图形设计增添了丰富的情感色彩，也带来了一定程度的模糊性。这种模糊性不是负面的，相反，它激发了观众的想象力，引发了深层次的情感体验。生动的图形设计能够超越文字的局限，以直观和强烈的方式传达情感和信息。例如，在广告设计中，通过图形展现出的产

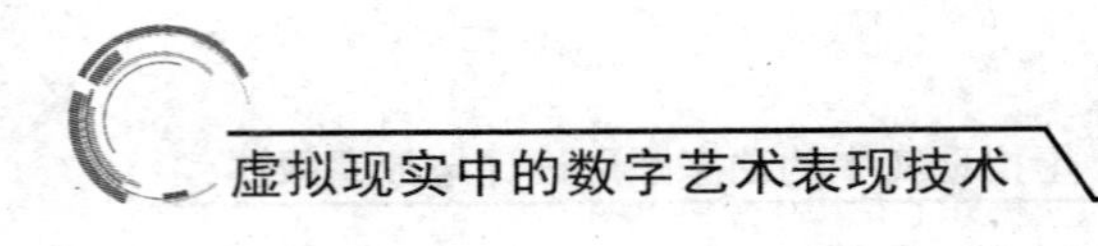

品特性，如轮胎的安全性和耐用性，不仅让人们理解产品的实用价值，更在视觉和情感层面上留下了深刻的印象。这种感性的表达方式使得产品的特点不再是冰冷的功能描述，而是变成了一种能够触动人心的体验。

同样，图形设计中的幽默元素也是提高其生动性的重要手段，如将小狗巧妙地融入扫帚的形象，不仅传达了动物容易丢失的概念，更在情感上吸引了观众，激发了人们的共鸣。这种设计不仅传达了信息，还在观众心中植入了深刻的情感体验。

3. 艺术性

图形的艺术性体现在图形表现形式和构成形式的艺术性上，因为图形设计不仅仅是对现实生活事物的直接描绘，更是设计师对客观世界的深刻理解和经验的艺术性提炼。一个优秀的图形设计师通过其独到的视角和敏锐的感知力，能够创造出与观众产生共鸣的图形作品，引发观众不同的视觉感受和思考。设计师通过对颜色、形状、线条和空间的巧妙运用，营造出富有表现力的视觉图像，这些图像不仅仅反映了客观事物，更重要的是它们体现了设计师的主观感受和对事物的独特理解。例如，通过使用特定的颜色和线条，设计师可以传递某种情感，或者借助特定的形状组合来表达某种理念或主题，这种艺术性的表达，使得图形不只是一种视觉符号，更是一种情感和思想的载体。

设计师在追求图形艺术性时，并未局限于传统的艺术形式，而是融合了多学科的知识和思维方式，利用数学的布尔运算、化学反应、生物学的物种生成等科学思维方法，以及摄影、绘画、陶艺等不同的艺术形式，创造出既反映客观事物又蕴含深层次意义的图形。这些图形不仅在视觉上吸引人，更在构成上呈现一种深刻的内涵和心理暗示，激发观众的联想和思考。艺术性的图形还需要遵循形式美的法则，在构成形式上达到内容与形式的完美结合，这就要求图形在视觉上的协调和平衡，更要求图形在传递信息和情感表达上的有效性，使人在欣赏图形的同时，感受到设计师所要表达的深层次意义。

4. 准确性

图形与传播的关系密不可分，承担着信息传递的中坚角色，但图形的传播特性与文字和语言截然不同，它通过视觉元素直接与观众沟通，不受国界和时间的限制。这种情况下，不同文化背景、不同历史时期的人们都可以通过图形进行有效的交流。这种超越文字和语言的交流方式，在全球化和多元文化的现代社会中尤为重要。因此，图形必须具备准确性，使得人们在识别图形时不需要掌握大量的精确数据，而是可以依靠直觉和已有的经验迅速做出判断。这种准确性使得图形成为一种高效的信息传播方式，能够更快地被识别和理解，尤其在需要迅速传达关键信息的场合，如安全警示、公共指示标志等，这种准确作用尤为突出。

一个成功的图形设计应该是观念鲜明、直接而有力的，需要将复杂的概念浓缩到简单、清晰的视觉表现中，去除所有不必要的视觉干扰，以确保信息的准确传达。例如，用简洁的图形表现食品安全的重要性，或者用极具象征意义的图形表达战争的荒谬性。这些设计通过最小的视觉元素达到最大的表达效果，使得观众能够在瞬间理解设计师的意图和信息。当然，图形设计的准确性并不意味着过度简化或直接复制现实，相反它需要设计师的创造性思维，将现实中的复杂情境转化为简洁而有力的视觉语言。通过巧妙的视觉策略，如象征、隐喻或反讽等，设计师可以在保持信息准确性的同时，增加设计的深度和多维度。这种深层次的视觉表达不仅传递了信息，还激发了观众的思考和情感共鸣。

5. 广泛性

图形的广泛性是其在现代社会中发挥巨大作用的核心特征，主要体现在两个方面：信息传播范围的广泛性和在现代设计领域中的应用广泛性。

图形在信息传播中的作用不可小觑，由于其与生俱来的直观性，图形成了一种无须经过复杂理性思维即可理解的通信方式，这种直接性使得图形在公共标识系统和导视系统中发挥着重要作用。在这些领域，图形设计不仅需要传达清晰的信息，还需要考虑到使用者的瞬间识别和反应。例如，在行车过程中，驾驶员需要迅速识别路标和指示，以做出正确的驾驶决策。公共标识的设计就成了确保交通安全和效率的关键。图形在现代设计领域中的多样化应用涵盖了从标志设计、包装设计到产品设计等所有范围，成了传达品牌和信息的关键元素。一个企业要想在全球市场上建立品牌，走向世界，拥有国际竞争力，建立统一且具有辨识度的视觉识别系统是至关重要的。这种视觉识别系统通常依赖于强大的图形设计，它不仅要传达企业的核心价值观和品牌信息，还需要在视觉上吸引消费者，建立品牌忠诚度。

在这个信息过载的时代，人们日常接收大量的视觉信息，有效的图形设计可以帮助信息在众多信息中脱颖而出，快速传达给目标受众。无论是商业广告、社会宣传还是公共服务，图形都成了连接信息与受众的桥梁。

二、动态图形的基本概念

（一）动态图形的定义

动态图形在当今时代已经成为我们生活中不可或缺的一部分，尤其是在数字化和互联网技术迅速发展的背景下，它的重要性日益凸显。在移动设备、互联网平台、公共展示场所等多种环境中，动态图形以其独特的动感和视觉效果，逐渐取代传统的静态展示方式，为信息传播提供了一种全新的途径。在手机和互联网领域，动态图形的应用尤为广泛，特别是智能手机，其应用界面、网络广告、社交媒体中的视频内容，以及在线教育和娱乐平台等，都大量使用动态图形来吸引用户的注意力，并以更加生动的方式传递信息。这些动态图形不仅仅是视觉上的装饰，更是传递信息、讲述故事、展示品牌形象的重要工具，如在公共展示场所如博物馆、展览会、商场和机场等，动态图形也被广泛应用于导视系统、信息展示和广告宣传中。与传统的标识和指示牌相比，动态图形能够提供更多的信息，同时以更加吸引人的方式呈现，有效提升了信息传达的效率和效果。动态图形在数字媒体和视频播放端的应用也十分广泛，从电视节目的标题序列、新闻广播的信息栏到在线视频平台的界面设计，动态图形无处不在，这些应用不仅提高了视觉效果，也使得信息的呈现更加直观和易于理解。随着网络技术的快速发展，动态图形也越来越多地融入人们的日常生活和工作中。例如，在线会议和远程教育中，动态图形被用来制作演示文稿和教学视频，以提高沟通和教学的效果；在社交媒体上，用户使用动态图形来表达情感、分享经验和传递信息，使得交流更加生动有趣。

动态图形，英文翻译为“Motion Graphic”，也可简写为“Mograph”，作为一种融合了时间、空间和视觉设计的艺术形式，已经成为现代视觉传达的重要组成部分。动态图形的核心在于“Motion”（运动或移动）与“Graphic”（图形或图案）的结合。这种结合使得动态图形不仅仅是静止的图像，而是随时间变化并展示动态的视觉效果。这种设计形式超越了传统静态图形的界限，引入了时间维度，使得图形能够以动态的方式呈现，从而带来全新的视觉体验和信息传递方式。这种定义不局限于图形的静态展现，而是强调了图形随时间发展而产生的动态变化，如图 5-1 所示，描述城市不同时间的发展，分别描述了城市扩张、绿色空间构建和未来高效出行的交通方式转变。

图 5-1　城市不同时间的发展

动态图形的本质在于图形的动态化演绎，因此动态图形不仅仅是静止的视觉表达，而是通过图形的运动和变化来传达信息。这种动态的特征使得动态图形成为一种独特的艺术形式，它在图形变化的过程中展现了丰富的信息内容和视觉效果。与静态图形相比，动态图形通过时间的流动展示图形的变化，从而创造出一种动态的视觉效果，时间的前进和后退不仅使图形具有了运动的特性，还为图形的展现增添了故事性和情感表达。通过时间的控制，设计师可以创造出有节奏、有高潮的视觉叙事，使得动态图形不仅仅是信息的载体，更成了一种讲述故事的工具。在动态图形中，图形元素在空间中的移动和变化为设计师提供了更大的创作空间，这种空间的动态利用，使得动态图形能够展现出比静态图形更加丰富和多维的视觉体验，设计师可以通过空间的运动来引导观众的视线，创造视觉的焦点，或者通过空间的变化来表达特定的情感和氛围。此外，声音的加入更是增强了动态图形的表现力，不仅为动态图形增添听觉的维度，还加强了整体的气氛和情感表达，特别是音乐、对话、音效等声音元素的运用，使得动态图形的表现不局限于视觉层面，还涉及听觉层面，为观众提供了一种全面的感官体验。

美国动画师约翰·惠特尼（John Whitney）是动态图形这一术语的先驱，他在20世纪50年代创办了一家名为“Motion Graphics”的公司，将计算机作为艺术媒介运用于电影片头和广告的制作。[①] 他著名的作品之一是在1958年和设计师索尔·巴斯（Saul Bass）一起合作为希区柯克电影《迷魂记》（*Vertigo*）制作的片头。惠特尼的工作不仅推动了动态图形作为一种艺术形式的发展，也展示了计算机技术在艺术创作中的巨大潜力。自那时起，动态图形就开始逐渐融入人们的视觉文化，成为一种流行的视觉表现手段。张议文对动态图形发表过自己的见解，他认为：“动态图形是一种动态视觉通信设备，它由动画排版即动画二维和三维（2D和3D）计算机生成图像的连续序列组成，这些序列合成在一起，输出为数字本机文件格式并显示在中介环境中。”[②] 马特·弗朗茨（Matt Frantz）说过：“我将Motion Graphic（动态图形）定义为基于时间流动的、非叙述性的、非具象化的视觉设计。”[③] 动态图形不仅是基于时间流动的视觉设计，更是一种非叙述性、非具象化的艺术表现形式。这意味着动态图形不依赖于具体的叙事结构，而是通过视觉元素的运动和变化来传达情感、概念或者品牌信息。这种表现方式使得动态图形具有极高的灵活性和创造性，能够适应各种不同的艺术表达需求。在现代社会中，动态图形的应用已经非常广泛，它不仅出现在电影和电视的片头设计中，还广泛应用于广告、网站设计、移动应用界面以及多媒体展示等领域，这些应用展示了动态图形在创造吸引人的视觉效果和有效传递信息方面的巨大潜力。随着数字技术的不断发展，动态图形的表现形式和应用范围还

---

① 周祁.MG动画在新媒体环境下的发展[J].明日风尚，2017，38（18）：327.

② 张议文.动画叙事空间的呈现[D].西安美术学院，2016.

③ 向莉莉.徐克电影的空间叙事[D].汕头大学，2010.

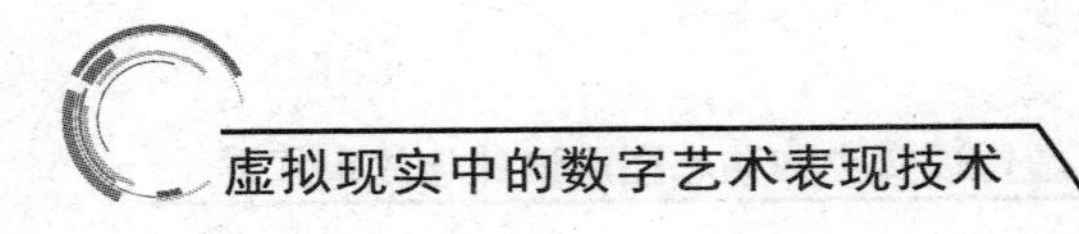

在持续扩展。

在广义上，动态图形在视觉表现上仍然遵循平面设计的基本规则，但它融合了动画技术和影像技术，使得图形能够通过时间的流动呈现各种形态变化。这种设计手段的灵活性使得动态图形能够容纳各种艺术风格和表现形式，从而创造出丰富多彩、多元化的视觉效果。无论是简洁的线条动画，还是复杂的三维建模，动态图形都能够以各种方式呈现，为观众带来独特的视觉享受。在狭义上，动态图形是平面设计、动画技术和影像技术交织的产物，它不仅关注具象化的视觉表现，更注重非具象化和非叙述性的视觉呈现，强调的是形式与动态的结合，而不是具体的叙述内容。因此，可以说动态图形是静态图形的发展，动态图形使信息更直观化，对事物具象或抽象化表达，吸引人们的注意力。① 动态图形作为一种特殊的信息传达的载体，利用文字、图形、声音、动态、空间、互动等多维度的传播信息，打破了静态图形的视觉感官，增加了听觉、触觉等多感官化沉浸式体验。②

（二）动态图形的发展

1. 动态图形的起源

第一种关于动态图形起源的说法源于人类早期的艺术表达形式，即原始社会时期人类在岩石或墙壁上绘制的图画，这些早期的图画不仅仅是用于记录生活和交流的手段，也是人类最初尝试用视觉语言来表达和沟通的证据。这种说法认为，动态图形的起源可以追溯到人类最早的视觉艺术实践。2011 年在南非布隆伯斯洞穴出土的图画是支持这一说法的关键证据。这块硅结砾岩上的图画，由弯曲的水平线和平行的垂直线组成，可以追溯到 73000 年前的中石器时代。虽然这些图画是静态的，但

① 吕杨．动态图形信息传达研究 [D]. 西安美术学院，2013.

② 鲍晓宇．动态图形在视觉传达设计中的发展与应用 [J]. 大众文艺，2017(21): 109 ～ 110.

它们代表了人类最早尝试以图形方式表达和记录信息的努力。这些原始的图画在视觉艺术的演变史上扮演了重要角色，为后来动态图形的发展奠定了基础。这种说法的核心在于：动态图形的起源并非仅仅与现代技术的发展相关，而是深植于人类最初的视觉表达和沟通需求中。从原始时期的岩画到现代的数字图形，这一演进过程体现了人类不断探索视觉语言和表达方式的历程。原始社会的岩画虽然在形式上是静态的，但它们所蕴含的是对动态、生活和故事的表达欲望。

第二种关于动态图形起源的说法源于时代的进步和科学技术的发展，追溯到电影技术的诞生之前，与视觉暂留现象——也称作“余晖效应”——的发现有着直接联系。这一现象最早在中国宋朝的走马灯中得到应用，随后在 1828 年保罗・罗盖特（Paul Rpgat）发明的留影盘中得到了证实。动态图形的发展与电影技术的进步相关。电影技术的先驱之一爱德华・马布瑞吉（Edward James Muggeridge）在 19 世纪 70 年代进行的实验，特别是他拍摄连续奔跑的马匹的序列，为后来电影的发展提供了重要的视觉和技术基础。1894 年，法国卢米埃尔兄弟带来电影，标志着电影艺术的诞生，为动态图形的发展奠定了基础，并为动态图形提供了一个广阔的舞台。随着时间的推移，动态图形开始从电影中分离出来，成为一种独立的视觉艺术形式。

2. 动态图形的发展历程

20 世纪初，随着数字技术的发展和普及，一批富有创新精神的动画师和电影制作人开始探索电影片头、片尾以及字幕的新颖设计，这一时期的动态图形开始从单纯的图形展示转变为具有深层次艺术表达的形式。这些早期的尝试为动态图形的发展奠定了基础，并逐渐形成独特的艺术风格和表达方式。在这个阶段，动态图形的设计不仅注重视觉美感的展现，还重视其在叙事和情感表达上的作用。设计师们通过创新的动态效果和视觉元素，使得电影的片头和片尾不再仅仅是传递信息，而且成了电影艺术的一部分，增强了电影的整体观感和艺术表达力。例如，电影

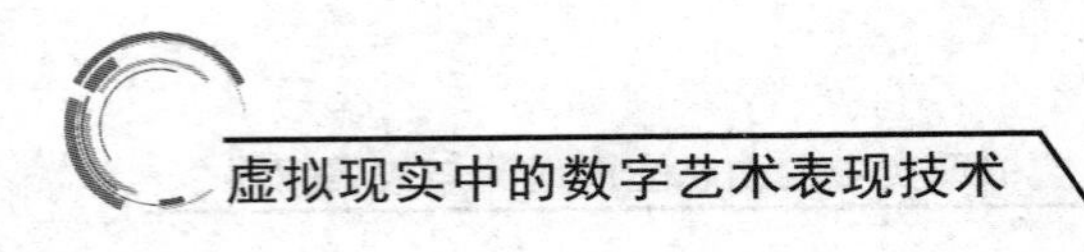

片头的设计越来越重视故事情境的营造，通过动态图形呈现电影的主题和基调，为观众进入电影的世界做好铺垫。同时，片尾的设计开始采用动态和创意的方式，与传统的静态字幕列表相比，更能吸引观众的注意力，给观众留下深刻印象。这些设计不仅展示了技术的进步，也反映了艺术家们在视觉表达上的创新和探索。随着电影工业的发展，动态图形逐渐成为电影视觉效果不可或缺的一部分，为电影艺术的发展贡献了独特的视觉语言和表现形式。

阿尔纳多·金纳（Alnaldo gonna）和布鲁诺·克拉（Bruno carra）在20世纪初开始创作抽象动画作品，其创新的视觉风格和技术手段对后来的艺术运动产生了深远的影响，特别是对"达达主义"的诞生来说。达达主义的代表艺术家汉斯·里希特（Hans Richter）结合几何图形和音乐创作了一系列抽象动画，这些作品通过视觉和听觉的结合，创造出一种独特的艺术语言，展现了动态图形的早期形态。里希特的作品不仅在视觉上具有强烈的冲击力，而且在节奏和动感上与音乐完美融合，为动态图形的后续发展提供了重要的灵感。在20世纪30年代，奥斯卡·费钦格（iskar Fischinger）的《蓝色构图》等作品，以其独特的视觉风格和流动的图形语言，展示了动态图形在艺术表达上的可能性，标志着动态图形雏形的出现。加拿大的诺曼·麦克拉伦（Norman McLaren）1933年开始实验动画片的创作，制成短片《从七到五》《彩色鸡尾酒》等，1941年返回加拿大，完成《美之舞》《小提琴》《邻居》《椅子的传说 》等动画片，其作品被广泛认为是动态图形的标志性开始。麦克拉伦的创作手法多样，他不仅利用传统的动画技术，还探索了多种新颖的技术和表达方式，如直接在胶片上绘制和刮擦等，突破了传统动画的局限，将动态图形提升到新的艺术高度，为后来的动态图形设计提供了重要的启示和灵感。

在20世纪五六十年代，索尔·巴斯（Saul Bass）作为电影动态片头设计的先驱，彻底改变了人们对于电影视觉元素的认识。在他的影响下，动态图形从一个辅助的视觉元素转变为能够独立承载电影主题和情感的重要艺术手段。在索尔·巴斯的设计中，他不仅仅注重视觉美感，更注重如何将片头片尾与电影的整体风格、故事内容和主题紧密结合。他的设计方法是将人物角色和电影的核心元素融入片头和片尾，通过这种方式使得电影的开场和结束不再是孤立的部分，而是整部电影的有机组成。[①] 这种创新的方法提升了观众的观影体验，也使得电影的片头和片尾成了讲述故事和传递情感的关键部分。

1962 年，莫里斯·布拉德尔（Maurice Binder）为“007”系列电影设计的片头，无疑成了动态图形设计史上的一座里程碑，其设计不仅具有深刻的视觉冲击力，而且在艺术表现和主题传达上具有极高的成就，这使得他的作品不仅仅是电影的一个组成部分，更成了电影文化的一个重要标志。在“007”系列的片头设计中，布拉德尔巧妙地运用枪管圆点这一元素，结合色彩斑斓的圆点不断变化重组，创造出一种既具有异域风情又充满理性和现代感的视觉风格。这种独特的设计不仅吸引了观众的视线，更有效地传达了电影的主题和基调。随着片头的展开，动感十足的舞者和盲人乞丐的剪影替换了圆点元素，以一种充满创意的方式讲述了加勒比海盗的故事，这一创新的设计手法使得片头成了一种独立的艺术表现，而不仅仅是信息的传递。莫里斯·布拉德尔的枪管片头设计不仅成了“007”系列电影的标志性元素，也对 20 世纪后半期乃至后续的动态图形设计产生了深远的影响。这种设计不仅在技术上展示了动态图形的可能性，更在艺术上开创了一种新的表现方式。莫里斯·布拉德尔的设计理念表明，动态图形不仅是一种视觉上的装饰，更是一种能够承载故事和情感的艺术形式。他的作品激励了一代又一代的设计师去探索动态图形的新领域，将其应用到更广泛的领域中。从电影片头到广告、

① 孙国鹏 . 动态图形在影视片头中的发展和应用 [J]. 美苑，2015（6）：112-115.

电视节目、网络媒体等，动态图形的应用范围不断扩展，成了现代视觉传达不可或缺的一部分。

20 世纪 70 年代，一群具有探索精神的平面设计师受到动画和电影的启发开始将时间的概念引入平面设计，这标志着动态图形的一个重要转折点，这些设计师开始探索如何将平面设计的元素和原则转化为动态的视觉语言，从而在电影、电视广告和动画中展现出全新的视觉效果，这种创新不仅为平面设计领域带来了新的活力，也推动了动态图形在艺术和商业领域的广泛应用。设计师们开始更加关注如何通过动态效果来表达情感、讲述故事或传达品牌信息，这种对动态视觉表达的深入探索，使动态图形成了一种独立而丰富的艺术形式，其应用范围也逐渐扩展到了更多领域。进入 20 世纪 90 年代，随着电脑技术的普及和互联网的快速发展，动态图形迎来了又一次重要的发展阶段。数字技术的进步为动态图形的创作和分发提供了新的工具和平台，使得设计师能够更加方便地创作复杂的动态效果，并通过互联网将这些作品快速传播到全世界。这一时期，动态图形开始在网站设计、数字广告、社交媒体和在线视频等新兴领域中大放异彩。[①]

（三）动态图形的强大优势

动态图形从二维平面的简单视觉表现，逐渐扩展到多维度的复杂感官体验，展现了一个丰富而复杂的发展历程，特别是数字媒体技术的不断进步，动态图形在视觉上变得丰富多样，而且在艺术效果、色彩运用和动态效果上都有了显著提升。现代动态图形艺术不仅在色彩上缤纷，动态效果也简洁明了，这种艺术风格的转变不仅仅是视觉上的改变，更是一种全新的视觉语言和表达方式的探索。现代动态图形设计结合了数字技术的先进性，使得艺术效果更为立体和动感，为观众带来了全新的

---

① 周雯 .MG 动画中关于图形运动的设计探析 [J]. 设计，2019，32（19）：147-149.

视觉体验。

动态图形设计在数字媒体环境下展现了巨大的信息传播能力，与传统的二维静态图像相比，它能够更有效地吸引观众的注意力，这得益于其独特的视觉节奏和动态美感，这些元素不仅让画面更加生动，也使得主题信息能够更快速、更直接地传递给受众。在信息爆炸的时代背景下，动态图形以其独特的吸引力和引导性，在信息传播中扮演着越来越重要的角色，在广告、品牌宣传、教育和娱乐等领域成了传递信息、吸引观众和提升用户体验的重要工具。它的多样化应用不仅丰富了视觉艺术的表现形式，也为不同行业提供了新的视觉传达解决方案。[①]

1. 强大的空间表现能力

动态图形将二维平面拓展到三个维度，二维图形以 X、Y 两个轴向为表现，动态图形增加了 Z 轴（及深度）的表现，三个维度对信息视觉呈现更全面。[②]通过结合二维动画、三维动画、图像、文字以及声音等多种类型的信息元素，动态图形可以灵活地适应不同领域的需求，展现各行业的独特风格，这种设计的多样性和灵活性是动态图形能够迅速区别于其他类似广告形式的主要原因。

互联网作为一个快速发展的平台，为动态图形提供了无限的展现和应用空间，设计师们在创作过程中，不仅需要考虑主要用户群体的偏好，还需结合互联网的特点和生存规律，来选择适宜的设计风格和表达语言。例如，在设计动态图形广告时，设计师会深入分析目标受众，选择与之相匹配的视觉元素和动态效果，以确保信息的有效传递和吸引力。设计师可以通过各种专业软件设计出各种角色、场景以及所需的图形和动态，这在很大程度上突破了传统拍摄的限制，同时根据需要表达的内容和效

① 曾进．动态图形设计基础探析 [J]. 艺术与设计（理论），2013，24（8）：90-92.

② 李琢玉．移动互联网广告动态图形视觉设计研究 [D]. 无锡：江南大学，2021.

果，发挥极大的想象力和创造力，选择恰当的艺术元素和表现手法。

2. 独特的视觉美感

动态图形设计的核心在于运动，这种运动不仅仅是图形的物理变换，更是一种视觉节奏的创造，这使得动态图形能够通过运动创造出鲜明的视觉节奏美感，这种视觉节奏美感是评价动态图形设计优劣的重要标准之一。在这个过程中，主要的视觉元素是那些不断运动变化的图形，它们是观众关注的焦点，并通过视觉和动态的结合来传递信息和情感。观者通过界面与动态图形进行互动体验并得到反馈，从而调动观者的兴趣点，增加视觉信息传达的趣味性。[①] 优秀的动态图形能够带给观众愉悦的感受，同时有效地传达中心内容和创造氛围，从而加强主题的传达，这就要求设计师需要充分利用色彩、形状、线条和动态效果，创造出有力而富有表现力的视觉作品。

在动态图形中，时间的运用尤为关键，因为动态变化需要一定的时间来展现，因此设计师必须在长时间保持受众的兴趣和耐心的同时，有效地传递信息。这就要求动态图形的设计既要简洁有趣，又要恰当相关。最佳的动态图形设计应当能够让观众在短时间内获得强烈的视觉印象，并留下深刻的记忆。[②] 电影《美国队长 2》的片尾设计就是动态图形设计的一个经典案例。在这个设计中，设计师利用简单的平面几何图形和角色轮廓，创造出强烈的视觉冲击力和完整感，借助图形和背景之间的颜色对比，以及光线和阴影的运用，形成了独特的视觉效果。与此同时，背景音乐的使用增强了情节的表达，使得观众在强烈的视觉和听觉体验中感受到故事的完美结局。

---

① 王晨 . 跨媒介背景下动态图形的交互与应用研究 [D]. 南京：南京艺术学院，2020.

② 周至禹 . 思维与设计 [M]. 北京：北京大学出版社，2007：2–50.

3. 丰富的视觉引导性

动态图形具备超越传统静态图形的视觉吸引力，与静态图形相比，动态图形在展示信息时可以按照预先设计的顺序呈现动态效果，这种预设的展示顺序使得信息传达更为直接和高效。[①] 动态图形可以通过视觉引导有效地促进了观众对信息的快速接收和理解，不仅更容易吸引观众的注意，还能影响观众对信息的处理偏好，引导他们的视线按照设计师的意图移动。北京 2022 年冬奥会的体育图标是动态图形视觉引导性的一个杰出示例，北京奥委会设计组巧妙地将中国传统的篆刻风格与现代动态图形设计相结合，创造了一系列具有鲜明特色的动态图标。每个图标不仅清晰地展示了对应的冰雪运动项目，还通过动态变化突出了运动员的运动形态和运动特点。这种设计使得观众能够迅速识别并理解每个图标所代表的项目，有效提升了信息传递的效率。更重要的是，图标的动态展示还增加了观众的观赏兴趣，提升了整体的视觉体验。

4. 连贯的记忆性

人类的大脑对于图形信息具有天然的记忆优势，我们每天接收的零散信息，尤其是图形信息，对我们的行为和决策产生着潜移默化的影响。[②] 动态图形设计通过其独特的动态化语言不仅可以吸引观众的注意力，更能够引导观众进行深层次的思考，并在他们的记忆中留下持久的印象。与静态图形相比，动态图形通过结合视觉、听觉、空间等多种感官元素，为接收者提供了一种多维度的感官体验，这种综合的感官刺激使得信息的记忆为连贯和深刻。[③] 例如，在动态图形中，视觉元素的运动和变化，结合音乐和声效，可以创造出一种动态的叙事环境，这不仅增

① 徐军. 视觉传达设计中视觉思维模式的创新 [J]. 传媒论坛，2021，4（18）：171-172.

② 巩冠楠. 动态图形设计的动态构成研究 [D]. 北京：北京理工大学，2016.

③ 程莹. 动态图形设计中的视觉语言表达研究 [D]. 扬州：扬州大学，2018.

强了信息的表现力，还使得这些信息更易于被记忆和回忆。设计师通过动态图形的动态效果可以在观众心中激发特定的情绪和情感反应，引发情感共鸣，这种情感上的共鸣使得信息易于被接收和记忆。例如，一个以动态图形展示的故事或广告，通过情感化的叙事和视觉效果，可以在观众心中留下深刻的印象，从而扩大信息的影响力。

此外，动态图形设计能够通过视觉隐喻和象征性的表达手法，加深信息的层次和含义，这种隐喻和象征性的表达不仅增强了信息的艺术性，也使得信息的理解丰富和多元。观众在解读这些隐喻和象征时，会产生深层次的思考和联想，从而使得这些信息在他们的记忆中占据重要的位置。

第二节　动态图形基于虚拟现实技术的设计创新

一、动态图形基于虚拟现实技术的设计方法创新

（一）突出个性

在虚拟现实技术支持下，动态图形设计具备高度的个性化，极大地丰富了用户体验。这种个性化的设计不仅体现在设计师能够根据用户的行为和偏好来调整图形表现，如改变色彩、形状或动态效果，还体现在能够为每个用户提供独特体验的能力。通过对用户在 VR 环境中的行为进行细致的分析，设计师能够收集有关用户偏好和兴趣的数据，从而精准地调整动态图形以适应用户的个性化需求。这种个性化设计方法的关键在于其能够提供实时反馈调整，如果系统检测到用户对某种颜色或形状特别感兴趣，它可以立即做出反应，调整环境以展现更多类似的视觉

元素，这种实时的调整不仅提高了用户的参与度，也增加了用户的满意度。而且，利用 VR 技术，设计师能够创造出能够根据用户行为和选择动态生成内容的图形，这种个性化的动态内容使得每一次用户体验都成为一段独特的旅程。情境适应性设计也是这种个性化方法的一部分，即设计师根据用户的情绪和环境反应调整图形来适应用户的当前状态，如为感到放松的用户展示平静舒缓的视觉元素，为需要激励的用户展现活跃鲜明的图形，这种设计不仅在视觉上吸引人，更在情感上与用户产生共鸣。

在 VR 环境中，设计师可以根据用户的选择和互动方式改变故事的走向，增加了用户与动态图形之间的互动性，用户可以通过各种方式与图形互动，使图形成为一个能够响应和适应用户行为的动态实体。高度个性化的动态图形设计还能够与用户建立更深层次的情感联系，通过对用户偏好的深入了解和相应的设计调整，用户会感受到被理解和关注，这种情感连接增强了对品牌或产品的忠诚度，同时为用户带来丰富、有趣且具有深度的体验。

（二）增强空间感

虚拟现实技术的引入彻底改变了动态图形设计的领域范畴，将其从传统的二维界面延伸到三维空间的广阔天地，这一转变不仅仅是空间维度的增加，更是为设计师打开了一个全新的创造世界。在这个三维空间中，设计师得以释放他们的想象力，创造出既生动又真实的动态图形。这种空间的深度和宽度提供了无限的可能性，让设计师能够灵活地模拟现实世界的复杂性，或者创造出令人震撼的超现实视觉体验。

在三维空间中，动态图形不再是静态的、平面的视觉元素，而是成了可以环绕、可以互动的实体，设计师可以利用 VR 技术创造出各种形态的动态图形，从浮动的文字到变换的几何图形，甚至是仿生的生物模型，这些图形在三维空间中移动、旋转、变形，为观众提供了一种全新的视觉感受。而且，VR 技术还极大地增强了动态图形设计的交互性，观众不再是被动的接收者，而是可以成为互动的参与者。他们可以通过头部运动、手势或控制器与这些动态图形进行交互，影响它们的运动轨迹或状态。这种参与性体验大幅提升了动态图形的吸引力，使得观众能够深入地体验设计师创造的虚拟世界。更重要的是，动态图形在三维空间中可以以多种方式呈现，如通过阴影、光线、纹理等视觉效果增强空间的深度感。设计师可以利用这些技术手段来模拟真实世界的物理属性，如重力、材质的质感等，从而使动态图形贴近现实，或者创造出超乎想象的视觉效果。

（三）营造逼真意境

借助虚拟现实技术，动态图形正日益成为一种为用户提供沉浸式体验的强大工具，设计师通过创造环绕式的图形场景，使用户感觉仿佛身处其中，这种沉浸感不仅增强了设计作品的吸引力和影响力，而且更有效地传达了设计信息和情感。在模拟真实感方面，VR 技术为动态图形设计提供了巨大的潜力，设计师可以利用高级渲染技术和逼真的动态效果，创造出接近真实的视觉体验，这种真实感的模拟特别适用于模拟训练、教育和娱乐等应用场景。例如，在模拟训练中，动态图形可以用来创建逼真的操作环境，让用户能够在安全的虚拟空间中学习和练习；在教育应用中，动态图形可以帮助学生直观地理解复杂的概念和过程。此外，VR 技术的重要优势在于它能够结合多种感官体验，包括视觉、听觉和触觉等，这种多感官的结合使得动态图形设计不限于视觉体验，而是变成了一个全方位的感官体验。设计师可以通过与声音和震动等感官刺激的结合，创造出全面和丰富的动态图形体验，增强使用者对动态图形的认知和理解。例如，在一个虚拟现实游戏中，用户不仅可以看到动态的图形变化，还可以听到环境中的声音，甚至可以感觉到与虚拟对象互动时的震动反馈，自然会更了解动态图形的内容。这种基于虚拟现实技术的设计方法，使得动态图形设计不再是简单的图形艺术，而是变成了一种能够与用户进行深度互动和沟通的全新媒介。

二、动态图形基于虚拟现实技术的设计风格创新

在探讨动态图形基于虚拟现实技术的设计风格创新时，我们不仅关注图形的视觉表达和技术创新，还要深入理解图形作为艺术造型基础元素在传播信息过程中的重要性。动态图形设计不局限于民族文化和地域语言的约束，而是作为一种全球性的视觉语言，跨越文化界限。设计师在进行动态图形创意时，着重于拓展某个物体或对象的形象，这不仅仅是从图形的视觉表现形式或创作技巧上进行创新，而是深层次地挖掘图形的形式以及其所赋予的文化属性和表现力。通过这种方式，设计师能够创作出具有独特艺术个性的动态图形作品，这种设计思维在虚拟现实技术的背景下同样重要。

VR 技术为动态图形设计提供了一个全新的维度，使得设计师能够在一个互动的环境中进行创作，不仅增加了视觉的深度和空间感，更重要的是，它提供了一种新的方式来讲述故事和传递情感。设计师可以利用 VR 技术来创造一个虚拟世界，其中的动态图形不再作为静态或动态的视觉元素，而是成了一个能够与用户进行互动的动态图形实体。在这个过程中，设计师需要先基于一幅静态的画面展开想象，规划出动态的大致框架，这需要设计师具备扎实的平面设计基础以及将静态图形转化为动态表现的能力。动态设计与传统的平面设计相比是一种随时间变化的视觉构图艺术，更注重时间和动态变化对视觉效果的影响，所以它要求设计师在一系列图形之间展现出和谐和协调。进入制作设计阶段，设计师的主要任务是为所有的图形动态提供一个统一且引人入胜的视觉风格，这种视觉风格不仅需要吸引观众的注意力，还需要与整个虚拟环境的氛围和风格保持一致，这要求设计师在创意和技术上都有高度的专业素养，能够在保持艺术创新性的同时，也确保作品的整体协调性和观众的沉浸感。

（一）超现实主义风格

随着数字技术的发展，我们已经从简单的二维图形转向了复杂和逼真的三维图像，这种转变不仅仅体现在图形的维度上升，更体现在对现实世界的深入模拟和超现实主义的探索上。数字超现实主义在动态图形设计领域尤为突出，它利用先进的数字技术在LED屏幕上呈现大量的三维生活场景，这些场景既充满了清晰的视觉材料，又带给观众一种既熟悉又陌生的体验。这种设计手法在纹理、材质和光感上的创新打破了传统视觉艺术的边界，通过在多个维度上展示动态图形，产生了令人意想不到的视觉效果。超写实主义在动态图形领域是一个相对较新的趋势，它的热度不断攀升，已迅速成为各大媒体领域的焦点。

（二）程式化风格

特效艺术的融入为动态图形设计带来了革命性的变化，特别是在虚拟现实技术的辅助下，这种变化更加显著。程序化风格的动态图形设计不仅仅是一种视觉上的革新，它也代表了一种全新的思维方式，这种设计方式通过编程和算法来创造图形，使得设计师能够创作出前所未有的复杂和动态的图形效果，这些图形能够根据观众的互动或环境变化进行实时的改变和适应。程序化风格的动态图形设计通过使用编程软件和UNITY技术，不仅增强了图形的动态显示，还实现了逼真的模拟效果，使得动态图形能够生动地呈现复杂的生物形态和自然现象。对于广告和设计行业来说，这种动态图形设计提供了一种全新的方式来吸引观众的注意力和传播信息，它不仅仅是一种视觉上的吸引，更是一种情感和思想上的引导。在虚拟现实技术的支持下，动态图形的程式化设计不再局限于传统的二维平面，而是转向了立体和互动的三维空间，使得观众能够沉浸在作品中，体验到真实和多维的视觉效果，这不仅仅是技术上的进步，更是一种艺术表达方式的革新。通过虚拟现实技术，设计师能够创造出更加生动和真实的世界，让观众能够从全新的视角去观察和体验这个世界。

以广东工业大学艺术与设计学院创作的《菌生》为例，这个作品不仅仅是一种视觉上的创新，更是一种对新媒体影像创作方法和技术手段的探索。《菌生》以菌类微生物为主题，通过视觉艺术探索了人类与细菌微生物之间的关系。在这个作品中，微生物的生长形态不仅被用作视觉效果，还被用来传达和谐共生的主题思想。这种视觉上的表达非常强烈，它通过增加视觉元素和强化视觉冲击来吸引观众的注意力。《菌生》通过程序化艺术语言生动地展示了细菌在不同时期的运动和生长形式，这些形式在常规的视觉艺术中是难以实现的。

（三）极致主义风格

在当今的动态图形设计领域中，极简主义的风格愈发受到重视，这种风格的核心在于“纯粹化”，但它不同于单纯的剥离概念，而是在简化的基础上添加必要的纹理和色彩元素，以达到既简约又具有表现力的效果。同时，为了增强动态图形的表现力和互动性，设计师们还将音频元素融入其中。这种设计方式使得动态图形不仅在视觉上呈现快速、清晰、流畅的特性，而且在听觉上也能给观众带来丰富的体验。

随着社会节奏的加快，受众开始更加追求效率，简短和简化已经成为设计的主流方向，这种趋势反映出了人们对信息快速获取和处理的需求。在这个极简主义趋势下，设计师们采取谨慎的方式来解读和实现动态图形的艺术风格，在保持设计的简洁性的同时，注重多元化的表现，这种平衡是动态图形设计中的一个重要发展趋势。以芬兰外交的新标志为例，这个设计简单明了，能够灵活适应不同的宣传需求，而且它采用最基础的圆形，主视觉颜色是蓝色，这不仅代表了芬兰作为丰富淡水资源国家的身份，同时在视觉上提供了清晰和平静的感觉。在互动设计方面，这个图标的颜色会根据不同的外交事件显示不同的颜色，这样的设计既体现了极简主义的美学，又增加了动态图形的互动性和适应性。

在虚拟现实技术的背景下，极简主义风格在动态图形设计中的应用变得更加重要，因为虚拟现实技术提供了一个三维的、沉浸式的环境，这使得设计师们能够在一个更加广阔的空间中实现他们的极简创意，不仅仅是视觉上的简化，更是对空间和互动元素的精心安排，创造出一种简约而深刻的体验，这种体验在传统的二维平面设计中是难以实现的。

第三节　虚拟现实中动态图形的故事叙述

一、动态图形的叙事方法

叙事的英文为 Diegesis，字面意思可以理解为叙述事情，华莱士·马丁（Wallace Martin）说“叙事并非仅仅是用以代替可靠统计材料的泛泛印象，而是一种自有其道理的理解过去的方法”。[①] 该词原本只应用在学术领域，作为生活中解释世界的基本方式而存在，后来逐渐延伸到艺术领域，成为一种复杂而多维的概念，也成为不同领域和学科的核心组成部分。叙事作为经验和世界的构建方式，超越了简单的事件叙述，它是通过故事来理解和表达个人与集体经历的方法。每个文化都有其独特的叙事模式，这些模式反映了其价值观、信仰和历史。在文学中，文学作品通过文字创造一个生动的、多层次的世界，其中复杂的角色发展、情节构造和主题探索都是叙事的重要组成部分。在心理学领域，个人通过构建自己的故事，可以赋予生活以意义，并处理情感和经历。在教育领域中，教育者通过讲述故事，能够使抽象概念变得具体易懂，同时激发学生的想象力和创造力。在历史研究中，历史学家通过构建叙事来解释

① 郝伟栋．莫言小说叙事时间研究 [D]. 济南：山东大学，2018.

历史事件和过程，帮助我们理解历史的复杂性和多样性。在影视艺术中，艺术家通过叙事手法使得影视作品能够通过视听媒介以引人入胜的方式讲述故事和传达情感。随着数字技术的发展，叙事的形式和媒介也发生了变化。

（一）动态图形叙事方法的定义

动态图形叙事方法是一种在动态媒介中讲述故事和传达信息的复杂而多样化的手段，广泛应用于动画、视频游戏、电影特效等领域，这种叙事方法的核心在于它的动态性，不仅仅是展示视觉元素的动态变化，还涉及时间、空间、声音和互动性等多个维度的综合运用。动态图形叙事的一个显著特点是其强烈的视觉冲击力，通过运用复杂的视觉效果、丰富的色彩和先进的动画技术，动态图形能够有效地吸引观众的注意，强调故事的关键点，设置情感基调或创造特定的氛围。这种视觉表现力使得动态图形成为一种强有力的叙事工具，能够在短时间内传达大量的信息和情感。动态图形叙事通常涵盖了多种媒体元素的融合，包括文字、图像、声音、音乐和视频等，这种多媒体的结合不仅增强了叙事的表现力，还为叙事提供了更多的层次和深度。例如，音乐和声音效果与视觉元素的结合不仅能增强情感的表达，还能使故事引人入胜。在互动性方面，尤其是在视频游戏和交互式媒体中，动态图形叙事允许用户通过自己的选择和行动来影响故事的进程，从而创造出独一无二的个性化体验。

动态图形叙事的另一个关键特点是其叙事结构的灵活性，它不局限于传统的线性叙事模式，也可以采用非线性、多线性甚至是交互式的叙事结构。这种灵活性使得故事能够以多种不同的方式呈现，为观众提供了丰富和多元的叙事体验。例如，非线性叙事可以通过闪回、闪前或平行叙事等手段，为观众提供不同的视角和层次，揭示故事的多样性和复杂性。在情感沟通方面，动态图形叙事利用视觉和听觉元素的结合来传达情感和情绪，这种叙事方式能够激发观众的情感共鸣，增强故事的吸引力。同时，动态图形还能够表现复杂的情节、角色和主题，提供比传统静态图像更深层次的叙事体验，为观众呈现一个多维度的叙事世界。

（二）动态图形叙事方法的分类

1. 按照叙事结构分类

动态图形中的叙事结构决定了故事的组织方式和呈现形式，不同的叙事结构在动态图形领域中会创造出不同的视觉效果和观众体验。以下是动态图形中常见的叙事结构类型及其特点的详细阐述。

（1）套层式结构叙事：在动态图形中，套层式结构特别引人入胜，它是将一个或多个故事嵌套在另一个故事之中，允许在多个层次上展开故事。在动画系列或电影中，这种结构可以表现为一个主线故事，其间穿插了多个独立的小故事或回忆，每个层次都有自己独特的视觉风格和节奏。这种多层次的叙事方式丰富了观众的体验，使整个作品更加深刻和立体。

（2）环形结构叙事：环形结构在动态图形中用于强调命运、循环或时间的概念。例如，在某些电影或视频游戏中，故事开始的场景在结尾处重现，形成闭环，象征着生命、历史或事件的循环性。这种结构经常用来表达深刻的哲学意义或对生活常态的反思。

（3）交叉结构叙事：交叉结构在动态图形中表现为多个独立故事线的交汇。在视觉叙事作品，如电影或电视剧集中，不同的故事线通过视觉切换呈现，最终在某些关键点交汇。这种结构使得观众能够从多个视角观察事件，增加了故事的复杂性和深度。

（4）多角度结构叙事：多角度结构特别适用于动态图形，它允许从不同角色的视角讲述同一事件或一系列事件。在交互式媒介如视频游戏中，玩家可能会体验到同一故事的不同视角，每个角色的视角都提供了不同的信息和情感体验。这种结构增加了叙事的主观性和观点的多样性。

（5）平行结构叙事：在平行结构中，两个或多个故事线并行发展，但不一定直接交汇。这在视觉叙事艺术中常用来探索相似或对比的主题。例如，两个在不同时间或空间发生的故事可能会被并行展现，通过视觉和叙事上的对比，揭示不同环境和情境下的人性和社会规律。这种结构在动画电影或系列剧集中尤为常见。

2. 按照叙事时间分类

不同的叙事时间结构能够在动态图形如动画、视频游戏、电影等中创造出独特的节奏感、情感深度和理解层次。以下是动态图形中常见的叙事时间结构及其特点的详细阐述。

（1）线性叙事：这种方法按照时间的自然顺序展开故事，从开始经过中间到达结尾，这种直接而清晰的叙事方式使观众能够轻松地跟踪故事的进展和角色发展。例如，在传统的动画电影或电视剧中，线性叙事通过连贯的场景和事件序列来构建故事，使观众能够顺畅地理解故事的因果关系和时间发展。

（2）闪回叙事：在动态图形中，闪回是一种常用的技术，用于将故事从当前时间点跳回到过去的某个关键时刻，这种方法不仅能够提供背景信息和深化角色描绘，还可以增加叙事的层次和复杂性。例如，在一部电影中，通过闪回可以揭示主角的过去经历或动机，从而使观众更加投入和理解角色的行为。

（3）倒叙叙事：倒叙结构开始于故事的结尾，逐步揭示事件如何发展到当前状态，这种结构在动态图形中引人入胜，因为它创造了悬念和意外的效果，迫使观众重新思考时间和事件的流逝。在某些创新的电影或交互式媒体作品中，倒叙叙事被用来颠覆传统的叙事模式，呈现一种全新的观看和参与体验。

（4）重复线性叙事：这种结构在动态图形叙事中涉及重复某些场景或事件，每次重复都会带来新的信息或不同的视角，这种方法在电影编辑和动画中尤其有效，可以用来强调特定的主题，或者从不同角度展示一个事件。例如，一个场景可能会被重复展示，但每次都揭示不同角色的视角或新的情节细节。

（5）多线性叙事：在多线性叙事结构中，故事由多个时间线组成，这些线可能交织或独立发展，这种结构在动态图形中特别有效，因为它允许在不同的时间和空间维度中展开故事，创造出丰富和多元的观众体验。在某些复杂的视频游戏或交互式虚拟现实体验中，多线性叙事被用来提供多重故事路径和结局，增加了参与度和重播价值。

（三）动态图形叙事方法的特征

1. 动态图形叙事的时间特征

（1）顺序：在动态图形的叙事中，特别是当文字与图形相结合时，时间顺序成了关键。按时间顺序叙事就是强调按照叙述者陈述故事的时间顺序进行视觉呈现，这种方法在处理复杂信息和数据时尤为有效，通过遵循叙述者的时间线，动态图形能够清晰、连贯地传达故事的进程和关键信息。这种方法的优势在于它能够保持信息的逻辑流和清晰度，使得复杂的数据和概念易于理解和吸收。例如，《北京房事》在讲述北京房价和购房策略的故事时，通过动态图形将大量的数据和社会现象以直观、形象的方式展现，不仅确保了信息的准确传递，而且通过视觉化手段增强了信息的吸引力和影响力。图表、动画和图解等数据在叙事时也可以用来增强文字信息的表现力和可读性，不仅使得叙事内容更加生动和具体，而且通过视觉化表达，将抽象或复杂的概念转化为易于理解和记忆的形式。

（2）倒叙：在动态图形的创作中，倒序叙事是一种独特且艺术化的技巧，它挑战了时间顺序的传统规则，无论是在故事实际发生的时间还是在被叙述的时间上。倒序叙事的关键在于颠倒或错乱时间的流向，这不限于简单地将故事结局或高潮提前，而是深入地重新组织和解构整个故事的时间框架。倒序叙事在动态图形中的运用不仅仅是为了创造视觉上的新奇感，更是一种深入探索和表达故事主题的手段，通过颠倒时间顺序，叙事者能够强调特定事件的重要性，揭示故事的深层含义，或者探讨时间和记忆的复杂性。这种叙事方式可以使得原本平凡的故事变得更加引人入胜，增强了故事的层次感和思考深度。而且，这种叙事技巧也为艺术家和创作者提供了广阔的创新空间，他们可以通过实验不同的时间结构来探索新的叙事可能性。

（3）暂停：在动态图形的世界中，暂停功能不仅仅是一个简单的停止动作，而且是增强观者的互动体验和理解深度的特殊动作。真实时间是无法暂停，但在动态图形，尤其是交互型动态图形中，虚构的时间可以通过设计和编程被暂停。这种功能的引入不仅提高了用户的体验，还赋予了观者更大的控制权和参与感。在可暂停的动态图形中，观者通过触觉等交互手段与作品进行互动，这种交互通常体现在观者能够控制动态图形的播放、暂停或回放。这类动态图形的外观通常相对简洁，叙事内容明确，便于用户快速把握和操作。而且，虽然叙事框架由创作者预设，但用户在这个框架内可以进行一定程度的叙事参与，这种参与不限于物理层面的互动，更包括对叙事内容的思考和解读，使得观者在某种程度上成为故事的共同创作者。通过这种交互型的动态图形，观者被邀请主动接受和体验叙事内容，这种体验远超过被动接收信息，观者在互动过程中可以深入地感受创作者的用心和作品的内涵。在这个过程中，观者的角色也发生了转变，从一个纯粹的观者变成了一个隐含的作者，他们的选择和互动在一定程度上影响着叙事的发展和体验。

（4）频率运动：在动态图形中，为了传达大量信息，且需要在保证信息准确传达的同时具备视觉上的吸引力和美观性，动态图形中的运动往往集中和稠密，这体现在图形元素如圆形、矩形等的频繁出现和快速变换。在同一个时间段内，动态图形中的多个事件或图形元素出现的次数通常远高于传统形式的动画，这种高频率的运动不仅创造了视觉上的动态美感，而且使得信息传递高效和集中。例如，一个关于市场数据变化的动态图形可能会通过快速变换的柱状图和曲线图来展示不同时间点的数据。动态图形中的这种运动方式也反映了其功能性和实用性的特点，元素的重复出现和快速运动不仅是为了吸引观众的注意，更是为了确保信息的准确理解和快速接收。

（5）频率静止：在动态图形中，静止或单次出现的图形元素与频繁动态的元素形成对比，特别是当一个图形在动态图形中只被描述一次且之后不再出现时，这种静态的表现形式会在视觉和叙事上产生特别的效果。这种使用单次出现或静止图形的方法，在早期动态图形和实验动画中尤为常见。静止图形的使用可以在动态图形中创造出一种独特的视觉节奏和叙事节奏，可以吸引观众的注意，强调其重要性或特殊含义。例如，在一个充满运动和变化的动态图形中，一个静止的图形可能代表了一个关键时刻或主要概念，引导观众对该图形及其代表的含义进行深入思考。而且，静止图形的使用也体现了动态图形创作中的节制与平衡，创作者可以通过在动态与静止之间寻找平衡，创造出丰富和层次分明的视觉体验，让作品在视觉上吸引人，也使得信息的传递清晰和有效。

2. 动态图形叙事的空间特征

（1）图形景别：在动态图形领域，景别的概念虽然源自电影和传统动画中摄像机与被摄物体之间距离的概念，但动态图形和传统动画中并没有实际的摄像机，所以这里的“摄像机”通常是指虚拟摄像机。动态图形中的虚拟摄像机设置允许创作者从不同的视角和距离展示图形和场景，这是一种增强叙事空间和视觉效果的常用技巧。在动态图形创作中，往往在一个固定的景别内完成所有的动画，原因在于动态图形注重信息的清晰传达和视觉上的简洁性，而不是场景的深度或空间的丰富性，这种相对单调化的景别使用在某种程度上简化了视觉呈现，使观众能够集中注意力在核心信息或图形上，而不是场景的细节。例如，在一个关于数据可视化的动态图形中，通常会采用一个固定的景别来展示所有的图表和数据，这样做有助于保持视觉的一致性和信息的清晰度。虽然动态图形在景别的使用上可能不如传统动画那样多样化，但这并不意味着它在视觉效果上的限制，动态图形通过巧妙设计和创意依然可以在一个景别内创造出丰富的视觉效果和叙事层次。

（2）图形动作：动态图形的动作，即内部图形的运动和调度，是其叙事手法中的一个重要组成部分，其中，矢量化和扁平化的动作表现成为动态图形动画叙事空间中的两个重要特征。矢量化的动作表现在动态图形中的应用主要受益于软件技术的进步和科学技术的发展，它不仅占用内存更小、图像更清晰，还能使得动态图形的制作更为便捷，应用范围更广泛。而且，矢量图形的动态图形可以轻松地进行缩放和变形，而不会失去清晰度，更重要的是矢量图形的文件由于体积相对较小更适合网络传播，这在当前互联网时代尤为重要。扁平化的动作表现则是动态图形几十年发展历程中逐渐形成的风格，是受到现代主义和极简主义影响下诞生的，其简洁明了的视觉特点非常适合动态图形的需求。扁平化设计中的简单线条、鲜明色彩和清晰图形，使得信息的传达更加直观和高效，不仅减少了视觉上的复杂性，还强化了信息的表现力，使动态图形更容易被广大观众接受和理解。在现代社会中，随着信息传播需求的增长和观众审美的变化，扁平化已经成了一种受欢迎的设计风格，它不仅适应了现代人快节奏的生活方式，也符合了数字化媒介对视觉简洁性和传播效率的要求，而且动态图形中的扁平化元素可以帮助观众快速抓住信息的核心，同时能为视觉带来现代感和时尚感。

（3）图形视点：动态图形中的视点概念是指从虚拟摄像机的位置去观察和理解动态图形，这在某种程度上决定了观众对于作品的视觉和叙事体验。动态图形中的视点通常相对固定，这是由于动态图形侧重于信息的清晰传达和视觉效果的直观性，大部分作品使用一个长镜头来完成整个动画。即使在空间内部进行一些推拉或摇移，虚拟摄像机的视点基本上保持不变。这种处理方式使得动态图形在某种程度上失去了视点变化带来的叙事深度和空间感，但同时为信息的直接和快速传递提供了便利。虽然动态图形在叙事空间和视觉表现上有其独特的优势，如信息传

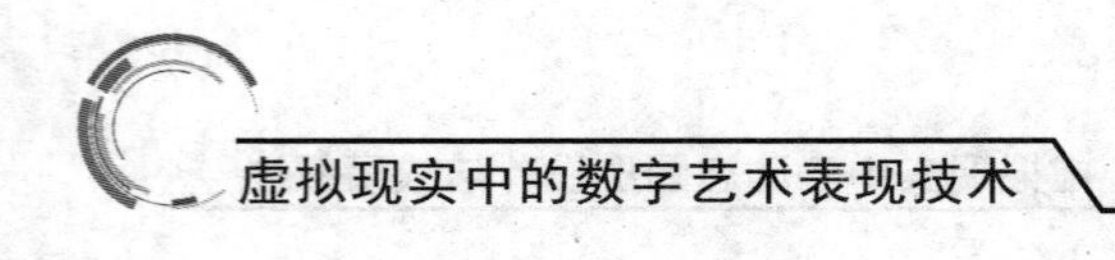

递的高效性和视觉的简洁明了，但其相对固定的视点设置也限制了其在叙事深度和空间感上的表现力。为了克服这一限制，动态图形创作者可以探索结合不同视点和视角的可能性，以增强叙事的多维度和沉浸感。

（4）图形形式：动态图形作为一种多样化的视觉艺术形式，其多元性在于它能以多种方式表现和传达信息，从二维到三维，从实验性材质制作到虚拟现实技术的应用，动态图形不断拓展其表现手法的边界，以适应不同的叙事需求和观众体验。这种多样性丰富了动态图形的视觉语言，也使其成为一种强大的信息传递工具。二维动态图形以其简洁明了的特点，适用于直接和清晰的信息传递，而三维动态图形提供了立体和真实的视觉体验，使得信息的展示和引人入胜。而实验性材质的使用为动态图形提供了更多的创造空间，使创作者能够通过独特的视觉效果表达深层的意义或情感。

二、基于虚拟现实技术的动态图形故事叙述

（一）空间化叙事

空间化叙事是一种通过利用虚拟现实技术来创造故事体验的方法，在这种方式中，动态图形不仅仅是视觉上的展示，而且成了物理空间中的实体，使观众能够在三维空间中亲身体验故事的发展。这种叙事方式相对于传统的线性叙述方式来说是一种革命性的突破，但其关键在于它如何利用 VR 技术创造出一个环绕式的叙事环境。在空间化叙事中，动态图形的故事不再是被动地通过屏幕观看的，而是一个可以沉浸其中的三维世界，观众可以在这个虚拟空间中自由移动，从不同的角度和距离观察图形故事的发展，此时的观众不再是外部观察者，而是故事的一部分。而且，动态图形在这种叙事方式不仅仅是静态的图像，而是可以变化的元素，它们可以根据故事的需要变换形状、大小或颜色，为观众展开新的故事线索。更重要的是，空间化叙事还创造了一种多层次的故事

体验，不同的故事层次可以在物理上被安置在不同的空间位置，观众可以选择进入不同的空间来探索故事的不同方面，这种选择性不仅增加了故事的深度，还提供了一种个性化的体验。

（二）互动性叙事

互动性叙事与传统的动态图形叙事相比，为观众提供了一个与故事内容直接互动的机会，这种互动不仅仅是被动的点击，而是主动地参与和互动。在 VR 环境中，动态图形不再是静态的或单向的表达方式，而是成了故事叙述中的互动元素，观众可以通过特定的手势来操纵图形，解开谜题或发现故事的新线索。这种交互不仅增加了故事的沉浸感，还增强了观众的参与感。视线追踪技术也可以用于判断观众的兴趣点，动态地调整故事内容或展示方式。例如，当观众的视线聚焦在某个特定的图形上时，故事可能会向该方向发展，揭示新的信息或转折。观众还可以通过控制器在虚拟世界中进行复杂的操作，如移动物体、构建场景或与虚拟环境中的角色进行对话，这种方式使得观众不再是被动的故事接受者，而是成了主动的参与者和创造者，他们的选择和行动直接影响故事的进程和结局，使得每一次体验都是独一无二的。

互动性叙事的一个重要特点是它的非线性，传统叙事中，故事往往按照预设的路径线性展开，但在互动性叙事中，故事的发展取决于观众的决策和行动。这种非线性创造了无限的可能性，每个观众都可能体验到一个独特的故事版本，这不仅使故事更加吸引人，也提高了再次体验的价值，因为每次体验都可能揭示不同的故事层面或结局，而且由于故事有多个可能的路径和结局，用户可以多次体验故事，每次都可能有不同的发现和体验，这不仅增加了故事的吸引力，还激发了用户的好奇心和探索欲，每次体验都成为一次新的冒险，每个决策和路径都有可能揭示新的故事细节和角色深度。

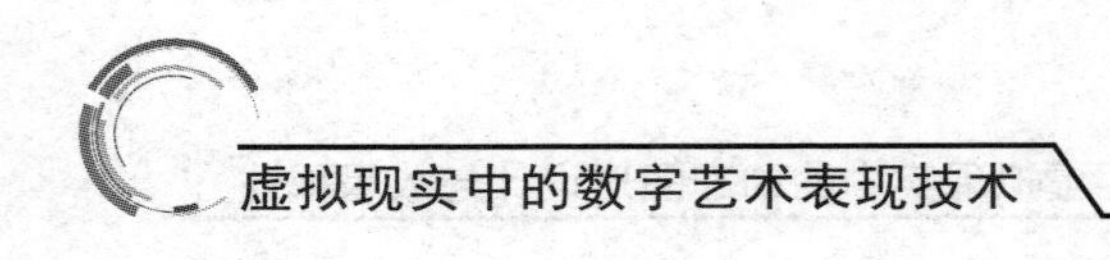

（三）多感官体验叙事

在虚拟现实技术的辅助下，多感官体验叙事成为动态图形叙事的一种革命性形式，这种叙事方式不仅依赖于视觉元素，还融合了声音、触觉甚至是气味，以创造一个全方位的沉浸式体验。动态图形在视觉上吸引观众，还能与其他感官体验相结合，以增强故事的真实感和沉浸感。比如，动态图形可以根据故事情节的变化而变化，提供视觉上的线索和提示，也可以随着故事的进展改变形状、颜色或大小，甚至可以模仿真实世界中的物理规律，如光影变化、物体移动等，充分发挥其视觉动态性，增强故事的吸引力。与此同时，与动态图形相匹配的音乐和声效可以与动态图形同步，创造一种视听一体的体验，特别是空间音效技术可以使声音在三维空间中定位，极大增强故事的真实感和立体感。例如，故事中的重要转折点可以通过音乐节奏加快或变化来突出，而动态图形也会相应地变化，以反映音乐的情绪和节奏。用户还可以通过使用 VR 手套等设备，亲手“触摸”动态图形，感受其振动、压力或温度的变化，极大地增强了故事的沉浸感。例如，触摸一个虚拟火焰时感受到的温暖，或者触摸虚拟水面时产生的涟漪效果，都使得虚拟体验生动和真实。最后，虚拟现实技术可以通过特殊设备将对应的气味融入故事，虽然这种技术仍处于初级阶段，但它已经展示出在增强故事沉浸感方面的巨大潜力。例如，在一个关于森林探险的故事中，当用户走进虚拟的森林时，他们可以闻到树木和花朵的气味，这不仅刺激了嗅觉，也为故事提供了深层次的真实感。

第六章　虚拟现实中的数字音频处理与融合

第一节　数字音频基础

一、声音和音频

（一）声音

人类的生活环境充满了各种各样的声音，这些声音构成了我们日常经验的一个重要部分。通过声音，我们进行交流、表达思想感情，开展各种社会和文化活动。声音的起源可以追溯到各种物体的振动。简言之，任何能够产生振动的物体都可以成为声源，而这些声源根据其物理形态的不同，可以分为固体声源、液体声源和气体声源，敲击桌子产生的声音来自固体声源，水滴落地的声音则来自液体声源。而风吹过树叶的沙沙声则是气体声源产生的。当这些声源振动时，它们会使周围的介质——空气、水或固体——产生振动，这些振动以波的形式传播，最终作

用于人耳的鼓膜，被我们的听觉系统感知为声音。

声音在介质中以声波的形式进行传播，而声波是物质波，在弹性介质（气体、液体及固体）中传播时，其应力、压力、质点运动等都会发生一系列变化。因此，声音具有独特的物理性质，这种性质是声音作为波形本质上的特性，不随人的感受变化，是客观存在的属性，主要包含以下几点。

1. 频率

声波的频率是其特性最基本的参数，是声波在单位时间内完成周期性变化的次数，单位是赫兹（Hz）。声波的频率决定了声调，频率高的声波会产生尖锐、高音调的声音，而频率低的声波则产生低沉、粗糙的声音，这一特性在音乐制作、声学研究和日常生活中均有广泛应用。人类的听觉范围大约在 20 赫兹到 20000 赫兹，这个频率范围内的声音对人耳来说是可听的，超出这个范围的声波则无法被人类正常听觉所感知，这种声波称为超声波，在医学成像（如超声检查）和动物通讯（如蝙蝠和某些海洋哺乳动物的导航）中有着重要的应用。低于 20 赫兹的声波称为次声波，虽然人耳听不到，但在某些情况下能够感觉到其振动。

2. 周期

周期是指信号完成一次完整振动所需的时间，如果一个信号每隔一定时间就循环重复出现，这个时间间隔就被称为周期。声波的周期决定了声音波形的重复性。从数学角度来看，周期和频率是互为倒数的关系：如果一个声音的频率是 100 赫兹（Hz），意味着它每秒有 100 次振动，那么它的周期就是 1/100 秒。具有周期性的声音通常给人以悦耳和和谐的感觉，这是因为周期性声音具有规律性和一致性，使得听觉感受更加稳定和愉悦，乐器的演奏、人类的语音、歌声和鸟鸣等都是典型的周期性声音。例如，我们听到一段旋律或一句话时，其声音波形在一定时间内重复出现，形成了一种规律的节奏和调。相反，非周期性声音不具有这种规律性，通常由突发事件或不规则动作产生，如打击乐器的敲击声、雷电的轰鸣或流水的潺潺声，这些声音的波形没有明显的重复模式，听起来通常杂乱无章。非周期性声音在自然界中非常常见，它们丰富了我们的听觉世界，为环境增添了多样性。

3. 振幅

声波的振幅是衡量声音特性的一个重要参数，是声波振动过程中振动物质（如空气分子）偏离其平衡位置的最大绝对值。在更直观的层面上，振幅可以被视为声波的“高度”，它是声波波峰和波谷的最大距离，振幅的大小直接体现了声波的能量大小，这意味着能量越大的声波，其振幅也越大。这一点在我们日常生活中的听觉体验中非常明显，声波的振幅其实就是声音的响度或强度，即我们通常所说的声音的“大小”，振幅大的声波产生的声音响亮，而振幅小的声波产生的声音微弱。在声学和音频技术中，振幅的概念非常重要，特别是在音乐制作和声音录制中，工程师会仔细调节声音的振幅，以达到所需的音量水平和保证声音质量，因为振幅过大可能导致声音失真，而振幅过小可能导致声音难以被听清。

4. 声压

声压是描述声音在传播过程中的一个关键物理量，是由于声波的振动在介质（如大气）中产生的附加压强。在声波的传播过程中，声波的振动导致介质（通常是空气）中的压强发生变化，这种变化是周期性的，随着声波的振动而产生压缩和稀疏的区域。声压的大小反映了这些压强变化的强度，具体来说，声压越大，意味着声波引起的空气压缩和稀疏的程度越明显。声压的大小与声波的能量大小密切相关，所以它直接影响声波的振幅，声压较大的声波通常具有更高的振幅，产生的声音也相对更加响亮。在日常生活中，我们听到大声的音乐或响亮的声音时，所感受到的强烈声波振动实际上是由较高的声压引起的。对于人的听觉来

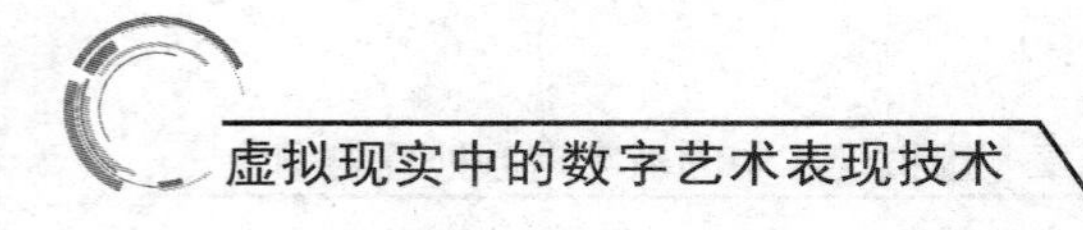

说，当声波作用于人耳的鼓膜时，声压的变化导致鼓膜振动，进而产生听觉感受，声压越大，对鼓膜的刺激也越强，人耳感受到的声音也就越响亮。但是，过高的声压可能对听力造成损害。长期或短时间内暴露于高声压环境中，如噪声或爆炸声，都可能导致听力损伤甚至永久性耳聋。

5. 声速

声速即声波在介质中传播的速率，对于理解声音的传播特性至关重要。声音的速度取决于多种因素，主要包括声波的传播介质种类和温度，声波在不同的介质中的传播速度存在显著差异。在空气中，声速相对较慢；在水中，声速则快得多；而在固体介质中，如金属或岩石，声速可能更快。这是因为声波是介质中的粒子振动传递的结果，而不同介质的粒子排列紧密程度和弹性不同，从而影响声波的传播速度。温度对声速的影响也非常显著，在空气中，声速随着温度的升高而增加，这是因为温度升高时，空气中的分子运动加快，导致声波能够更快地传递。有实验数据表明，声音在 0 摄氏度的空气中传播时大约是 331.5 米 / 秒，而在 1 摄氏度的空气中传播时就会增加大约 0.607 米 / 秒。

（二）音频

音频是一种以电子或其他方式在媒介上存在的声音形式，虽然也属于声音，但并非声音本身。从技术的角度来看，音频是通过电子手段捕捉、记录、存储和再现的声音。音频根据声波的特征可分为规则音频和不规则声音，其中规则音频是一种连续变化的模拟信号，可用一条连续的曲线来表示，又可以分为语音、音乐和音效三种。语音是人类交流最直接和基本的方式，即人们讲话时发出的声音，特点在于携带了丰富的信息，包括言语的内容、说话者的情绪、语气和身份等；音效则是为了创造特定听觉体验而设计的声音，可以是自然界的声音，如雨声、雷声、鸟鸣等，也可以是人工制作的声音，如电子音效、模拟的机器声等，在电影、电视、游戏和剧场等领域中起着重要的作用；音乐则是一种艺术形式，通常指的是通过器乐、人声等演奏而产生的富有旋律和节奏的声音，它不仅是文化表达的一种形式，也是人类情感和创造力的体现。不规则的声音则是指各种单一出现的、杂乱无章的音频声音，常常作为插入点使用。

音频的重要性体现在它可以被录制、处理、存储、传输和播放等方面，这些功能使音频成为多媒体、通信、娱乐和信息技术中不可或缺的元素。在音乐制作领域，音频可以成为艺术家录制并通过电子方式编辑和混音的高质量音乐作品，呈现优美的音乐作品；在电影和电视剧制作中，音频可以吸引观众、表达情感和增强故事叙述；在通信领域，音频可以使远程沟通成为可能，无论是通过电话还是互联网。随着技术的发展，音频的传输和播放也发生了变化，传统的广播和录音带逐渐被数字流媒体、MP3 播放器和其他便携式音频设备所取代。更重要的是，这些技术的变化不仅改变了人们消费音频内容的方式，也影响了音乐、广播和其他声音艺术的生产和分发方式。

（三）音频信号形式

1. 模拟音频

模拟音频是通过模拟声波振动的电气信号来记录声音，在传统的录音和广播系统中非常常见。以麦克风为例，当我们对着麦克风讲话时，麦克风作为一种声音转换设备会先捕捉周围空气中由声音引起的压力变化，这些压力变化对应我们说话时发出的声波，它们以不同频率和振幅存在，代表着不同音调和响度的声音。而麦克风内部的感应元件，如动圈、电容片或压电材料，会根据捕捉到的声波压力变化发生相应的物理变化，这些物理变化随后被转换成连续变化的电压值。这种电压值的变化其实就是对声音波形的直接模拟，因此被称为模拟音频信号。

在模拟音频信号中，电压信号的大小与声音的压力成正比，这意味着声音的每个细微变化都在电压信号中得到了精确反映，当这个模拟音

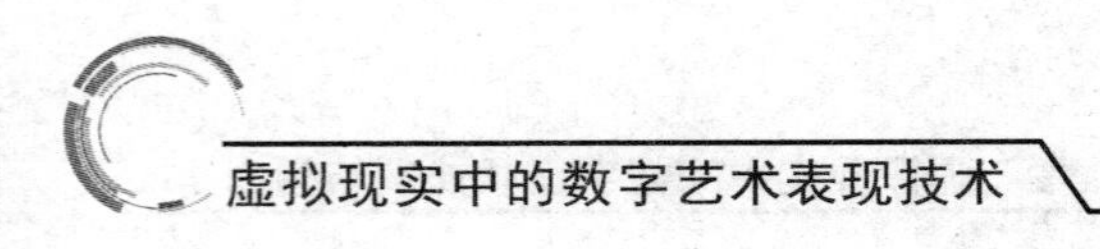

频信号被送入录音设备时，它就可以被转换并记录下来，但在录音机中，模拟音频信号通常会被转换为电磁信号，并记录在录音磁带上。录音磁带上的磁性颗粒被排列成与模拟音频信号相对应的模式，从而准确地记录下声音的所有特征，通过这种方式，声音被存储为模拟格式，可以在以后任何时间进行回放。这种模拟录音技术在音频领域内有着悠久的历史，并且在很长一段时间内是录音和播放声音的主要方式，虽然在当今数字技术占据主导地位的时代，模拟录音技术已逐渐被数字录音所取代，但它仍然因独特的音质特性和艺术价值而被许多音乐爱好者和专业人士所珍视。

2. 数字音频

数字音频是每隔一定的时间间隔就对模拟音频信号进行一次测量后，再将这些测量值转换为数字形式后获得的音频信号，这个过程被称为 A/D 转换（模拟到数字转换）。在这个过程中，每秒钟测量的次数越高，即时间间隔越短，记录的声音就越接近原始模拟信号，声音越真实和自然。反之，间隔越长就越可能会丢失音频信号中的某些信息，导致声音失真或产生走样效应，这在音频术语中被称为“混叠”。在每次测量过程中对声音强度记录得越清楚，代表记录的音频动态范围越广，声音的细节就越丰富。

当数字音频数据被存储在计算机中后，计算机可以对这些数据进行各种处理，如编辑、混音、效果添加等，这就为音乐制作、广播、影视后期制作和其他多媒体应用带来了巨大的灵活性和创新可能。为了将计算机中存储的数字音频数据转换为人类可以听到的声音，需要经过数模转换（D/A 转换）的过程。在这个过程中，数字信号被转换回模拟信号（如电压），然后通过扬声器或耳机播放，数模转换的质量直接影响最终输出声音的质量。声卡是计算机中用于处理音频的关键组件之一，它既执行 A/D 转换，也执行 D/A 转换。现代声卡通常具备高质量的音频处理能力，支持高采样率和高位深度，能够提供优秀的音频录制和播放质量。声卡也需要包含多种音频接口和处理软件，以支持各种音频应用的需求。

数字音频作为一种利用现代数字技术对声音进行数字化处理后得到的音频形式，彻底改变了我们录制、存储、编辑、压缩和播放声音的方式。数字音频技术不仅仅是技术上的进步，更是随着数字信号处理技术、计算机技术、多媒体技术发展而逐渐形成的一种革命性的声音处理手段，为声音提供了一种新的存在形式，使得声音可以以数字数据的形式被精确地捕捉、复制、传输和修改。在音乐制作过程中，数字音频技术使音乐家和制作人可以在数字音频工作站上进行复杂的编辑、混音、音效添加和其他后期处理工作，这些过程在模拟时代是不可能实现的。而且，数字音频的编辑具有极高的灵活性，无限次的修改和调整都不会损失音质，这使得创作者可以自由地实现他们的创意和构想。除此之外，数字音频技术广泛应用于广播、电影制作、游戏设计、现场音响系统以及个人媒体播放设备等领域。在广播和电影制作中，数字音频技术使得声音可以与视觉内容无缝配合，增强故事叙述的效果；在游戏设计中，通过数字音频技术，设计师可以创造出丰富的声音环境和交互式音效，提高游戏的沉浸感；对于现场音响系统而言，数字音频技术的应用可以优化音质和声音分布，提高听众的体验；对于个人媒体播放设备，如智能手机和数字音乐播放器，数字音频技术提供了方便、高质量的音乐和声音播放方式。

二、数字音频的基本概念

（一）数字音频的主要指标

1. 采样率

数字音频的采样率是衡量音频质量的关键指标之一，它直接决定了声音记录的精确度和质量。简单来说，采样率就是计算机在录制声音时

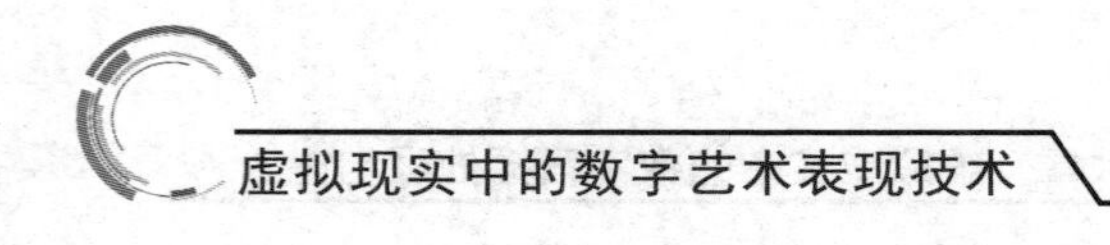

每秒钟采集声音样本的次数，通常以赫兹（Hz）为单位。举例来说，一个 44 kHz 的采样率意味着每秒有 44,000 个声音样本被捕捉和记录。高采样率的录音能更精确地捕捉声音的细节，因为它们在单位时间内提供了更多的声音信息，这就像是用更高分辨率的相机拍摄图片，能够捕捉更多的细节。在数字音频领域，为了保证更好地复制声音的所有频率成分，特别是那些高频的声音细节，通常需要较高的采样率。当然，具体的采样频率选择需要根据录制声音的类型和预期用途决定。

根据奈特理论，为了有效地复制声音频率，采样频率至少需要达到声音频率的两倍，这意味着，如果声音的最高频率是 20 kHz，那么至少需要 40 kHz 的采样率才能无失真地记录这个声音，这也是 CD 质量的音频采样率定为 44.1 kHz 的原因，因为它能够覆盖人耳可听范围内的所有频率（通常认为是 20 Hz 到 20 kHz）。在实际应用中，不同类型的音频内容可能会使用不同的采样率，对于一般的语音通信，因为人类语音的频率范围相对较窄，8 kHz 的采样率已足够。但对于音乐和高保真的音频录制，则需要更高的采样率，如 44.1 kHz、48 kHz 甚至更高，以确保音质的纯净和丰富。这里需要注意，采样率的提高自然需要更大的数据量和存储需求，这就需要采样人员在数字音频的录制和处理过程中，在采样率和文件大小、处理能力之间找到适当的平衡点。

2. 量化级

量化级在数字音频处理中是一个关键的概念，它是将声音信号从模拟格式转换为数字格式过程中的一个重要步骤。具体来讲，量化就是在采样过程中捕捉到模拟声音的时间点后将这些时间点上模拟信号的具体值转换为数字形式，这个过程实际上是对声音强度的度量和编码。

量化级通常用位数来表示，如 8 位、12 位、16 位，也可以更高，如 24 位或 32 位，量化级的位数决定了可以表示的声音强度级别的数量。例如，8 位量化能够提供 256 个不同的声音强度级别（因为 2 的 8 次方等于 256），而 16 位量化能提供 65536 个不同的级别（2 的 16 次方）。

显然，量化级越高，能够表示的声音强度级别就越多，从而能更精确地捕捉声音的动态范围。高量化级的数字音频意味着更高的保真度，这是因为更多的量化级别可以更精确地表示声音的细微变化，特别是在声音的较低和较高强度部分。在音乐和高质量音频制作中，高量化级非常重要。例如，标准CD音质采用的是16位量化，这为CD音乐提供了足够的动态范围，保证了良好的音质。而在专业音乐制作和某些高端音频应用中，24位或更高位数的量化级被用来捕捉丰富的细节，提供广阔的动态范围和细腻的声音质感。量化过程也伴随着一定程度的误差，这种误差通常被称为量化噪声，其大小取决于量化级的位数，量化级越低，量化噪声越明显。因此，选择适当的量化级是平衡声音质量和数据大小的重要因素。

3. 压缩编码

数字音频的编码过程是将经过采样和量化的声音转换成计算机能够存储和处理的格式的关键步骤，这个过程不仅包括对声音数据进行必要的压缩，以减少所需的存储空间和传输带宽，还包括按照特定的格式组织这些数据，使其能够被有效地存储、传输和再现。音频信息的压缩和编码是数字音频处理中的一个重要领域，它直接影响着音频文件的大小、质量和可用性。

音频压缩技术在数字音频处理领域扮演着至关重要的角色，其主要目标是在保持音频质量的前提下，减少音频文件的大小，从而便于存储和传输。考虑到高质量音频文件通常具有巨大的数据量，有效的音频压缩技术对于数字音乐的发展和普及至关重要。以CD音质的数字音频为例，其数据量是相当大的，采样频率为44.1 kHz，量化精度为16 bit，且通常为立体声（双声道）。一个时长一分钟的CD音乐所产生的存储量可达到约10.1 MB，这样的数据量对于存储和尤其是网络传输来说是一个挑战，因此音频压缩技术成了解决这一问题的关键。音频压缩技术主要分为无损压缩和有损压缩两大类。无损压缩技术可以在不损失任何音频质量的情况下减少文件大小，这种压缩方式通常能达到大约 50% 到 60% 的压缩率，即将原始文件压缩到一半左右。无损压缩适合对音质有较高要求的应用场景，如专业音乐制作和发烧友的音乐收听。而有损压缩技术是通过删去人耳难以察觉的音频部分来实现更高的压缩率，这种压缩方式可以将文件大小压缩到原始数据的十分之一甚至更小，虽然这种压缩牺牲了一部分音质，但对于一般的听众来说，这种损失通常是可以接受的。

4. 压缩率和比特率

音频文件的压缩率描述的是音频文件压缩前后大小的比值，这个比值反映了压缩过程中数据减少的程度。例如，一个原始的音频文件大小为 10：MB，压缩后变成 2：MB，那么压缩率就是 5：1，这意味着压缩文件只需原始文件大小的五分之一。高压缩率通常意味着更高的存储和传输效率，但也可能伴随着音质的损失。因此，在选择压缩率时，需要在文件大小和音质之间找到合适的平衡点。

比特率是另一个衡量数字音乐的关键指标，它表示记录音频数据每秒钟所需的平均比特数，比特率越高，意味着每秒钟用于存储音频信息的数据越多，通常也就意味着音质越高。例如，CD 音质的数字音乐通常具有 1411.2 Kbps 的比特率，这提供了足够的数据来保证高质量的音频再现。而 MP3 格式的音乐，其比特率一般在 112 Kbps 到 320 Kbps，这使得文件容量大大减小，同时能提供可接受的音质。比特率的选择取决于多种因素，包括音频内容的类型、预期用途和目标听众，对于那些对音质要求较高的应用，如专业音乐制作和音频工程，通常会选择较高的比特率以保证音质；而对于日常听众和流媒体服务，较低的比特率可能更为合适，因为它们可以减少数据的使用量，加快传输速度，同时仍然能够提供足够好的音质。

（二）数字音频的主要格式

1.MP3 音频格式

MP3 作为一种革命性的音频压缩技术，自从其诞生以来就极大地影响了数字音乐的存储和传播方式，它是动态影像专家压缩标准音频层面 3（Moving Picture Experts Group Audio Layer Ⅲ）的简称，其核心目标是在尽可能保持原始音频质量的同时大幅减小音频文件的大小。这种技术能够以 1：10 甚至 1：12 的高压缩率处理音乐文件，这意味着原本巨大的音频文件可以被压缩成容量更小的格式，而普通用户在听觉上几乎感受不到任何音质下降。MP3 的发明和标准化是在 1991 年由德国埃尔朗根的 Fraunhofer-Gesellschaft 研究组织的一组工程师完成的，这种格式的诞生不仅是技术上的突破，也改变了音乐的消费方式和传播路径。以 MP3 格式存储的音乐被称为 MP3 音乐，而能够播放这种格式音乐的设备被称为 MP3 播放器。随着 MP3 播放器的普及，数字音乐成为人们日常生活的一部分，极大地方便了音乐的携带和分享。

MP3 格式之所以流行，在很大程度上是因为它具有灵活的编码选项，MP3 文件可以根据需要采用不同的采样率和比特率进行编码，而且以 128 kbit/s 的采样率编码的 MP3 音质接近 CD 音质，但其文件大小只有 CD 的十分之一左右，这使得 MP3 成为一种高效且质量可接受的音乐文件格式，特别适合网络传输和移动设备存储。更重要的是，MP3 编码的核心技术在于其利用了人类听觉的特性，通过删除那些人耳难以察觉的音频信息来实现高效的数据压缩，这种基于听觉心理学的编码技术确保了 MP3 文件在极大压缩的同时，仍能保持满意的音质。目前。MP3 格式仍然是广泛使用的音乐文件格式之一，它的普及不仅仅是因为其高效的压缩能力，还因为其广泛的兼容性和易用性，数字音乐播放设备和软件一般都支持 MP3 格式，这使得它成为音乐共享和传播的通用格式。在数字音乐的发展史上，MP3 无疑是一个里程碑，它不仅改变了音乐产业的生态，也改变了人们日常生活中的音乐消费方式。

2.MIDI 音频格式

MIDI（Musical Instrument Digital Interface，乐器数字接口）格式在数字音乐领域占有重要地位，它是一种针对电子音乐设备如合成器、电子琴、音乐软件等的国际标准。不同于传统的音频格式，MIDI 不直接存储音频波形数据，而是记录音乐的性能信息，如音符的起止、音高、力度、节奏和乐器类型等。MIDI 技术的核心在于它定义了一种方式，使得各种电子音乐设备和计算机之间可以交换音乐信息。通过 MIDI，不同品牌和型号的设备可以无缝协作，创建复杂的电子音乐作品。例如，一个 MIDI 键盘可以连接到电脑上的音乐制作软件，通过这个键盘演奏的音符信息会以 MIDI 消息的形式传输到软件中，软件再根据这些信息生成音乐。因此，MIDI 文件实质上是一系列的数字指令，这些指令告诉音乐播放设备如何产生声音。当 MIDI 文件被播放时，这些指令会发送给声卡或者音乐软件的合成器，合成器根据这些指令合成相应的音乐，这种方式使得 MIDI 文件紧凑，因为它们不需要存储实际的音频波形数据，而只需记录如何生成这些音频数据的指令。

MIDI 格式的一个显著优势是其灵活性和控制能力，音乐制作者可以精确控制每个音符的细节，包括音符的持续时间、强度和音色等。而且，由于 MIDI 文件只包含性能指令，它们可以被轻松地编辑和修改。MIDI 的诞生为现场音乐表演带来了革命性变化，音乐家使用 MIDI 控制器和设备可以在现场演出中触发复杂的音乐片段、音效和节奏变化，这些都是用传统乐器难以实现的。

3.WAV 音频格式

WAV 音频格式作为微软公司开发的一种标准音频文件格式，自其诞生以来，就因其高质量的音频特性在数字音频领域占据了重要地位。作为波形声音文件的代表，WAV 格式在 Windows 平台及其众多应用程序中得到了广泛支持和应用。这种格式的主要特点是提供了无损的音质，这使得它成为音频专业人士和音乐制作爱好者的首选格式，特别是在专业音频制作和编辑领域，WAV 格式备受青睐，音乐制作人员和音频工程师通常在录音和混音阶段使用 WAV 格式，以确保音频质量不受损失。WAV 格式也经常被用在电影后期制作、电视广播和游戏音效设计中，作为高质量音频的标准格式。

WAV 格式支持多种压缩算法，音频位数、采样频率和声道都支持多种选择，这种灵活性允许 WAV 格式既能提供高质量的音频（如采用 44.1 kHz 的采样频率和 16 位量化位数时，其音质接近 CD 级别），也能根据需要进行一定程度的压缩。但由于它通常采用无损压缩或不压缩的形式存储音频数据，因此相比其他格式如 MP3 或 AAC，WAV 文件所占用的存储空间更大，这在网络传输和存储方面构成了一定的挑战。虽然 WAV 格式的文件较大，但在一些追求音质且不考虑存储空间和文件传输速度的场景，这个格式仍然是首选。随着存储技术的发展和成本的下降，以及网络带宽的提升，WAV 格式的使用变得灵活和方便。

4.WMA 音频格式

WMA（Windows Media Audio）音频格式是由微软公司开发的一种数字音频编码格式，旨在在网络音频和视频领域提供高效的压缩和播放解决方案，自从问世以来，WMA 格式已成为数字音乐和在线音频流的流行选择之一，特别是在 Windows 操作系统和相关应用程序中。WMA 格式可以在保持较高音质的同时提供高压缩率，一般而言可以达到 1：18，这意味着与原始音频文件相比，WMA 格式文件的大小可以缩减至原来的约 1/18，这种高效的压缩能力使得 WMA 格式非常适合网络传输和存储，特别是在带宽有限或存储空间宝贵的情况下。在音质方面，WMA 格式通过使用先进的音频编码技术，能够在较低的比特率下仍然保持较好的音质。这使得 WMA 格式在音质和文件大小之间取得了良好的平衡，尤其适用于需要节省存储空间或降低数据流量消耗的应用场景，如在线音乐流媒体、可下载的音乐文件和便携式媒体播放器。

WMA 格式具备数字版权管理（DRM）功能，允许内容提供商控制对音乐文件的访问和使用，如限制文件的复制、播放时间、播放次数以及播放设备，这为音乐版权持有者提供了一种有效的保护机制，有力地防止了音频内容的非法复制和分发，这种行为也使得 DRM 在用户群体中的接受程度存在争议，但它无疑为音乐产业提供了一种重要的版权保护手段。

虽然 WMA 格式在音频市场上面临着来自 MP3、AAC 等其他流行音频格式的竞争，但它在特定应用场景中仍然有其独特的优势，特别是在微软的生态系统中，WMA 格式通常得到更好的支持和集成。随着数字音乐和多媒体技术的不断发展，WMA 格式可能会继续演化，以适应日益变化的市场需求和技术挑战。

5.CDA 音频格式

CDA，全称 Compact Disc Audio，是 CD 音轨的一种表示形式，常见于标准音乐 CD 中，但它实际上并不是音频文件本身，而是 CD 上的音轨的一种标识方式，指向 CD 上的具体音轨位置。标准的 CD 音频格式具备 44.1 kHz 的采样频率、16 位量化位数，这意味着它提供了高质量的音频再现，接近无损。CD 音质的高保真度能够提供极为纯净和真实的音频体验，这也使其成为音响发烧友和音质追求者的首选媒介，因为许多其他压缩音频格式很难以实现这一点，而且 CD 音频的数据速率为 1411.2 kbits/s，这个高数据速率保证了音频信号的高保真度。

我们在电脑上查看 CD 音频时，通常会看到一系列的 .cda 文件，但这些文件本身并不包含任何实际的音频数据，它们只是音轨的快捷方式，提供了指向 CD 上实际音轨的索引信息，这就解释了为什么无论 CD 上的音轨时长如何，这些 .cda 文件在电脑上显示的大小都是 44 字节。这个大小仅仅表示了索引信息的大小，而非实际音频内容的大小。当在 CD 播放器中播放 CD 音频时，播放器会读取这些索引文件，然后定位到 CD

上相应的音轨进行播放。同样，当在电脑上播放 CD 时，播放软件会通过这些 .cda 文件找到并播放 CD 上的实际音轨。

6.AAC 音频格式

AAC（Advanced Audio Coding），即“高级音频编码”，是一种相对较新的音频压缩格式，旨在提供比传统 MP3 格式更高效的音频编码解决方案，自 1997 年以来就成为数字音频领域的重要标准之一，特别是在高质量音频压缩方面。AAC 格式的开发由多家公司联合参与，包括诺基亚、苹果等，它是基于 MPEG-2 音频编码技术发展而来的，与 MP3 相比，AAC 采用了更为先进的编码算法，能够在更低的比特率下提供更好的音质。这意味着 AAC 格式的文件大小通常小于同等音质的 MP3 文件，使得 AAC 格式在音频存储和网络传输方面更具优势。

AAC 格式之所以能够提供高效的编码，是因为它使用了复杂的压缩算法，包括更好的频率响应和高效的编码策略，这些改进使得 AAC 能够准确地表示原始音频信号，尤其是在高频部分。而且，AAC 支持多达 48 个声道的编码，包括标准的立体声和多声道环绕声，这使得它在多媒体应用和家庭娱乐系统中尤为受欢迎。例如，苹果公司的 iTunes 和 iPod 等设备和服务都采用 AAC 作为其主要音频格式。由于 AAC 格式具有较高的压缩效率和良好的音质，它在智能手机和便携式音乐播放器中也非常流行，许多现代的音乐流媒体服务，如 Apple Music 和 YouTube，都采用 AAC 格式来提供高质量的音频流。虽然 AAC 在音质和压缩效率方面有明显的优势，但它的普及程度仍然受到一定限制，主要原因是 MP3 格式的长期占据市场主导地位以及与之相关的广泛兼容性。但随着技术的发展和市场需求的变化，AAC 格式正逐渐成为数字音乐和音频应用的主要格式，特别是在追求高音质和高效压缩的场景中。

第二节　虚拟现实中的数字音频处理

一、数字音频的处理流程

（一）音频数据的采集

根据音频的来源不同可以将音频数据的采集分为外采集和内采集。

1. 外采集

在数字音频的世界中，采集声音数据是一个基本而重要的过程，涉及从外部音源设备获取音频信号，并将其转换成可以在计算机上处理的格式。这个过程通常依赖于声卡，它作为计算机和外部音源之间的桥梁，承担着捕捉和转换声音信号的重要任务。

线路输入是一种常见的音频采集方式，适用于录制各种有源设备（自带放大器的设备，如随身听、电子乐器等）的声音。在这种情况下，需要一根音频线将有源设备的输出端与计算机声卡的线路输入端口连接起来，通过这种连接，声卡能够捕捉来自有源设备的音频信号，并将其数字化，使得这些声音数据可以在计算机上进行处理和编辑。

CD 音频采集则是从 CD 中直接获取高质量的音频素材，多数现代计算机的光驱都能够读取 CD 并通过声卡对音轨进行数字化处理。这种方式非常适用获取高保真音质的音频素材，特别是在需要对现有音乐进行编辑或混音时。

话筒采集是另一种常见的音频采集方式，主要用于录制声音，如演讲、歌唱或环境声，具体做法是将话筒与计算机声卡上的话筒端口连接，自由捕捉来自话筒的声音信号。这种方法在录制人声或自然声音时尤为重要，因为它允许用户直接将声音录入计算机，进行后续的编辑和处理。

MIDI 音源的采集则更多地涉及电子音乐制作，通过将 MIDI 键盘或电子乐器连接到计算机声卡上，可以直接捕捉键盘演奏的 MIDI 信息，还可以通过使用 MIDI 音序器软件在计算机上创作 MIDI 音乐。这种方式在创作电子音乐、编曲或制作音效时尤为常用。

2. 内采集

数字音频数据的内部采集是音频制作和编辑中的一个关键环节，它涉及捕捉和记录计算机内部播放的音频信号，使得用户能够从各种数字媒体，如网络流媒体、素材光盘或其他软件应用中获取声音素材。为了实现这一目的，通常需要使用特定的音频播放工具软件，如 Windows Media Player、豪杰超级解霸等，这些软件能够播放各种音频格式，并且可以与音频捕捉软件配合使用，以录制正在播放的声音。

在进行内部音频采集时，应根据最终音频的用途和要求来选择合适的质量参数，这些参数包括采样频率、量化精度、声道数和编码格式。例如，对于普通的语音记录，可以选择较低的采样频率（如 11.025 kHz）和量化精度（如 8 位），并采用单声道格式，因为这足以满足基本的清晰度要求，同时也可以减少数据的大小。而对于背景音乐或需要较高质量的音频，则应选择更高的采样频率（如 22.05 kHz 或更高）、更高的量化精度（如 16 位）以及立体声格式，以提供更好的音质。对于那些追求极高音质的应用，如专业音乐制作、高级音频编辑或影视后期制作，更高的采样频率（如 44.1 kHz 或更高）、更高的量化精度（如 24 位或更高）以及多声道音频（如立体声或环绕声）是必要的。这些设置虽然能够提供卓越的音质，但相应的数据量也会显著增加，因此在存储和处理这些音频文件时需要更多的资源。

在实际应用中，根据具体的需求和可用资源，选择适当的参数设置是确保音频质量和管理数据可行性之间达到最佳平衡的关键。随着音频技术的发展，现代音频处理软件和硬件的能力也在不断提升，使得即使是在家庭或小型工作室环境中，也能够进行高质量的音频采集和处理。

（二）音频数据的处理

1. 音频编辑

音频编辑是数字音频制作的一个重要环节，它涉及对音频材料的多种处理，以改善音质、增加艺术效果或适应特定的应用需求。以下是音频编辑中的一些核心操作。

（1）剪辑：是音频编辑的基础，涉及删除不需要的部分、剪切和拼接音频片段，这项操作对于创建一个连贯、流畅的音频作品至关重要。有效的剪辑不仅可以去除多余的部分，如长时间的沉默、错误或不需要的内容，还可以将不同的音频片段整合成一个统一的整体。剪辑的精度和技巧直接影响最终作品的质量。

（2）降噪：是在音频制作中非常重要的一个步骤，旨在减少或消除录音过程中不可避免的背景噪声或杂音。这些噪声可能来自录音环境（如风声、交通声等）或录音设备本身。通过降噪处理，可以提高录音的清晰度和整体质量，使听众的注意力更加集中在主要声音上。

（3）均衡处理：涉及对音频中的不同频率成分进行调整。通过提升或削减某些频率范围内的音量，均衡器可以改变音频的整体音色和清晰度。在音乐制作中，均衡处理对于平衡不同乐器的声音、增强语音的可懂度或创造特定的音效尤为重要。

（4）动态范围处理：是音频编辑中的一个关键环节，主要是对音频信号的音量变化范围进行控制和调整，使音频在播放时更加平滑或具有特定的动态效果，包括压缩、限制、扩展和噪声门等技术。压缩器用于减小音频信号中的动态范围，它通过减少音量较大的部分与音量较小部分之间的差异，使整个音频信号均匀，在处理人声录音和平衡多个乐器的声音时尤其重要。限制器是一种极端形式的压缩器，用于确保音频信号不会超过设定的阈值，在避免信号过载和失真方面非常有效，常用于广播和现场音响系统。扩展器与压缩器相反，用于增加音频信号的动态范围，通过增强音量较大和较小部分之间的差异，让某些部分突出。噪声门用于减少低音量级的背景噪声，当输入信号低于设定的阈值时，噪声门会关闭，阻止噪声通过。

（5）时间伸缩和音高处理：是音频编辑中的两项先进技术，用于改变音频的时间长度和音高，但二者互不影响，即改变音频的速度而不影响音高，或改变音高而不影响速度。时间伸缩技术允许改变音频的播放速度而不改变音高，在调整音乐节奏或同步音频与视频时非常有用。例如，在电影后期制作中，可以使用时间伸缩来确保音效与视觉元素完美对齐。音高处理技术使音频的音高升高或降低，而不改变播放速度，在音乐制作中尤为重要，用于调整歌声或乐器的音调，或创造特殊的声音效果。

（6）调制效果：是通过改变音频的某些参数来创造动态声音变化的一系列技术，包括颤音、合唱和相位器等。颤音是通过快速而周期性地改变音量或音高来产生的，可以给声音增添动态和表现力，常用于电子音乐和特效中。合唱效果通过复制并轻微延迟音频信号，然后与原始信号混合，来模拟多个声源同时演唱的效果。相位器通过创建两个相位相差的信号并将它们混合，产生独特的扫频效果，使声音具有流动性和空间感。

（7）合成和声音生成：是使用数字技术创造全新声音的过程，涵盖了多种合成技术。例如，通过模拟传统模拟电路产生和处理声音波形，创造出丰富多样的声音；通过改变声音波形的频率来产生新的声音色彩，特别适合创造复杂和富有表现力的音质；基于物理学原理，通过模拟物理对象的振动和相互作用产生逼真的乐器声音。

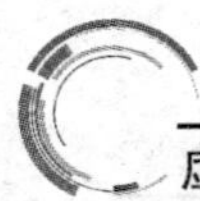

2. 音效编辑

音效编辑是利用各种技术和方法来改变和增强原始音频材料的特性，创造出更加丰富和有趣的听觉效果，一般的音频编辑软件都会提供一系列强大的音效编辑工具，使编辑者能够以创意和灵活的方式对声音进行操控和变换。以下是一些常用的音效处理功能。

（1）淡入（Fade In）和淡出（Fade Out）：是在音频片段开始或结束时创建渐入或渐出效果的常用技术，可以使声音平滑地从无到有或从有到无，避免音频突然开始或结束，从而为听众提供自然的听觉体验。

（2）变调：允许改变音频的音高，而不改变其速度，这个功能可以帮助调整乐器或声音的音调，以符合特定的音乐需求或创作意图，在音乐制作中尤为重要。

（3）变速：是对音频播放速度的改变，对音高也有一定的影响，如加快音频的播放速度会使音高升高，而减慢播放速度会使音高降低。这种效果可以用于创造特殊的时间感和节奏感。

（4）延迟：通过在声音发出一段时间后再次播放相同的声音来产生错位的听觉效果，可以用于创造丰富的音乐纹理和节奏感。

（5）回声：是通过在原始声音后添加一系列逐渐衰减的重复声音来模拟声音反射的现象，可以增加音乐的深度和空间感。

（6）混响：是通过将原始声音与其延迟和衰减的副本混合来模拟声音在封闭空间内的反射和回响。混响效果可以使音频听起来自然和生动。

（7）合唱：通过将同一声音的多个副本叠加，并对每个副本进行轻微的时间延迟和音高变化，来创造多个声源同时演唱的效果。

（三）音频数据的存储

1. 音频数据压缩

在数字音频的世界里，数据压缩至关重要，特别是在存储和传输方面，因为原始的未压缩音频文件通常具有较大的体积，如果没有有效的压缩，这些文件将占用大量存储空间，并且在网络上传输时效率极低。因此，通过采用合适的数据压缩技术，我们可以在保留音质的同时显著减少音频文件的大小，从而提高存储和传输效率。

常用的音频压缩技术包含无损压缩和有损压缩两种：前者可以在不丢失任何音频数据的情况下减少文件的大小，适用于那些对音质有极高要求的应用，如专业音乐制作或高保真音乐欣赏；后者则通过删去人耳不易察觉的音频部分来实现更高的压缩率，牺牲了一定的音质，但文件体积更小，更适合于在线流媒体播放和网络共享，对于大多数日常使用和消费级应用来说，有损压缩提供的音质已经足够满足需求。常见的有损压缩技术包含波形编码、参数编码、混合编码等，其中波形编码是一种常见的有损压缩技术，它通过对音频信号进行采样和量化，然后根据人耳的听觉特性进行适当的量化，从而达到压缩数据的目的，典型例子是 MP3 格式，适用于多数消费级音频应用。参数编码则是一种更为高效的有损压缩方法，它将音频信号视为某种声学模型的输出，通过提取关键的模型参数和激励信号信息进行编码。参数编码的压缩率很高，但相应的是其保真度不如波形编码，主要用于语音信号的压缩，如电话通信中的语音编码。混合编码技术结合了波形编码和参数编码的优点，旨在提供既高效又高质量的音频压缩方案，这种编码方法通过智能地选择何时使用波形编码和何时使用参数编码，可以在文件大小和音质之间找到更好的平衡。

2. 音频数据存储

在数字音频处理过程中，数据存储不仅涉及将音频文件保存在硬盘或其他存储媒介上，更包括对这些文件的有序组织和管理，有效的数据存储策略能够确保音频文件的安全、易于访问和高效利用。

（1）文件命名和组织：合理的文件命名和组织对于大量音频文件管理尤为重要，可以采用一种系统性和描述性的命名规则，以便快速地识别和定位文件。例如，可以根据音频内容、录制日期、音频类型或项目名称来命名文件。同时，合理的文件夹结构也是非常必要的，可以按照项目、音频类型或其他相关标准来组织文件夹，确保每个文件都能被轻松找到。

（2）备份和冗余：对于任何重要的音频文件，备份是必不可少的，因为硬盘故障、意外删除或其他形式的数据丢失都可能发生，因此应当定期将关键文件备份到外部硬盘、云存储服务或其他可靠的存储媒介上。对于极其重要的文件，采用多地点备份策略（如在云存储和物理硬盘上同时备份）可以提供额外的安全保障。

（3）格式转换和输出：根据最终用途的不同，可能需要将音频文件转换成不同的格式。例如，对于网上发布，可能需要将文件转换为 MP3 或 AAC 格式以减少文件大小和提高兼容性；而对于专业音频工作，可能需要保留无损格式如 WAV 或 FLAC。考虑到不同播放设备和平台的兼容性，可能需要为同一音频文件准备多种格式。

（4）元数据添加：为音频文件添加元数据是提高其可用性的一个重要步骤，元数据包括标题、艺术家、专辑名、录制日期等信息，不仅有助于文件管理，还能在音频播放时提供有价值的背景信息。在某些音频播放软件中，元数据还可以用于创建播放列表和进行音乐库的智能排序。

二、基于虚拟现实技术的数字音频处理

（一）3D 音频渲染

3D 音频渲染是通过模拟声音在真实环境中的传播方式，包括反射、折射和吸收，创造出逼真立体声效果的一种音频处理方式，最终目标是创造一种特殊的听觉体验，使用户感觉声音就像在真实世界中一样，具有方向性、深度和空间感。在虚拟现实中，3D 音频渲染尤为重要，是虚拟环境真实感的主要来源，因为用户在佩戴 VR 头盔时，不仅能够在视觉上看到一个三维的环境，还能在听觉上体验到这个环境的三维特性。

3D音频渲染这种动态音频处理可以使得用户准确地定位声音来源，无论声音是从他们的前方、后方、上方或者是下方出现，增强自己的沉浸感。3D音频渲染还涉及高级的声学模拟，包括考虑虚拟环境中各种物体的声音特性。例如，在一个虚拟森林场景中，树木和其他植物不仅会视觉上呈现出来，它们还会对声音产生吸收和散射的效果，这样符合现实的效果处理不仅提升了声音的自然感，还加强了用户的空间感和方向感。3D音频在VR中还可以用来提供情境反馈和增强故事叙述，因为声音在虚拟环境中可以用来指路，或者提供情境相关线索，甚至改变叙事方向，极大地提高用户的参与度和情感投入。

空间音频编码技术能够捕捉和再现声音场的全方位三维特性，使得用户不仅能够听到声音的来源方向，还能感受到声音在立体空间中的位置和运动，这种沉浸式的音频体验对于虚拟现实来说是不可或缺的，因为它极大地增强了环境的真实感和用户的沉浸感，特别是Ambisonics，它不仅记录声音的水平方向（如左右、前后），还记录声音的垂直方向（如上下），这样使得声音可以在三维空间中自由移动，为用户提供了一个真实的立体声环境，在虚拟现实中可以创造全方位的音效体验。

（二）头部追踪音频

头部追踪音频是通过实时追踪用户头部的位置和方向，并相应地调整音频信号，以模拟声音在真实世界中的行为，属于虚拟现实中声音的革命性的处理，极大地增强了沉浸式体验的真实感。在具体应用中，当用户在虚拟环境中移动或转动头部时，他们所听到的声音也会随之发生变化，就像在现实世界中听到的那样。头部追踪音频技术的实现依赖于复杂的算法和高精度的传感器，当用户转动头部时，VR设备中的传感器会捕捉到这一动作，并实时传递给音频处理系统，然后系统会根据用户的新位置和方向调整音频输出，确保声音来源的位置一致，假如一个声音源自用户左侧发出，当用户转头向左时，声音将会变得清晰和集中。

头部追踪音频不仅增强了声音的方向感和空间感，精确的音频反馈还极大地提升了用户的沉浸感，让用户感觉自己真的置身于该环境之中。例如，在一个虚拟的森林场景中，用户抬头可以听到鸟儿在头顶上方飞过的声音从小变大，转身时可以听到身后小溪的流水声从远到近，这种音频体验远远超出了传统立体声或环绕声系统所能提供的。除了提高沉浸感，头部追踪音频在实用性方面也大有用途，在教育或培训场景中，教师通过声音创建更加真实的模拟环境；在模拟飞行训练中，学员可以通过声音定位来了解飞机各部件的状态和位置；在娱乐方面，玩家可以通过声音提示来导航或发现游戏世界中的元素，创造动态和互动的游戏体验。

（三）环境音效

环境音效的关键在于精确地模拟不同环境中独特的声音特性，如森林的鸟鸣、城市的车辆喧嚣、山谷的回声，以及海滩的波浪声等。通过这些细致的声音元素，环境音效模拟可以在虚拟世界中创造一种深度和真实感，使用户感觉自己真的置身于一个特定的环境之中。为了实现这种模拟，声音设计师和工程师需要深入研究不同环境下声音的物理属性和心理影响，包括了解声音在特定环境中如何传播、反射、吸收和衰减。例如，森林中的声音通常会被树叶吸收和散射，而山谷可能会产生显著的回声；城市环境中的声音则可能会因建筑物的反射和街道的限制而变得复杂等。当然，在 VR 中，环境音效的模拟不仅限于重现真实环境的声音，还包括创造出超现实或幻想的环境声音，为用户提供一种超越现实世界的听觉体验，这在游戏设计和艺术创作中尤为重要，它允许创作者操纵和强化声音，以激发用户的想象力和情感。

环境音效模拟在心理治疗和放松中可以通过创造一个宁静和舒缓的虚拟环境帮助人们减轻压力和焦虑，如构建一个静谧的森林或平静的海滩，让被治疗者沉浸其中，缓解自己的紧张和焦虑情绪。

（四）虚拟现实音频合成

虚拟现实音频合成是通过数字音频合成技术在虚拟环境中创造出丰富多样的声音和音乐，技术的核心在于利用计算机生成的声音来模拟现实世界的音效或创造全新的音频体验。在虚拟现实中，音频合成不仅增强了用户的沉浸感，还为创造独特的虚拟世界提供了无限可能。在游戏和娱乐领域，虚拟现实音频合成可以用来创造特定环境的背景音乐或音效，模拟自然环境的声音、现代城市的喧嚣或是战场的紧张气氛，不仅增加了游戏世界的真实感，还能够在情感层面上影响玩家，使他们感受到紧张、兴奋或放松。在医疗教育领域，它可以用于创造模拟环境中的特定声音，如人的心跳、血液的流动等，这些真实的声音模拟不仅有助于提高学生医疗训练的效果，还能帮助学习者在类似的真实环境中从容应对。

虚拟现实音频合成技术在虚拟现实中最重要的作用是创造定制的用户体验，可以让虚拟现实系统通过分析用户的行为和偏好而动态地生成或调整音频内容，为用户提供个性化的听觉体验。例如，在一个虚拟展览中，根据用户的兴趣和互动，系统可以实时生成相应的解说或背景音乐。

第三节　数字音频与虚拟现实的融合

一、数字音频与虚拟现实融合的关键

（一）清晰度与质量

在数字音频与虚拟现实的融合过程中，音频在传输和播放过程中保持着高度的清晰度和纯净度对于虚拟现实体验的沉浸感至关重要。在虚拟现实中，每个细节都扮演着重要角色，无论是视觉上的细节还是听觉上的细节，高清晰度音频在VR中的重要性不仅仅在于其为用户提供了高质量的听觉体验，更重要的是它能够增强用户对虚拟环境的感知。当音频以高分辨率呈现时，用户能够更加准确地定位声源，感受到声音的细微变化，这些都极大增强了虚拟环境的真实感。在一个高度逼真的虚拟环境中，用户的每个动作和选择可能都会引发声音上的变化。例如，在虚拟环境中应用高分辨率、高质量的音频可以使用户清楚分辨出远处小鸟的叫声和近处水流的声音，这种细致区分为VR体验增加了深度和层次感，使得虚拟环境生动和逼真。

由于VR技术在工作过程中通常需要处理大量的数据，包括各种复杂的图形和音频，所以，音频文件的高效管理变得至关重要。为了保证音频的高分辨率和高质量，在音频处理时最好采用无损压缩技术，可以在保持音频质量的同时适当减少文件大小，使得VR系统能够流畅地运行，减少加载时间和延迟，从而提供舒畅的用户体验。而且，无损压缩技术可以在有限的存储空间中包含更多的音频内容，为用户提供丰富多样的音频选择。

（二）空间感

在数字音频与虚拟现实的融合中，空间感对于 VR 体验来说尤为关键，因为它直接影响到用户的沉浸感和虚拟环境的真实性。我们可以通过 3D 音频技术和立体声技术在虚拟空间中模拟声音的方向和距离变化，创造出一个立体的声音场景。3D 音频技术能够模拟真实世界中声音的传播方式，包括声音的远近、高低、前后和左右，使得声音不再是平面和单一方向的，而是能够在三维空间中自由移动和变化。这意味着用户在虚拟现实中可以准确地感知声源的位置，就像在真实世界中一样。例如，当用户转向虚拟环境中的某个声源时，他们可以听到声音从一个耳朵移动到另一个耳朵，或者从远处渐渐变得清晰，这种逼真的声音传播方式极大地增加了虚拟环境的真实感和沉浸感。立体声技术则是通过左右两个或多个声道播放不同的音频信号，模拟出声音的空间分布。这意味着虚拟现实中的声音可以根据虚拟环境的设计和用户的位置动态变化。例如，当用户在一个虚拟森林中行走时，他们可以听到左侧的鸟鸣声和右侧的河流声，这种立体声效果让用户感觉自己真的置身于那个环境之中。

当然，空间感的存在不仅能提高用户的沉浸感，还可以在 VR 中起到定位和导航的作用，使用户可以根据声音的方向和强度来判断他们在环境中的具体位置和方向，这对于那些视觉信息不足或过于复杂的场景尤为重要。

（三）同步性

在数字音频与虚拟现实的融合中，任何音频和视觉内容的不同步都会显著破坏用户的沉浸感和体验的真实性，因此同步性是一个重要的原则，这种同步既是技术上的挑战，也是沉浸式体验的关键基础。考虑到

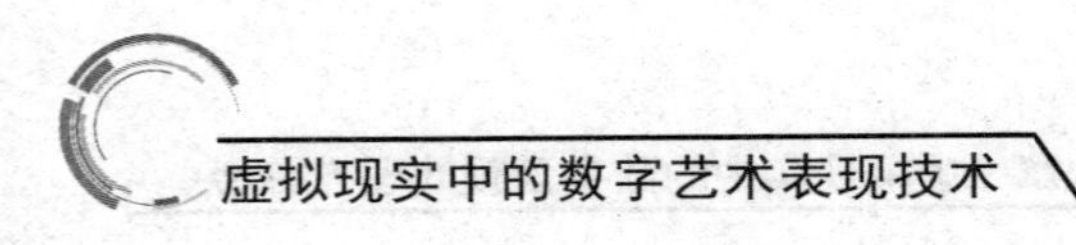

VR 是一种高度沉浸式的体验，用户对环境的感知极其敏感，尤其是当他们完全被虚拟环境所包围时，音频和视觉内容的任何微小不一致都可能被用户察觉，因此，确保音视频内容的严格同步是 VR 体验设计中的一个关键任务。在 VR 中，良好的同步不仅增强了环境的真实感，还可以提高用户的情感参与度，当声音与视觉元素完美对齐时，用户更容易被故事吸引，感受情感上的共鸣。相反，不良的同步可能导致用户分心，甚至感到不适。例如，当用户在 VR 游戏中看到一个物体落地，但听到撞击声晚于实际视觉事件发生时，这种微小的延迟即使短暂也足以让用户感觉到不自然，破坏了体验的真实性和沉浸感。

音视频同步的挑战关键在于它需要精确地对齐音频、视频两种完全不同类型的媒体，两者的信号在处理和传输过程中有不同的特性和要求，视频数据量通常远大于音频，所以在处理和加载时自然需要更长的时间。为了弥补这种处理和加载过程中存在的时间差，VR 系统需要适当调节两者的出现时间，确保在用户的设备上同时呈现。解决同步问题需要综合考虑两方面因素：一是硬件的优化，包括提高处理器的性能，确保音视频数据能够快速、平稳地被处理和传输；二是优化软件算法，以便能够智能地预测和调整数据流，减少延迟。

（四）音量平衡

在 VR 体验中，声音不仅是背景元素，还是构成沉浸式体验的核心部分，因此，确保声音层次分明，避免音频音量过大或过小，是创造高质量 VR 体验的重要方面。音频音量的动态范围指的是音频中最小和最大音量之间的差异，一个宽广的动态范围允许用户体验从轻柔细腻到强烈震撼的声音，这种声音的动态变化让用户感觉自己真的处于那个环境中，可以显著增加环境的逼真感和用户的沉浸感。例如，在一个虚拟森林场景中，用户应该能够听到微弱的风声和树叶沙沙声，同时也能感受到突如其来的雷声带来的震撼。如果动态范围处理不当，可能会导致用户体验不适，过大的音量不仅可能伤害用户的听力，还可能打破沉浸感，让人感到不舒服或被吓到。同样，如果音量过小，重要的声音细节可能会丢失，从而降低环境的真实感。

在复杂的VR场景中，可能会有多个声源同时存在，音量平衡对于创造一个多层次的声音环境来说至关重要，这就要求设计师合理地调整每个声源的音量，确保它们之间的和谐，从而帮助用户更好地理解和感受环境。例如，在一个虚拟市场场景中，用户应该能够听到周围人群的交谈声、远处车辆的轰鸣声和身边音乐演奏者的旋律，这些声音的合理平衡不仅创造了一个真实的环境，也使得体验丰富。这里需要注意，在处理音量平衡时要考虑不同用户的听力差异，不同用户出于个人体质的原因可能对声音的敏感度不同，因此，可以在VR体验中提供一定程度的个性化设置，允许用户调整整体音量或特定声音类型的音量，从而帮助他们获得舒适和个性化的体验。

（五）环境适应性

在VR环境中，音频设计不仅是复制现实世界的声音，更是根据虚拟环境的特性来创造和调整音效，从而使得整体体验逼真、连贯和吸引人，这就意味着音效应根据虚拟环境的特点进行调整，以确保音频体验与视觉内容的无缝对接，增强沉浸感。对与不同类型的虚拟环境，设计师需要深入理解和考虑其具体的音频环境，以及可能发生的音频变化。例如，在一个虚拟的室内环境中，声音的传播会受到墙壁、天花板和家具的影响，产生回声和混响效果。此时的音频需要通过增加混响效果来模拟声音在封闭空间内的反射。相反，在室外环境，如山谷或广阔的草原，声音的传播则完全不同，通常会有宽广的空间感和较少的回声。在这些环境中设计音频时，需要适当地调整声音的传播方式和特性，以匹配视觉所呈现的环境。

环境适应性也涉及虚拟环境中动态变化的处理，因为用户在VR体

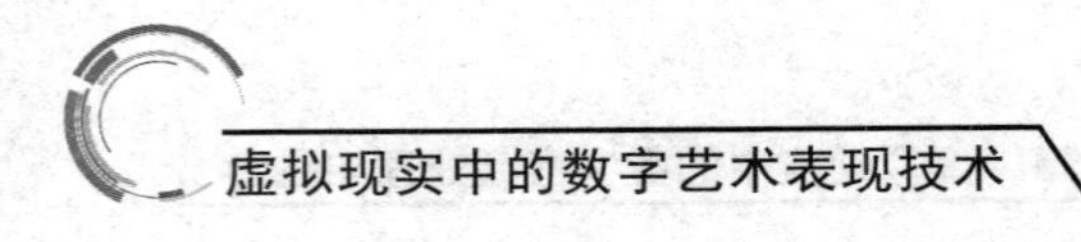

验中可能会从一种环境移动到另一种，如从室内走到室外。在这种情况下，音频和音效也需要实时地调整以反映这种变化，这不仅需要音频系统能够快速响应环境变化，还需要有复杂的音频处理算法来模拟现实世界中声音的自然过渡。在某些特殊类型的 VR 体验中，可能会创造出现实世界中不存在的环境，如科幻场景或幻想世界，这些环境中的音频需要具备符合该环境特性的独特声音效果。这要求音频设计师不仅具有技术知识，还需要有丰富的创造力和想象力，以创造出既吸引人又符合环境特性的声音。

二、基于虚拟现实技术的数字音频融合与应用

（一）物理空间音频模拟

在虚拟现实环境中，物理空间音频模拟的核心特点在于其能够在三维空间内精确地模拟声音源的位置和运动，从而创造出一种极其真实的听觉体验，具体来讲就是可以使声音从左右、上下、前后等各个方向传来，极大地增强了声音的真实感和立体感。空间音频的实现依赖于对声音在现实世界中行为的精确模拟，如声音源远离时，音量减小，音质也会有所变化；反之亦然。除此之外，空间音频还能模拟声音在不同环境下的反射和吸收特性，如在封闭空间中的回声或开放空间中的声音扩散。这种精细模拟可以为用户提供身临其境的听觉体验。

空间音频在 VR 应用中非常广泛，在游戏和娱乐领域能为用户带来更加身临其境的游戏体验；在教育和训练领域能够帮助用户创造更加真实的模拟环境，提供有效的学习体验；在医疗领域可以用于缓解焦虑和恐惧，甚至帮助失聪者通过视觉和其他感官理解声音。虽然空间音频为 VR 体验提供了巨大的可能性，但它在技术实现上面临着一定的挑战。想要精确模拟复杂环境中声音的行为需要高级的算法和强大的处理能力，这种技术我们当前并不具备。但随着技术的发展，特别是计算能力和算

法的进步，我们可以预见空间音频技术将变得高效，我们也可以期待未来在虚拟现实领域将出现更多令人兴奋的创新和应用。

（二）音乐视觉化

在虚拟现实中，音乐视觉化是将音乐和声音波形转化为视觉元素的一种创新方式，在艺术表演、音乐视频制作以及音乐教育领域展现了巨大的潜力。通过这种技术，声音不再仅仅是听觉的体验，而且是转化为可以视觉感受的动态图像和形状，为用户创造出一个多感官融合的沉浸式体验。

在艺术表演领域，音乐视觉化可以使演出超出音乐本身的听觉享受，实现与音乐同步的视觉艺术享受，这一点在 VR 环境中应用可以使虚拟的视觉元素随着音乐节奏和旋律的变化发生相应的变化，如颜色的转换、形状的变化和图像的运动，为观众提供了一种全新的艺术体验。例如，虚拟环境中响起一段轻快的旋律时，周围环境会发生颜色和图像的运动，响起一段缓慢的曲子时，周围的环境可能展现出柔和的色调变化和缓慢的形状变化。

在音乐视频制作中，音乐视觉化为创作者提供了更多的创新空间，他们可以将音乐和声音波形转换成各种视觉元素，与歌曲的内容和情感相协调，创造出独特的视觉叙事。在 VR 环境中，这种视觉化可以使音乐从二维平面扩展到三维空间，创造出立体和动态的视觉效果，为观众提供一种全新的音乐视频观看体验。

在音乐教育领域，音乐视觉化可以帮助学习者直观地理解音乐的结构和节奏，对于那些视觉学习者来说尤其有效。例如，通过将不同的音符和和弦转换为不同的颜色和形状，学习者可以更容易地记忆和理解音乐理论。同时，音乐波形的视觉化还可以帮助学习者更好地把握音乐的节奏和强度。

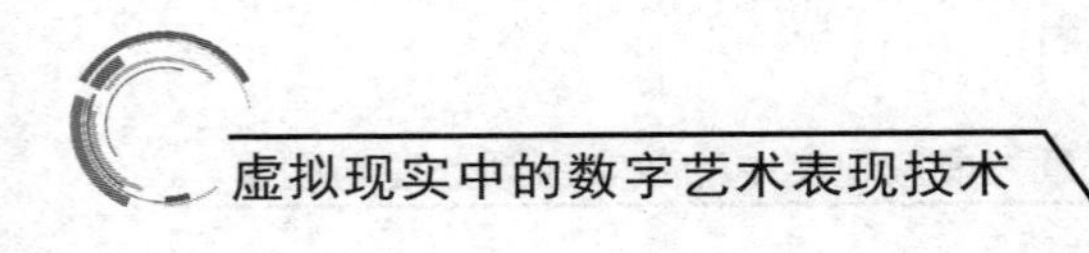

（三）音频叙事

在虚拟现实的世界中，音频叙事是一种强大的叙述工具，能够通过声音的排布和运动来叙述故事或创造特定的情感氛围。这种技术不仅可以为虚拟空间提供背景音乐或环境声，还可以通过声音来引导和增强用户体验的艺术形式，应用在VR电影或艺术作品中，可以将观众带入一个丰富和多维的故事世界。对于虚拟环境叙事来讲，声音排布和运动至关重要，因为不清楚声音从哪个方向出现或者向哪个方向移动，借助这种空间上的自由度使声音变成一种极具表现力的叙事工具。例如，在一个虚拟现实电影中，声音的方向和运动可以引导观众的注意力，暗示故事的进展或转折点，当一个角色从一侧走向另一侧时，其声音也会相应地在空间中移动，创造出一种真实的动态感。声音还可以通过音量、音调、音质的调整，以及混响、回声等声音效果为虚拟叙事营造出紧张、轻松、神秘或欢快的特定情感氛围，在VR体验中，这些伴随音乐变化的情感变化可以极大地影响观众的感受和反应。

在VR电影和艺术作品中，音频叙事不仅能够增强视觉元素的效果，还能够独立地讲述故事或传达信息，甚至仅通过声音的变化和排布就可以讲述一个完整的故事，或表达一种抽象的概念。这种声音与视觉的结合为艺术家和电影制作人提供了一个新的叙事维度，使他们能够创造出独特且引人入胜的作品。

（四）虚拟音频治疗

集合了虚拟现实和音频技术的虚拟音频治疗，为治疗和心理健康领域带来了革命性的变化，它是利用放松的音乐、自然声音等音频元素构建一个虚拟环境，让用户沉浸其中，为用户提供一种全新的治疗体验。这种方法在帮助减轻压力和焦虑方面显示出了巨大潜力，尤其是在传统治疗方法无法达到的领域。在虚拟音频治疗中，音频的作用不仅仅是听觉上的，它可能会与虚拟环境的结合创造出一种多感官的体验，引导用户进入一种放松和沉浸的状态。例如，结合使用海浪声和虚拟的海滩场景，可以帮助用户感觉自己仿佛置身于宁静的海边，从而达到放松身心的效果。这种体验对于那些生活在忙碌和高压环境中的人来说尤其有益。

虚拟音频治疗还可以用于特定的心理治疗和康复训练，如治疗创伤后应激障碍（PTSD），可以使用特定的音频构建模拟真实创伤发生场面的虚拟环境，主观引导患者直面自己的恐惧，然后通过音频和视觉的融合创造一个安全的环境，使患者可以在其中以一种控制和渐进的方式经历和克服他们的创伤。同时可以搭配冥想和正念训练，提供一个宁静和专注的虚拟环境，辅以患者进行冥想，减少焦虑、改善情绪、增强心理韧性。

虚拟音频治疗在儿童和青少年的治疗中同样显示出其独特的价值，通过创造一个有趣和吸引人的虚拟环境，辅以适合儿童的音频内容，可以帮助他们以一种自然和舒适的方式进行治疗。例如，可以采用虚拟游戏和故事讲述，配合舒缓的音乐和声音效果，帮助儿童处理情绪问题或提高社交技能。

第七章 虚拟现实中数字艺术的未来发展

第一节 虚拟现实中数字艺术发展面临的挑战与解决方案

一、技术层面

虚拟现实作为一种前沿技术，正逐步改变我们体验和创造艺术的方式，但这种技术在模拟真实世界的细微差别和复杂性方面仍面临重大挑战，尤其是在视觉细节和互动反馈方面，限制了 VR 中数字艺术的发展。

在视觉细节方面，当前的 VR 技术虽然已经能够提供高度沉浸的视觉体验，但在模拟真实世界的精细纹理、光影效果和物体表面特性等方面仍有所不足，这些内容对于艺术创作尤为关键，因为艺术作品的视觉呈现往往依赖这些细节的精确再现，这种限制不仅影响了观众的体验，也限制了艺术家在虚拟环境中表达创意的能力。例如，虚拟画廊中展示的画作无法完全真实地呈现画面的质感、色彩深度以及光线反射等细节，使得用户在沉浸式欣赏画作时总会感觉不完美。

在互动反馈方面，VR 技术虽然提供了一种全新的互动方式，但在模拟物理互动、提供真实触感反馈等方面仍然存在局限，无法满足观众和艺术家期望的那种与作品进行自然、直观互动的需求。例如，艺术家在创作雕塑时，可能需要感受到材料的质地和重量，而观众在观赏作品时，可能希望通过触摸来感受作品的表面纹理，这些在当前的 VR 技术中都无法真实模拟，也无法提供相应的触感反馈。

针对虚拟现实中数字艺术发展所面临的技术限制，解决方案的核心在于持续发展和优化 VR 硬件和软件技术，大力突破现有技术的束缚，为艺术家提供更加先进的工具，同时为观众创造更加逼真和沉浸的体验。

高分辨率的显示技术可以大幅提升虚拟环境中的视觉清晰度和细节表现，使得艺术作品的呈现更加接近现实，细腻的画作纹理、复杂的雕塑线条以及动态变化的光影效果都可以被精准地展现，极大增强了艺术作品的视觉冲击力和表现力。精确的运动追踪技术允许艺术家和观众以自然、直观的方式与虚拟环境互动，不仅提升了用户的操作便利性，还为艺术家提供了更多创作的可能性。同时，更为先进的物理引擎能够更真实地模拟物体的物理属性和互动效果，如重量感、材质特性等，增强艺术作品的真实感和互动性。此外，高效的渲染技术和算法可以在不牺牲性能的前提下，实现复杂的光影效果、高质量的纹理细节以及流畅的动态表现，这对于那些对视觉效果有着极高要求的数字艺术作品尤为重要。

二、创作工具层面

在传统艺术形式中，艺术家们用画布、颜料、雕刻材料等物理工具来表达创意，这些工具和材料的使用方法经过长时间的演变和优化，已经成为艺术家们表达创意的直观扩展。但是，在 VR 环境中，这种直接的物理互动被替换为通过控制器和头戴式显示设备进行的虚拟互动，这

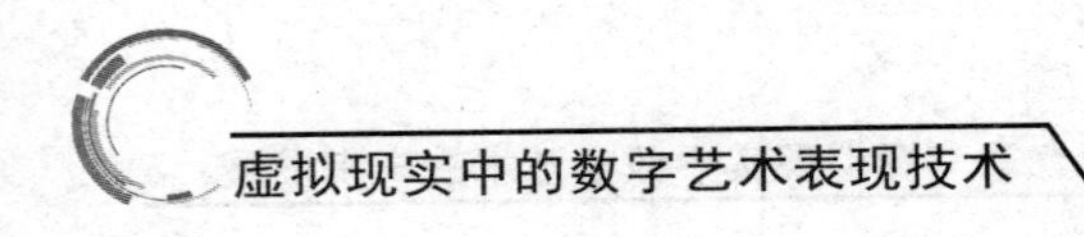

种转变不仅对艺术家的工作方式提出了新的要求，也对他们的创作思维和表达方式提出了挑战。例如，在 VR 环境中进行绘画或雕塑时，艺术家无法直接感受到材料的质地、重量和抗力等物理属性，这种缺乏物理反馈的情况可能使艺术家在创作过程中感到隔阂，降低创作的直观性和效率。而且，与传统艺术相比，VR 艺术的技术层面变化迅速，新工具和功能的不断出现要求艺术家持续更新他们的技能和知识，这种快速变化的环境可能对一些艺术家来说是挑战。

对于艺术家来说，除了物理工具不称手之外，VR 创作环境的用户界面和用户体验设计也不够直观，相比传统艺术创作中直接与材料互动进行创作，艺术家们在 VR 中创作需要通过虚拟的界面和菜单来控制和调整他们的作品，这可能导致创作过程变得更加复杂和间接，创作思路很容易被打断，创作之路越发困难。

解决虚拟现实中数字艺术发展面临的创作工具不足问题，关键在于开发专门为 VR 环境设计的艺术创作工具和应用程序，这些工具需要易于使用，同时能够充分利用 VR 的特性。同时，提供艺术家必要的教育和培训资源，帮助他们熟悉这些新工具，推动 VR 艺术蓬勃发展。想要创造出专门为 VR 设计的艺术创作工具，首先要解决传统工具在虚拟环境中的局限性，这些工具不仅要模拟真实世界艺术工具的功能，如画笔、刻刀等，还要提供 VR 独有的创作可能性，如三维空间构造、虚拟物理特性的模拟等。这些工具的设计应当考虑到艺术家的直觉操作习惯，使其在虚拟环境中的操作尽可能贴近真实世界的体验，降低艺术家的学习障碍，提高创作效率。同时，良好的用户界面设计应简洁直观，能快速引导艺术家了解和使用各种功能，而高效的用户体验设计能确保艺术家在 VR 环境中的创作过程流畅无阻，可以通过手势跟踪或眼动追踪来增强界面操作行为，使艺术家自然地与虚拟环境互动，增强创作的直观性和沉浸感。

对于许多艺术家来说，VR 是一个全新的领域，他们需要时间来适应这种技术和掌握相关工具，所以想要帮助艺术家更快地熟悉 VR 环境和工具，除了提供必要的在线教程、工作坊、演示视频等资源之外，还要定期组织线上或线下交流活动，让艺术家有机会与其他创作者和技术专家交流心得，分享创作经验，促进艺术家适应 VR 艺术创作。

三、用户体验层面

晕动症是 VR 体验中的一个常见问题，它通常发生在虚拟环境与用户的身体感知之间存在不一致时，这种不一致可能由于快速移动的视觉元素、不自然的导航方式或者延迟的反馈引起。晕动症不仅会让用户感到不适，甚至可能导致恶心和头晕，这严重影响了用户的体验质量，并可能使他们对再次尝试 VR 艺术作品感到犹豫。而视觉疲劳是因为用户长时间佩戴 VR 头盔导致的眼睛疲劳和视觉不适，尤其是在分辨率较低、画面刷新率不足或视觉设计过于复杂的情况下经常发生，这种视觉疲劳不仅降低了用户的沉浸感，还可能影响到他们对艺术作品的感知和欣赏。

此外，VR 艺术作品往往要求用户通过特定的手势、运动或控制器来互动，操作太过复杂对于不熟悉 VR 技术的用户来说是巨大挑战，而且复杂的操作要求可能使得体验变得笨拙、容易挫败，从而影响用户的整体体验和对艺术作品的感受。

解决虚拟现实中数字艺术面临的用户体验挑战，核心在于设计更加人性化和舒适的 VR 体验。高延迟和低帧率是导致晕动症和视觉不适的常见原因，可以通过提高系统的响应速度和流畅度来减轻用户的不适感，增强他们的沉浸感。具体做法是使用更高性能的处理器和显卡，以及优化渲染算法和数据传输效率。同时 VR 艺术作品应避免使用过度复杂或对用户体验有负面影响的设计，可以要求内容创作者考虑如何在保持艺术表达和创意自由的同时，创造出对用户更为友好的体验，如使用自然和直观的互动方式，设计引人入胜但不过度累赘的故事线，以及创造视觉上舒适且不会引起疲劳的艺术场景。

为了解决复杂的操作，可以使用直观、简洁的页面，减少用户的认知负担，同时考虑用户在VR中的视野和操作习惯，避免出现过于复杂或需要频繁操作的情况，帮助用户更加自然地融入虚拟艺术世界。为了减轻用户的身体负担，可以根据人体工程学设计VR设备，调节头戴设备的重量、佩戴舒适度，增强用户对设备长时间使用的适应性。

四、内容层面

高质量VR艺术作品的创作通常需要昂贵的软件和硬件，包括专业级的VR设备、强大的计算机系统以及高级的图形和音频处理工具，这对于许多艺术家和小型艺术机构来说可能是一个巨大的障碍。而且，从观众的角度来看，体验VR艺术作品通常也需要特定的硬件，如VR头盔和兼容的计算平台，这些设备的高昂成本使得许多潜在的观众无法接触到VR艺术作品。在设备需求上，除了成本高昂外，VR设备的设置和操作对于许多创作者来说也可能是复杂的，大大限制了用户创作VR艺术作品的能力，以及欣赏艺术作品的用户，变相限制了艺术家创作作品时的受众范围。更重要的是，由于技术的快速发展，VR设备和软件可能很快就会过时，这增加了长期投资的不确定性。

此外，许多VR艺术作品可能仅在特定的平台或设备上可用，这限制了作品的可达性和观众群体的大小，不同平台之间的兼容性问题可能导致艺术作品的观众受限于特定的技术生态系统，从而阻碍了艺术作品的广泛传播和接受度。

为了解决高成本这一阻碍VR普及的关键因素，推动经济实惠的VR硬件发展迫在眉睫，这需要硬件制造商大力投入研发，创造出成本更低、用户友好且功能全面的VR设备，包括头戴显示器以及配套的输入设备、传感器和处理单元，让更多的消费者和艺术爱好者能够负担得起VR体验，从而扩大VR艺术作品的观众基础。同时，增加内容的跨平台兼容性，开发更多标准化的格式和兼容性解决方案，使得同一作品能够在不同的设备和平台上展示，提高作品的可访问性和扩大观众范围。这种跨平台的策略不仅能够使观众无论使用何种设备都能体验到艺术作品，也为艺术家提供了广阔的创作和展示空间。

此外，随着互联网技术的发展，不断探索新的内容分发模式。如在线虚拟画廊和艺术展览，通过在线平台向全球观众展示艺术家的作品，观众只需通过网络而无须购买昂贵的 VR 设备即可体验到一定程度的虚拟现实艺术。

五、文化和艺术层面

在虚拟现实艺术的发展中，数字艺术和传统艺术之间存在巨大的文化鸿沟，这种鸿沟很容易导致 VR 艺术在传统艺术领域中难以获得广泛的认可度和接受度。这个挑战源于多方面的原因，包括艺术创作方式的差异、观众对艺术的传统认知以及艺术界对新技术的接纳程度。传统艺术，如绘画、雕塑和摄影，通常依赖于物理媒介和手工技艺，这些艺术形式经过数百年的发展，已经形成了一套成熟的审美标准和评价体系。相比之下，VR 艺术作为一种新兴的艺术形式，其创作过程大量依赖数字技术和软件工具，这种基于技术的创作方式与传统艺术形式的手工和物理性质形成了鲜明对比，使得一部分传统艺术界人士对 VR 艺术的艺术价值持保留态度。而且对于大多数观众来说，艺术作品通常与物理展示空间，如画廊和博物馆紧密相关，但 VR 艺术打破了这种物理空间的限制，创造了一个完全不同的虚拟展览环境。这种变化不仅改变了人们观赏艺术的方式，也给人们对艺术作品的认知和欣赏方式带来了新的挑战。因此，传统艺术观众可能需要时间来适应这种新的艺术形式。

更重要的一点是，艺术界对新技术的接纳程度不一。有些艺术家和机构对采用新技术进行艺术创作持开放态度，但有很多人对此持保守看法，认为数字技术缺乏传统艺术中的“人手触感”，或认为 VR 艺术过于依赖视觉效果，忽视了艺术的深度和内涵，不能与艺术混为一谈。

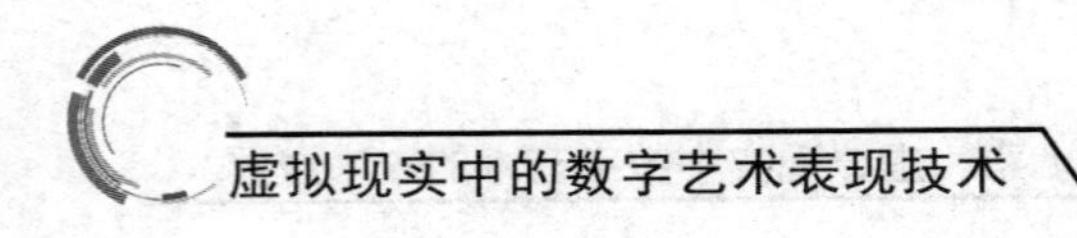

为了消除数字艺术和传统艺术之间的鸿沟，一是要积极加强艺术界和技术界之间的对话，借助这种跨领域的合作促进双方对彼此工作的理解和尊重，同时能够激发新的创意和创新。艺术家可以了解并利用VR技术为他们的创作提供的新可能性，而技术专家也可以更深入地理解艺术的需求和特点，从而开发出适合艺术创作的工具和平台。二是要提升公众对VR艺术的认识和欣赏。由于VR艺术相对较新，许多人对它仍然缺乏了解，通过公共教育活动、媒体报道和文化推广，可以帮助公众更好地理解VR艺术的特点和价值。同时，大力举办各种类型的展览活动，大力推广VR艺术，甚至可以在博物馆、艺术画廊和文化节等平台上展示VR艺术作品，为更多的观众提供接触和了解这种艺术形式的机会。这些活动不仅可以展示VR艺术的视觉和感官效果，还可以深入探讨其艺术表达和文化意义。

第二节　新兴技术在虚拟现实数字艺术中的应用前景

一、人工智能（AI）

人工智能（AI）在虚拟现实数字艺术中的应用可以开辟艺术创作和体验的新维度，它不仅能够极大地丰富VR艺术的互动性和个性化，还能够作为一种创意工具，协助艺术家在虚拟空间中创作出前所未有的作品。在VR艺术作品中，AI算法可以实时追踪和分析用户的视线移动、停留时间甚至情感反应。基于这些数据，AI可以自动调整艺术作品的内容和展示方式，以匹配用户的兴趣和偏好，为用户提供更加定制化的艺术体验。对艺术家来讲，AI可以自动生成图像、音乐或动画元素，既为艺术家提供灵感和素材，也可以加速其创作过程，还能激发艺术家尝试新的艺术形式和表达方式。通过利用机器学习算法，VR 艺术作品可以实时响应环境变化或用户的互动，这种动态的互动性使得每一次艺术体验都是独一无二的，增强了艺术作品的吸引力和参与度。

在未来，随着 AI 技术的不断进步，它在 VR 艺术中的应用将更加广泛和深入，不仅能作为一种工具帮助艺术家创作，还能作为一种独立的创作主体，产生全新的艺术作品，这种 AI 与艺术家的协作，将不断推动 VR 艺术的界限，创造出更加丰富和多元化的艺术表达。

二、网络技术

随着高速网络技术的发展，不仅数据传输的速度和稳定性得到了极大提升，还为 VR 艺术创作和体验提供了前所未有的全球化、实时互动的可能性，为 VR 艺术的推广和文化交流做出巨大的贡献。在过去，由于网络带宽和速度的限制，高质量的 VR 艺术作品往往难以通过网络进行有效传输，限制了作品的观众范围和互动性。但是，随着高速网络技术的普及，这一局限已经被打破，5G 网络可以提供更高的数据传输速度和更低的延迟，使得 VR 艺术作品可以快速、流畅地在全球范围内传播，艺术家和观众无论身处何地都可以实时地共享和体验 VR 艺术作品，大大拓宽了 VR 艺术的受众基础。与此同时，艺术家可以利用高度网络技术与全球观众进行实时互动，甚至可以在虚拟空间中进行跨国界的合作创作。

此外，高速网络技术可以使不同国家和文化背景的人们更容易地分享和理解彼此的艺术创作和文化传统，这种跨文化的交流和互动有助于增进不同文化之间的理解和尊重，促进全球文化多元性的发展。

三、可穿戴技术和生物反馈技术

可穿戴技术和生物反馈技术与虚拟现实技术融合，为数字艺术的个

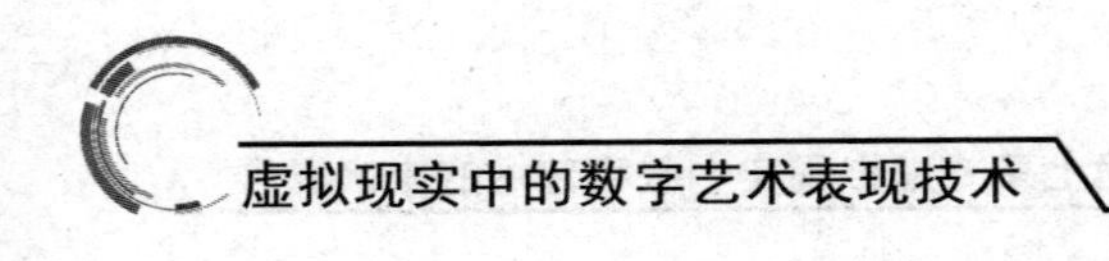

性化体验和沉浸感开辟新的路径，不仅能够通过监测和响应观众的生理数据，如心率、脑电波等及时掌控用户的身心变化，还能促使 VR 艺术作品根据用户的变化实时地调整其内容和表现形式，创造出一种反映观众情绪和反应的独特艺术体验。心率监测器、皮肤电反应传感器或脑电波传感器等可穿戴设备可以收集观众在体验艺术作品时的生理反应数据，这些数据反映了观众的情绪状态，如兴奋、放松、紧张或愉悦，将这些数据实时传输到 VR 艺术作品的控制系统时，作品可以根据这些反馈进行动态调整。例如，如果系统检测到观众的心率上升，可能表示他们感到兴奋或紧张，艺术作品就可以相应地调整色彩、音乐节奏或视觉效果，以匹配和增强观众的情感体验。而生物反馈技术可以让观众感受到自己的情感投入，当他们意识到自己的生理反应正在影响艺术作品时，他们会感到自己成为体验的一部分，这种参与感和连通感使得每个观众的体验都变得独一无二。

对艺术家而言，可穿戴技术和生物反馈技术为他们提供了新的艺术表达方式，可以使他们清楚感受观众的生理和情感反应，从而创造出能够与观众产生深层次互动的作品。这类艺术作品远远超越了传统的视觉和听觉表达，成了真正的“艺术”。

参考文献

[1] 宋磊，李雷，许可，等 . 元宇宙时代的虚拟现实 [M]. 北京：中华工商联合出版社，2021.

[2] 李榕玲，林土水 . 虚拟现实技术 [M]. 北京：北京理工大学出版社，2019.

[3] 黄海 . 虚拟现实技术 [M]. 北京：北京邮电大学出版社，2014.

[4] 韩伟 . 虚拟现实技术 VR 全景实拍基础教程 [M]. 2 版北京：中国传媒大学出版社 , 2022.

[5] 马雨佳 . 虚拟现实技术在数字图书馆中的应用 [M]. 长春：吉林人民出版社，2021.

[6] 王发花，黄裕成 . 动态图形设计 [M]. 北京：中国传媒大学出版社，2015.

[7] 王方 . 数字时代的艺术媒介化 [M]. 北京：中国传媒大学出版社，2020.

[8] 马立新 . 数字艺术论纲 [M]. 长春：吉林文史出版社， 2009.

[9] 刘福智，李蔚 . 超视觉形态与建筑创作 [M]. 重庆：重庆大学出版社，2012.

[10] 刘嘉彧编著 . 数字音频技术基础 [M]. 天津：天津科学技术出版社，2008.

[11] 刘梦雅 . 虚拟现实与超越现实：影像、智能及未来：“2023 第四届

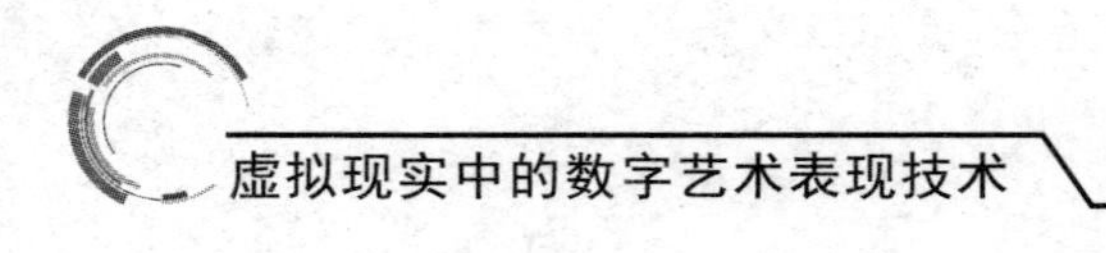

数字媒体艺术与科技国际大会”综述 [J]. 当代电影，2023，（8）：173–176.

[12] 徐君玲 . 场景视域下虚拟现实新闻面临的挑战与优化路径 [J]. 西部广播电视，2023，44（15）：32–34.

[13] 尚晨希 . 基于虚拟现实技术的影视后期制作软件开发研究 [J]. 信息与电脑（理论版），2023，35（12）：10–12.

[14] 姚又龙 . 三维高精度场景搭建技术在虚拟现实交互设计研发中的应用 [J]. 无线互联科技，2023，20（9）：132–134.

[15] 赵梅 . 基于虚拟现实技术的数字媒体艺术分析 [J]. 电子技术，2023，52（4）：194–195.

[16] 莫文水 .VR 技术在传统艺术中的应用案例分析 [J]. 电子技术，2023，52（4）：230–231.

[17] 夏婷婷 . 拓展现实技术与数字媒体艺术的融合发展应用 [J]. 电视技术，2023，47（2）：194–196.

[18] 史美艳，刘艳丽，徐雪 . 虚拟现实 VR 技术在影视动画制作中的应用 [J]. 电子技术，2023，52（1）：214–215.

[19] 李赫，周颖 . 浅谈虚拟现实技术对数字媒体艺术设计的影响 [J]. 数字通信世界，2023（1）：188–190.

[20] 崔会娇，程慕华 . 基于虚拟现实技术的数字媒体艺术教学策略 [J]. 山西财经大学学报，2022，44（S2）：125–127.

[21] 王艺凝 . 虚拟现实技术下的数字媒体艺术研究 [J]. 文化产业，2022（19）：1–3.

[22] 徐红 . 实景 3D“大片”：虚拟现实场景中的数字乡村 [J]. 中国测绘，2022（7）：44–47.

[23] 刘江跃 . 数字时代“异域风情”语式乡土艺术作品国际 VR 虚拟现实巡展：以爱丁堡国际艺术邀请展为例 [J]. 四川省干部函授学院学报，2022（2）：15–20.

[24] 赵越 . 数字时代 VR 虚拟现实展览的人文价值：以中国当代乡土艺术“诗意田园”语式作品国际虚拟巡展为例 [J]. 四川省干部函授学院学报，

2022（2）：21–25.

[25] 黄璇 . 基于虚拟现实技术的数字媒体艺术设计创作研究 [J]. 鞋类工艺与设计，2022，2（9）：43–45.

[26] 王腾 . 基于虚拟现实技术的博物馆数字化应用 [J]. 无线互联科技，2022，19（8）：93–95.

[27] 范涛 . 探究在数字媒体艺术设计中如何有效应用 VR 技术 [J]. 中国民族博览，2022（7）：192–194.

[28] 邓川 . 数字策展的新策略：虚拟现实与游戏的应用 [J]. 当代美术家，2022（2）：34–37.

[29] 郑宇高 . 基于虚拟现实流程的数字媒体艺术创作：虚拟现实项目的体验优化 [J]. 鞋类工艺与设计，2022，2（5）：51–53.

[30] 周浩华 . 基于虚拟现实技术的数字媒体艺术设计创作研究 [J]. 肇庆学院学报，2021，42（6）：118–121.

[31] 柴秋霞，邓又溪 . 不可移动文物的虚拟现实展示方式新探：以数字艺术特展“雕画汉韵——寻找汉梦之旅”为例 [J]. 东南文化，2023（6）：12–19，191–192.

[32] 崔华国，丁玲玲 . 虚拟现实技术在动画交互设计中的应用研究 [J]. 九江学院学报（自然科学版），2023，38（4）：90–93，103.

[33] 张沛朋，李俊雅 . 虚拟现实场景下的精准化采摘机器人作业研究 [J]. 农机化研究，2024，46（6）：210–213.

[34] 王天，邵凡，杨东杰 . 虚拟现实场景提升学生兴趣度的研究 [J]. 中国多媒体与网络教学学报（上旬刊），2023（12）：5–8.

[35] 王苒伊 . 浅谈虚拟现实技术在数字媒体艺术专业中的运用 [J]. 丝网印刷，2023（20）：122–124.

[36] 许怡 . 虚拟现实技术发展下的数字媒体艺术设计研究 [J]. 鞋类工艺与设计，2023，3（19）：48–50.

[37] 柳亚静，蒋鹏，付业君等 . 基于虚拟现实技术的 VR 红色版画美术馆设计实践研究 [J]. 色彩，2023，（9）：47–49.

[38] 黄颖 . 虚拟现实沉浸式场景可著作权性研究 [J]. 法制博览，2023（25）：29–31.

[39] 高强 . 基于 Unity3D 虚拟空间交互系统 [J]. 信息记录材料，2023，24（9）：176–178.

[40] 赵靓，卢杨 . 浸润的泛空间：虚拟现实新闻的场景融合与建构——以新华社《高精度复刻：VR 全景看新时代之美》为例 [J]. 采写编，2023（8）：7–9.

[41] 石渴欣 . 数字绘画构成语言的视觉表现研究 [D]. 桂林：广西师范大学，2023.

[42] 高源 . 数字电影艺术的审美研究 [D]. 长春：吉林大学，2022.

[43] 荆伟 . 敦煌壁画的数字视觉设计再造与应用研究 [D]. 西安：西安美术学院，2022.

[44] 孙聪 . 虚拟数字艺术空间 [D]. 天津：天津美术学院，2022.

[45] 薛思琪 . 智媒时代下创意图形语言的动态化研究 [D]. 沈阳：鲁迅美术学院，2022.

[46] 王天雨 .NFT 数字艺术的情感化设计理论研究 [D]. 杭州：中国美术学院，2022.

[47] 周玉豪 . 数字插画艺术的表现形式研究 [D]. 武汉：湖北美术学院，2022.

[48] 吴营杰 . 虚拟现实场景下的人体运动姿态分析 [D]. 杭州：杭州电子科技大学，2022.

[49] 林奇 . 科技 · 隐喻 · 生发 [D]. 沈阳：鲁迅美术学院，2022.

[50] 贾雅帆 . 基于视知觉理论的动态图形设计方法研究 [D]. 重庆：四川美术学院，2022.

[51] 姜畅 . 以人工智能技术为创作手段的视觉艺术研究 [D]. 重庆：四川美术学院，2022.

[52] 石静宜 . 数字艺术中抽象图形的视觉语言探究 [D]. 沈阳：鲁迅美术学院，2021.

[53] 赵文慧 . 动态图形的情感语言研究 [D]. 大连：大连工业大学，2021.

[54] 王吉 . 数字媒介对视觉艺术创作的影响 [D]. 杭州：中国美术学院，2022.

[55] 孙玉洁 . 数字媒体艺术沉浸式场景设计研究 [D]. 北京：中国艺术研究院，2021.

[56] 贺小花 . 数字技术对雕塑艺术的影响研究 [D]. 北京: 中国艺术研究院，2021.

[57] 周玉婷 . 人工智能语境下的视觉艺术创作研究 [D]. 武汉：湖北工业大学，2020.

[58] 原海博 . 时代符号 [D]. 沈阳：鲁迅美术学院，2020.

[59] 陈舒怡 . 动态图形在场景中的设计应用研究 [D]. 杭州: 中国美术学院，2020.

[60] 韩雨江 . 当代数字视觉艺术研究 [D]. 长春：东北师范大学，2019.

[61] 杨伟策 . 虚拟现实技术在电影场景设计中的应用研究 [D]. 武汉：湖北工业大学，2018.

[62] 刘奥 . 数字技术对电视剧视觉效果影响研究 [D]. 重庆: 重庆邮电大学，2018.

[63] 葛磊 . 虚拟现实场景交互系统的设计与实现 [D]. 北京: 北京邮电大学，2018.

[64] 盛瑨 . 博物馆展示陈列中的数字艺术应用研究 [D]. 南京：南京艺术学院，2017.

[65] 陈志勇 .CG 插画的视觉形式与创作思维研究 [D]. 金华：浙江师范大学，2016.

[66] 杨鑫磊 . 虚拟现实场景中的路径规划技术研究 [D]. 哈尔滨：哈尔滨工程大学，2016.

[67] 陈谦 . 数字博物馆虚拟场景实时交互的技术与实现 [D]. 兰州：兰州交通大学，2014.

[68] 李培 . 基于虚拟环境的博物馆数字建模及场景优化技术研究 [D]. 兰

州：兰州交通大学，2013.

[69] 王晓瑜 . 数字艺术在当代艺术创作中与传统视觉艺术关系的思考 [D]. 南昌：南昌大学，2012.

[70] 黄亚玲 . 虚拟现实中动态喷泉及动态水面效果渲染 [D]. 哈尔滨：哈尔滨工程大学，2012.

[71] 姚淑然 . 交互式动态水面建模与绘制方法研究 [D]. 青岛：中国海洋大学，2009.